高等职业教育土建类新编技能型规划教材

建设工程招投标与合同管理实务

主　编　李念国　朱　旭
副主编　蒋　红　高　磊　周文静

黄河水利出版社
·郑州·

内容提要

本书按照我国建设工程法律法规以及《中华人民共和国招标投标法》《中华人民共和国合同法》编写而成，全书内容包括两大部分，第一部分为建设工程招标投标实务，第二部分为建设工程合同管理实务，系统地阐述了建设工程招标投标与合同管理基础知识与应用。本书共分11个模块，主要内容包括：建设工程招标投标制度，建设工程项目招标，建设工程项目投标，建设工程项目开标、评标和中标，建设工程合同管理制度，建设工程合同，建设工程施工合同，建设工程施工合同履行，建设工程施工索赔，建设工程合同的策划与风险管理，国际建设工程合同等。本书采用了最新标准和规范，内容新颖，层次清晰，结构合理，注重理论与实际相结合、持续与发展相适应，突出实用性、可操作性和时代特征。

本书可供高职高专建筑工程技术专业、工程监理专业、工程造价专业、工程管理专业及建设类其他专业作为教材使用，也可作为招标代理员岗位培训教材和注册招标师等相关技术人员的参考用书。

图书在版编目(CIP)数据

建设工程招投标与合同管理实务/李念国，朱旭主编. —郑州：黄河水利出版社，2015.8

ISBN 978-7-5509-1134-5

Ⅰ.①建… Ⅱ.①李… ②朱… Ⅲ.①建筑工程-招标 ②建筑工程-投标 ③建筑工程-经济合同-管理 Ⅳ.①TU723

中国版本图书馆CIP数据核字(2015)第108367号

出 版 社：黄河水利出版社

地址：河南省郑州市顺河路黄委会综合楼14层　　邮政编码：450003

发行单位：黄河水利出版社

发行部电话：0371-66026940、66020550、66028024、66022620(传真)

E-mail：hhslcbs@126.com

承印单位：河南承创印务有限公司

开本：787 mm×1 092 mm　1/16

印张：17

字数：393千字　　　　印数：1—4 000

版次：2015年8月第1版　　　　印次：2015年8月第1次印刷

定价：36.00元

前　言

本教材是根据教育部、住房和城乡建设部联合制订的高等职业教育培养指导方案要求，由全国土建学科专业教材编审委员会统一组织，按照最新的规范、规程、标准编写而成的建筑类专业技能型规划教材。本书打破了原有教材的结构体系，采用灵活的模块式课程结构，理论联系实际，内容面向生产，以培养学生能力为主线，具有鲜明的时代特点，体现出实用性、实践性、创新性的教材特色。

建设工程招标投标与合同管理实务是建筑工程技术专业及其相关专业的一门核心课程。它主要研究建设工程招标投标方式、程序、文件编制、开评标规则以及合同文件组成、目标控制、订立、履行、索赔、策划、风险管理等。本课程实践性强、综合性大、社会性广、政策性发展快，必须结合工程实际情况，综合运用有关学科的基本理论和知识，采用新技术、新规范、新条例解决生产实践问题。在编写过程中，力求突出职业教育的特色，以提高学生技术应用能力和技术服务能力为出发点，贯彻以全面素质为基础，以能力为本位；以企业需求为基本依据，以就业为导向；以适应企业技术发展，体现教学内容的先进性和前瞻性；以学生为主体，体现教学组织的科学性和灵活性。本书不仅适应高等职业学校的学历教育，而且适应在职人员更新知识和提高技能的需要。本教材主要作为建筑工程技术专业、工程监理专业、工程造价专业、工程管理专业的专业教材及岗位培训教材，也可作为土建工程技术人员的参考用书。

全书共分 11 个模块，主要有：建设工程招标投标制度，建设工程项目招标，建设工程项目投标，建设工程项目开标、评标和中标，建设工程合同管理制度，建设工程合同，建设工程施工合同，建设工程施工合同履行，建设工程施工索赔，建设工程合同的策划与风险管理，国际建设工程合同等。

本书编写人员及编写分工如下：模块 1 由山东水利职业学院高磊编写，模块 2 由安徽水利水电职业技术学院蒋红编写，模块 3 由山东水利职业学院朱旭编写，模块 4 由郑州财经学院童振龙编写，模块 5 由郑州财经学院雷东升编写，模块 6 由山东水利职业学院李念国编写，模块 7 由新密市住房和城乡建设管理局魏冠杰编写，模块 8 由开封大学苏彩丽编写，模块 9 由山东水利职业学院周文静编写，模块 10 由安徽水利水电职业技术学院费家仓编写，模块 11 由安徽水利水电职业技术学院樊宗义编写。本书由李念国、朱旭担任主编，由蒋红、高磊、周文静担任副主编。全书由李念国整理并统稿。

在本书编写过程中，引用了大量的规范、专业文献和工程案例，书中未一一注明出处，在此向有关专业人士深表谢意，同时也向支持和帮助本书编写的其他高职高专院校土木工程专业老师表示谢意。

限于编者的水平，本书难免有错漏之处，敬请广大读者批评指正，并将意见和建议及时反馈给我们（意见和建议请发往：sdqfling@163.com），以便再次修订时使本书更臻完善。

编　者

2015 年 6 月

目　录

第二部分　建设工程合同管理实务

第一部分　建设工程招标投标实务

模块1　建设工程招标投标制度

【知识要点】 建筑市场的概念与特点；建筑市场的主体、客体、管理体制、资质管理；建设工程交易中心的性质、作用、基本功能、运行原则、运行程序；建设工程招标投标制。

【教学目标】 掌握建筑市场主体与客体的含义，建设工程交易中心的功能及运行程序；熟悉建筑市场资质管理内容；了解建筑市场的含义与特点。

课题1.1　建筑市场主体与客体

1.1.1　建筑市场的概念与特点

1.1.1.1　建筑市场的概念

市场的原始定义是指商品交换的场所，但随着商品交换的发展，市场突破了村镇、城市和国家的界限，最终实现了世界贸易乃至网上交易，因而市场的广义定义是商品交换关系的总和。

建筑工程市场是指以建筑产品承发包交易活动为主要内容的市场，一般称为建筑市场或建设市场。

建筑市场有狭义的市场和广义的市场之分。狭义的市场一般指有形建筑市场，有固定的交易场所。广义的市场是指有形建筑市场和无形建筑市场，包括与工程建设有关的技术、租赁、劳务等各种要素市场，为工程建设提供专业服务的中介组织，通过广告、通信、中介机构或经纪人等媒介沟通买卖双方或通过招标投标等多种方式成交的各种交易活动，建筑商品生产过程及流通过程中的经济联系和经济关系。

可见，建筑市场是由建筑产品的生产和交换所形成的各种交易关系的总和，是整个大市场的有机组成部分，它既是生产要素市场中的一部分，也是消费品市场中的一部分。建筑产品具有生产周期长、价值量大、生产过程的不同阶段对承包的能力和特点要求不同等特点，决定了建筑市场交易贯穿于建筑产品的整个过程。从工程建设的决策、设计、施工，一直到工程竣工、保修期结束，发包商与承包商、分包商进行的各种交易以及相关的商品混凝土供应、构配件生产、建筑机械租赁等活动，都是在建筑市场中进行的。建筑工程生产活动和交易活动交织在一起,使得建筑市场在许多方面不同于其他产品市场。

建筑市场已形成由发包方、承包方、为双方服务的咨询服务者和市场组织管理者组成的市场主体,由建筑产品和建筑生产过程为对象组成的市场客体,以招标投标为主要交易形式的市场竞争机制,以资质管理为主要内容的市场监督管理体系,以及我国特有的有形建筑市场等,这些共同构成了完整的建筑市场体系,如图 1-1 所示。

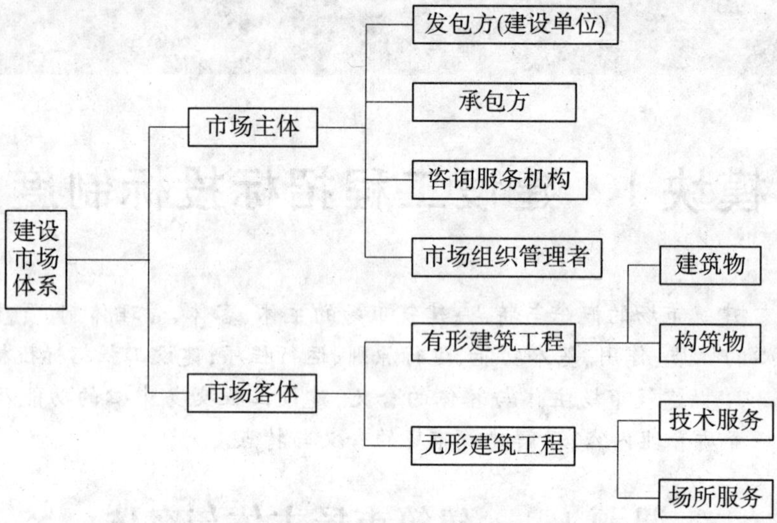

图 1-1　建筑市场体系

1.1.1.2　建筑市场的特点

(1)建筑市场的范围广、变化大。凡是有生产或有人生活的地方都需要建筑产品,建筑产品遍及国民经济各个部门和社会生活的各个领域,为建筑企业提供了广阔的市场。建筑产品的需求取决于国民经济的发展状况,也取决于消费者的消费倾向,因此建筑市场的需求状况是在不断发展变化的。

(2)建筑市场的交换关系复杂。建筑产品的形成涉及用户、勘察、设计、施工和中介机构等的经济利益关系,这些关系不仅依靠用户和各个环节的生产单位,还必须按照基本建设程序和国家的有关法律法规、政策,围绕建筑产品的形成来确保它们的实现。

(3)建筑产品订货交易的直接性。在一般商品市场中,用于交易的商品具有同质性和可替代性,即同种产品的不同生产者向市场提供的商品对消费者来说基本上是相同的。而建筑产品则表现出多样性的特点。市场上的建筑产品不是由生产者决定的,而是由消费者特定的需求决定的。这就决定了建筑产品的单件性,决定了建筑产品只能由生产者直接与需求者就建筑产品的质量标准、功能、规模、价格、交工时间、付款方式和时间等内容商定交易条件,按照需求者的具体要求,在指定的地点为需求者建造建筑产品。

(4)建筑产品交易的长期性和阶段性。建筑产品的生产一般需要较长的时间,这就决定了建筑产品的价值只能分批分期实现。建筑产品交易关系的完全实现存在于建筑产品的形成过程中,需要经历较长的时间。而在建筑产品生产周期内,各阶段交易的内容、交易的时间不完全相同,建筑产品的交易必须按照工程合同,结合各阶段的特点,办理各阶段的交易活动,最终达到整个交易关系的实现。

（5）建筑市场定价方式的独特性。市场竞争在商品的功能、质量相同的前提下，主要表现为价格的竞争。建筑市场的竞争也不例外。但是建筑市场定价程序不同于其他的商品，它是由建筑产品需求者与建筑产品生产者以招标投标的方式达成预期价格。而这种预期价格也并不一定是一成不变的，往往按照双方事先议定的条件，根据建筑产品生产过程中发现的某些变化对预期价格作相应的调整。因此，只有在建筑产品竣工验收后，才能最终确定建筑产品的价格。

（6）建筑市场的风险性。有市场竞争，就一定存在风险。但与一般市场不同的是，建筑市场中的风险较大，且风险存在于建筑产品生产者、需求者双方。建筑产品生产者的风险主要表现在三个方面：一是定价风险。建筑市场中的风险在很大程度上是价格的竞争，定价过高，难以中标，企业无法承揽生产任务；定价过低，则可能导致亏损，甚至造成企业破产，而建筑产品是先通过招标投标定价然后生产，这种预先确定的价格很难保证合理性。二是生产过程中的风险。建筑产品的生产周期长，生产过程中可能存在许多干扰因素，如生产成本的提高、自然条件的变化，有些干扰因素是可以预见的，有的则难以预见，这些干扰因素不仅直接影响建筑产品成本，而且会影响建筑生产周期，甚至影响建筑产品的质量和功能，造成生产者无法或很难按合同完成。三是需求者支付能力的风险。建筑产品需求者建造建筑产品是否具有相应的支付能力，对建筑产品生产者至关重要，如果需求者的实际支付能力小于建筑产品价款，就会形成拖欠工程款的情况，这无疑会影响建筑产品生产者的资金周转，甚至使生产难以继续进行。虽然目前制定了一些政策保证建设单位的支付能力，使工程款拖欠情况有所好转，但需求者的支付能力仍然是建筑企业最大的风险。

1.1.2 建筑市场管理

1.1.2.1 建筑市场管理体制

建筑市场管理因社会制度、国情的不同而不同，其管理内容也各具特色。例如，美国没有专门的建设行政主管部门，相应地只能由其他各部设立专门分支机构进行管理，管理并不具体针对行业，为规范市场行为制定的法令，如《公司法》《合同法》《破产法》《反垄断法》等并不仅限于建筑市场管理；日本则有针对性比较强的法律，如《建筑业法》《建筑基准法》等，对建筑物安全、审查培训、从业管理等均有详细规定，政府按照法律规定行使检查监督权。

许多发达国家的建设行政主管部门对企业的行政管理并不占重要的地位。政府的作用是建立有效、公平的建设市场，提高行业服务质量和促进建筑生产活动的安全、健康，推进整个行业的良性发展，而不是过多地干预企业的经营和生产。对建筑业的管理主要通过政府引导、法律规范、市场调节、行业自律、专业组织辅助管理来实现，在市场机制下，经济手段和法律手段成为约束企业行为的首选方式。法律是政府管理的基础。

在管理职能方面，立法机构负责法律、法规的制定和颁布；行政机关负责监督检查、制定发展规划和对有关事项批准；司法部门负责执法和处理。此外，作为整个管理体制的补充，其行业协会和一些专业组织也承担了相当一部分工作，如制定有关技术标准、对合同争议的仲裁等。以国家颁布的法律为基础，地方政府往往也制定相对独立的法规。

我国的建设管理体系是建立在社会主义公有制基础之上的。计划经济时期,无论是建设单位,还是施工企业、材料供应部门均隶属于不同的政府管理部门,各个政府部门主要是通过行政手段管理企业。在一些基础设施部门则形成所谓行业垄断。改革开放初期,虽然政府机构进行了多次调整,但分行业进行管理的格局基本没有改变。国家各个部委均有本行业关于建设管理的规章,有各自的勘察、设计、施工、招标投标、质量监督等一系列管理制度,形成对建设市场的分割。随着社会主义市场经济体制的逐步建立,政府在机构设置上也进行了很大的调整。除保留了少量的行业管理部门外,撤销了众多的专业政府部门,并将政府部门与所属企业脱钩,为建设管理体制的改革提供了良好的条件,使原先的部门管理逐步向行业管理转变。

1.1.2.2 政府对建筑市场的管理

建设项目根据资金来源的不同分为两类,即公共投资项目和私人投资项目,前者是代表公共意愿的政府行为,后者则是个人行为,政府对这两类项目的管理有很大的差别。

对于公共投资项目,政府既是业主,又是管理者。以不损害纳税人的利益和保证公务人员廉洁为出发点,除必须遵守一般法律外,通常规定必须公开招标,并保证项目实施的透明。

对于私人投资项目,一般只要求其实施过程中遵守有关环境保护、规划、安全生产等方面的法律,对其是否进行招标不作规定。

不同国家由于体制上的差异,建设行政主管部门的设置不同,管理范围和管理内容也有所差异。为了维护建设市场的统一性、竞争的有序性和开放性,我国明确指定了一个统一归口的建设行政主管部门,即住房和城乡建设部。它是全国最高的建设行政主管机构,在住房和城乡建设部统一监管下,省、市、县三级建设行政主管部门对所管辖行政区内的建设工程实行分级管理,其管理内容主要包括以下几个方面:制定建筑法律、法规;制定建筑规范与标准(国外大多由行业协会或专业组织编制);对承包商、专业人士资质管理;安全和质量管理(国外主要通过专业人士或机构进行监督检查);行业资料统计;公共工程管理;国际合作和开拓国际市场。

1.1.3 建筑市场的主体和客体

建筑市场的主体是指参与建筑生产交易过程的各方,与一般市场构成一样。建筑市场主体由三个部分构成:业主(建设单位或发包人)、承包商、工程咨询服务机构等。建筑市场的客体是指为交换而生产的建筑产品,包括有形的建筑物、构筑物,也包括无形的为建造建筑产品而提供的各种服务等。

1.1.3.1 建筑市场的主体

1. 业主

业主即建筑产品的需求者,指既有某项工程建设需求,又具有该项工程的建设资金和各种准建手续,在建设市场中发包工程项目建设的勘察、设计、施工任务,并最终得到建筑产品达到其经营使用目的的政府部门、企事业单位和个人。

在我国,业主也称为建设单位,只有在发包工程或组织工程建设时才成为市场主体,故又称为发包人或招标人。因此,业主方作为市场主体具有不确定性。我国的工程项目大多数是政府投资建设的，业主大多属于政府部门。为了规范业主行为，建立了投资责任约束机制，即项目法人责任制，又称业主责任制，由项目业主对项目建设全过程负责。

项目业主产生的方式主要有：①业主即原企业或单位。企业或机关、事业单位投资的新建、扩建、改建工程，则该企业或单位即为项目业主。②业主是联合投资董事会。由不同投资方参股或共同投资的项目，则业主是共同投资方组成的董事会或管理委员会。③业主是各类开发公司。开发公司自行融资或由投资协商组建或委托开发的工程管理公司也可成为业主。

业主在项目建设过程的主要职能包括：①建设项目立项决策；②建设项目的资金筹措与管理；③办理建设项目的有关手续（如征地、建筑许可等）；④建设项目的招标与合同管理；⑤建设项目的施工与质量管理；⑥建设项目的竣工验收和试运行；⑦建设项目的统计及文档管理。

2. 承包商

承包商即建筑产品的生产者，指拥有一定数量的建筑装备、流动资金、工程技术经济管理人员及一定数量的工人，取得建设行业相应资质证书和营业执照的，能够按照业主的要求提供不同形态的建筑产品并最终得到相应工程价款的建筑施工企业。

相对于业主，承包商作为建设市场主体，是长期和持续存在的。因此，无论是按国内惯例还是按国际惯例，对承包商一般都要实行从业资格管理。承包商从事建设生产，一般需具备四个方面的条件：①拥有符合国家规定的注册资本；②拥有与其资质等级相适合且具有注册执业资格的专业技术和管理人员；③有从事相应建筑活动所应有的技术装备；④经资格审查合格，已取得资质证书和营业执照。

承包商可按其所从事的专业分为土建、水电、道路、港口、铁路、市政工程等专业公司。按照承包方式，也可分为承包商和分包商。在市场经济条件下，承包商需要通过市场竞争（投标）取得施工项目，需要依靠自身的实力去赢得市场。承包商的实力主要包括以下四个方面：①技术方面的实力。有精通本行业的工程师、造价师、经济师、会计师、建造师、合同管理等专业人员队伍；有施工专业装备；有承揽不同类型项目施工的经验。②经济方面的实力。具有相当的周转资金用于工程准备，具有一定的融资和垫付资金的能力；具有相当的固定资产和为完成项目需购入大型设备所需的资金；具有支付各种担保和保险的能力，有承担相应风险的能力；承担国际工程尚需具备筹集外汇的能力。③管理方面的实力。建筑承包市场属于买方市场，承包商为打开局面，往往需要低利润报价取得项目，必须在成本控制上下工夫，向管理要效益；承包商施工要采用先进的施工方法提高工作效率和技术水平；承包商必须具有一批过硬的建造师和管理专家。④信誉方面的实力。承包商必须有良好的信誉，这将直接影响企业的生存与发展，要建立良好的信誉，企业必须遵守国家的法律法规；承建国外工程必须按国际惯例办事；承包商施工必须保证工程质量、安全、工期，文明施工，认真履约。

承包商承揽工程时，必须根据本企业的施工力量、机械装备、技术力量、施工经验等方面的条件，选择适合发挥自己优势的项目，避开企业不擅长或缺乏经验的项目，做到扬长避短，避免给企业带来不必要的风险和损失。

3. 工程咨询服务机构

工程咨询服务机构是指具有一定注册资金，具有一定数量的工程技术、经验、管理人员，取得建设咨询证书和营业执照，能为工程建设提供估算测量、管理咨询、建设监理等智力型服务并获取相应费用的企业。

工程咨询服务企业包括勘察设计机构、工程造价(测量)咨询单位、招标代理机构、工程监理公司、工程管理公司等。这类企业主要是向业主提供工程咨询和管理服务，弥补业主对工程建设过程不熟悉的缺陷，在国际上一般称为咨询公司。在我国，目前数量最多并有明确资质标准的是勘察设计机构、工程监理公司和工程造价(测量)咨询单位、招标代理机构。工程项目管理和其他咨询类企业近年来也有发展。

工程咨询服务机构虽然不是工程承发包的当事人，但其受业主委托或聘用，作为项目技术、经济咨询单位，对项目的实施有相当重要的作用和责任，咨询单位为项目进行咨询、设计、监理，许多情况下，咨询任务贯穿于自项目可行性研究直至工程验收的全过程。

4. 建筑市场主体的相互关系

在建设市场中，充分调动市场主体的积极性，建立相互依存、相互约束的机制是培育和发展建设市场的中心环节。

我国从 1988 年开始推行的工程项目建设监理制就是采用国际上通用的一种工程建设项目实施阶段的管理体制，一般有三个角色，即业主、承包商和监理工程师，他们之间都受一定合同的约束，在建筑市场中共求生存和发展。

业主是指出资建设的单位，在我国一般指各级政府有关部门、国营或集体企业、中外合资企业、国外独资或私人企业等；在国外也有政府部门和国营企业，或私营公司以及个人。

承包商是指与业主签署合同的单位，负责执行和完成合同中规定的各项任务。在我国，承包商一般是国营企业和集体企业，而在国外有不少私人的公司企业。

监理工程师接受业主的授权和委托，对工程项目实行管理性服务，监理工程师执行与业主签订的合同所规定的任务。

工程项目建设实施阶段各方的关系如图 1-2 所示。

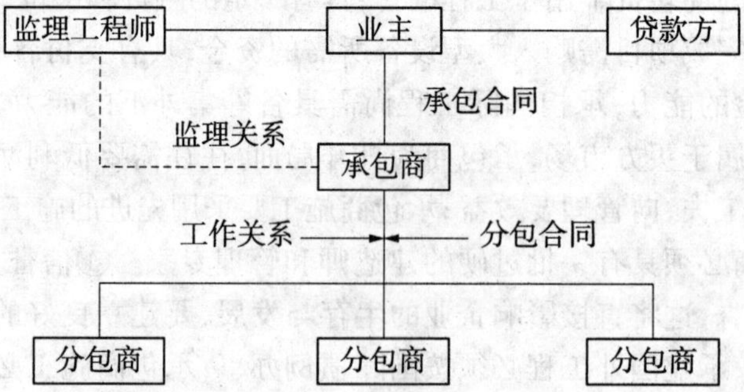

图 1-2 工程项目建设实施阶段各方的关系

业主与承包商是合同关系，业主与监理工程师也是合同关系。业主在筹集资金时如需要贷款，则与贷款方签订贷款合同。承包商征得业主或监理工程师同意，将部分工程分包出去，承包商应和分包商签订分包合同。监理工程师与承包商不是合同关系，监理工程师的任务是按照监理合同中赋予的权限对承包商工作实行监督和管理，监理工程师在业主和承包商之间是相互独立的第三方。由此可见，业主、承包商和监理工程师之间都不是领导和被领导的关系，这是招标投标承包制、建设监理制与计划经济体制下的政府自营之间的本质区别。

1.1.3.2 **建筑市场的客体**

建筑市场的客体一般称为建筑产品，是建筑市场的交易对象，既包括有形建筑产品，也包括无形产品——各类智力型服务。

建筑产品不同于一般工业产品，因为建筑产品本身及其生产过程具有不同于其他工业产品的特点。在不同的生产交易阶段，建筑产品表现为不同的形态，它可以是咨询公司提供的咨询报告、咨询意见或其他服务，可以是勘察设计单位提供的设计方案、施工图纸、勘察报告，也可以是生产厂家提供的钢筋混凝土构件，当然也包括承包商生产的各类建筑物和构筑物。

1. 建筑产品的特点

(1)建筑产品的固定性和生产过程的流动性。建筑物与土地相连，不可移动，这就要求施工人员和施工机械只能随建筑物不断流动，从而带来施工管理的多变性和复杂性。

(2)建筑产品的单件性。业主对建筑产品的用途、性能要求不同以及建设地点的差异，决定了多数建筑产品都需要单独进行设计，不能批量生产。

(3)建筑产品的整体性和分部分项工程的相对独立性。这个特点决定了总包和分包相结合的特殊承包形式。随着经济的发展和建筑技术的进步，施工生产的专业性越来越强。在建筑生产中，由各种专业施工企业分别承担工程的土建、安装、装饰、劳务分包，有利于施工生产技术和效率的提高。

(4)建筑生产的不可逆性。建筑产品一旦进入生产阶段，其产品不可能退换，也难以重新建造，否则双方都将受到极大的损失。所以，建筑生产的最终产品质量是由各阶段成果的质量决定的。设计、施工必须按照规范和标准进行，才能保证生产出合格的建筑产品。

(5)建筑产品的社会性。绝大部分建筑产品都具有相当广泛的社会性，涉及公众的利益和生命财产安全，即使是私人住宅，也会影响到环境，影响到进入或靠近它的人员的生活和安全。政府作为公众利益的代表，加强对建筑产品的规划、设计、交易、建造的管理是非常必要的，有关工程建设的市场行为都应受到管理部门的监督和审查。

2. 建筑产品的商品属性

长期以来，受计划经济体制的影响，工程建设由工程指挥部门管理，工程任务由行政部门分配，建筑产品价格由国家规定，抹杀了建筑产品的商品属性。

改革开放以后，由于推行了一系列以市场为取向的改革措施，建筑企业成为独立的生产单位，建设投资由国家拨款改为多种渠道筹措，市场竞争代替行政分配任务，建筑产品价格也逐步走向以市场形成价格的价格机制。建筑产品的商品属性的观念已为大家所认识，这成为建设市场发展的基础，并推动了建设市场的价格机制、竞争机制和供求机制的形成，使实力强、素质高、经营好的企业在市场上更具有竞争性，能够更快地发展，实现资源的优化配置,提高了全社会的生产力水平。

3. 工程建设标准的法定性

建筑产品的质量不仅关系到承发包双方的利益,也关系到国家和社会的公共利益,正是由于建筑产品的这种特殊性,其质量标准是以国家标准、国家规范等形式颁布实施的。从事建筑产品生产必须遵守这些标准、规范的规定;违反这些标准、规范的规定,将受到国家法律的制裁。

工程建设标准涉及面很广,包括房屋建筑、交通运输、水利、电力、通信、采矿冶炼、石油化工、市政公用设施等方面。

工程建设标准是指对工程勘察、设计、施工、验收、质量检验等各个环节的技术要求,其内容主要包括五个方面:①工程建设勘察、设计、施工及验收等质量要求和方法;②与工程建设有关的安全、卫生、环境保护的技术要求;③工程建设的术语、符号、代号、量与单位、建筑模数和制图方法;④工程建设的试验、检验和评定方法;⑤工程建设的信息技术要求。

在具体形式上,工程建设标准包括标准、规范、规程等,工程建设标准作用在于:①通过有关的标准规范为相应的专业技术人员提供了需要遵循的技术要求和方法;②由于标准的法律属性和权威属性,保证了从事工程建设有关人员按照规定去执行,从而为保证工程质量打下了基础。

课题 1.2　建筑市场资质管理

建筑活动的专业性及技术性都很强,而且建设工程投资大、周期长,一旦发生问题,将会给社会和人民的生命财产安全造成极大损失。因此,为保证建设工程的质量和安全,对从事建设活动的单位和专业技术人员必须实行从业资格管理,即资质管理制度。

建筑市场中的资质管理包括两类:一类是对从业企业的资质管理;另一类是对专业人士的资格管理。

1.2.1　从业企业资质管理

在建筑市场中,围绕工程建筑活动的主体主要是业主方、承包方(包括供应商)、勘察设计单位和工程咨询机构。《中华人民共和国建筑法》(简称《建筑法》)规定,对从事建筑活动的施工企业、勘察单位、设计单位和工程咨询机构实行资质管理。

1.2.1.1　建设工程勘察设计企业资质管理

我国建设工程勘察设计资质分为工程勘察资质、工程设计资质。工程勘察资质分为工程勘察综合资质、工程勘察专业资质、工程勘察劳务资质;工程设计资质分为工程设计综合资质、工程设计行业资质、工程设计专项资质。

建设工程勘察设计企业应当按照其拥有的注册资本、专业技术人员、技术装备和勘察设计业绩等条件申请资质,经审查合格,取得建设工程勘察、设计资质证书后,方可在资质等级许可的范围内从事建设工程勘察设计活动。我国工程勘察设计企业的业务范围如表1-1所示。国务院建设行政主管部门及各地建设行政主管部门负责工程勘察设计企业资质的审批、晋升和处罚。

表 1-1　我国工程勘察设计企业的业务范围

企业类别	资质分类	等级	承担业务范围
勘察企业	综合资质	不分级	承担工程勘察业务范围和地区不受限制
	专业资质	甲级	承担本专业工程勘察业务范围和地区不受限制
		乙级	可承担专业工程勘察中、小型工程项目,承担工程勘察业务的地区不受限制
		丙级	可承担本专业工程勘察小型工程项目,承担工程勘察业务限定在省、自治区、直辖市行政区范围内
	劳务资质	不分级	只能承担岩石工程治理、工程钻探、凿井等工程勘察劳务工作,承担工程勘察劳务工作的地区不受限制
设计企业	综合资质	不分级	承担工程设计业务范围和地区不受限制
	行业资质（分行业设立）	甲级	承担相应行业建设项目的工程设计范围和地区不受限制
		乙级	承担相应行业的中、小型建设项目的工程设计任务,地区不受限制
		丙级	承担相应行业的小型建设项目的工程设计任务,地区限定在省、自治区、直辖市所辖行政范围内
	专业资质（分专业设立）	甲级	承担大、中、小型专项工程设计项目,地区不受限制
		乙级	承担中、小型专项工程设计项目,地区不受限制

注:大、中、小型工程划分标准住房和城乡建设部有详细规定。

1.2.1.2　建筑业企业(承包商)资质管理

建筑业企业(承包商)是指从事土木工程、建设工程、线路管线及设备安装工程、装修工程等的新建、扩建、改建活动的企业。我国的建筑业企业分为施工总承包企业、专业承包企业和劳务分包企业。施工总承包企业按工程性质分为房屋、公路、铁路、港口、水利、电力、矿山、冶金、化工石油、市政公用、通信、机电等 12 个类别,专业承包企业根据工程性质和技术特点划分为 60 个类别,劳务分包企业按技术特点划分为 13 个类别。

工程施工总承包企业资质等级分为特级、一级、二级、三级;施工专业承包企业资质等级分为一级、二级、三级;劳务分包企业资质等级分为一级、二级。这三类企业的资质等级标准,由国家住房和城乡建设部统一组织制定和发布。工程施工总承包企业和施工专业承包企业的资质实行分级审批。特级、一级资质由国家住房和城乡建设部审批;二级及以下资质,由企业注册所在省、自治区、直辖市人民政府建设主管部门审批;劳务分包企业资质由企业所在省、自治区、直辖市人民政府建设主管部门审批。经审查合格的,由有权的资质管理部门颁发相应等级的建筑业企业(承包商)资质证书。建筑业企业资质证书由国务院建设行政主管部门统一印制,分为正本(1 本)和副本(若干本),正本和副本具有同等法律效力。任何单位和个人不得涂改、伪造、出借、转让资质证书,复印的资质证书无效。我国建筑业企业承包工程范围如表 1-2 所示。

表 1-2　建筑业企业承包工程范围

企业类别	等级	承包工程范围
施工总承包企业（12 类）	特级	（以房屋建设工程为例）可承担各类房屋建设工程的施工
	一级	（以房屋建设工程为例）可承担单项建安合同额不超过企业注册资本金 5 倍的下列房屋建筑工程的施工：①40 层及以下、各类跨度的房屋建设工程；②高度 240 m 及以下的构筑物；③建筑面积 20 万 m^2 及以下的住宅小区或建筑群体
	二级	（以房屋建设工程为例）可承担单项建安合同额不超过企业注册资本金 5 倍的下列房屋建筑工程的施工：①28 层及以下、单跨跨度 36 m 以下的房屋建筑工程；②高度 120 m 及以下的构筑物；③建筑面积 12 万 m^2 及以下的住宅小区或建筑群体
	三级	（以房屋建筑工程为例）可承担单项建安合同额不超过企业注册资本金 5 倍的下列房屋建筑工程的施工：①14 层及以下、单跨跨度 24 m 以下的房屋建筑工程；②高度 70 m 及以下的构筑物；③建筑面积 6 万 m^2 及以下的住宅小区或建筑群体
专业承包企业（60 类）	一级	（以土石方工程为例）可承担各类土石方工程的施工
	二级	（以土石方工程为例）可承担单项合同额不超过企业注册资本金 5 倍且 60 万 m^3 及以下的土石方工程的施工
	三级	（以土石方工程为例）可承担单项合同额不超过企业注册资本金 5 倍且 15 万 m^3 及以下的土石方工程的施工
劳务分包企业（13 类）	一级	（以木工作业为例）可承担各类工程木工作业分包业务，但单项合同额不超过企业注册资本金的 5 倍
	二级	（以木工作业为例）可承担各类工程木工作业分包业务，但单项合同额不超过企业注册资本金的 5 倍

1.2.1.3　工程咨询机构资质管理

我国对工程咨询机构也实行资质管理。目前，已有明确资质等级评定条件的有工程监理、招标代理、工程造价等咨询机构。

工程监理企业，其资质等级划分为甲级、乙级和丙级三个级别。丙级监理单位只能监理本地区、本部门的三等工程；乙级监理单位只能监理本地区、本部门的二、三等工程；甲级监理单位可以跨地区、跨部门监理一、二、三等工程。

工程建设项目招标代理机构，其资质等级划分为甲级、乙级和暂定级。暂定级工程招标代理机构只能承担工程总投资额 6 000 万元人民币以下的工程招标代理业务，地区不受限制；乙级工程招标代理机构只能承担工程总投资额 1 亿元人民币以下的工程招标代理业务，地区不受限制；甲级工程招标代理机构承担工程的范围和地区不受限制。

工程造价咨询机构，其资质等级划分为甲级和乙级。甲级工程造价咨询企业可以从事各类建设项目的工程造价咨询业务。乙级工程造价咨询企业可以从事工程造价 5 000 万元人民币以下的各类建设项目的工程造价咨询业务。工程造价咨询企业依法从事工程造价咨询活动，不受行政区域限制。

工程咨询单位的资质评定条件包括注册资金、专业技术人员和业绩三方面的内容，不同资质等级的标准均有具体规定。

1.2.2 专业人士资格管理

在建设市场中，把具有从事工程咨询资格的专业工程师称为专业人士。建筑行业尽管有完善的建筑法规，但没有专业人员的知识与技能的支持，政府难以对建设市场进行有效的管理。由于他们的工作水平对工程项目建设成败具有重要的影响，所以对专业人士的资格条件有很高的要求，许多国家和地区对专业人士均进行资质管理。我国香港特别行政区将经过注册的专业人士称为注册授权人；英国、德国、日本、新加坡等国家的法规甚至规定，业主和承包商向政府申报建筑许可、施工许可、使用许可等手续，必须由专业人士提出，申报手续除应符合有关法律规定外，还要有相应资格的专业人士的签章。由此可见，专业人士在建设市场运作中起着非常重要的作用。

由于各国情况不同，专业人士的资格有的国家（以欧洲一些国家为代表）由学会或协会负责授予和管理，有的国家由政府负责确认和管理。

英国、德国政府不负责专业人士的资格管理，咨询工程师的执业资格证书由专业学会组织考试颁发，并由学会进行管理。

美国有专门的全国注册考试委员会，负责组织专业人士的考试。通过基础考试并经过数年专业实践后再通过专业考试，即可取得注册工程师资格。

法国和日本由政府管理专业人士的执业资格。法国在建设部内设有一个审查咨询工程师资格的技术监督委员会，该委员会首先审查申请人的资格和经验，申请人须高等学院毕业，并有10年以上的工作经验。资格审查通过后可参加全国考试，考试合格者予以确认公布。一次确认的资格，有效期为两年。在日本，对参加统一考试的专业人士的学历、工作经历也都有明确的规定，执业资格的取得与法国相类似。

我国专业人士制度是从发达国家引入的，目前，已经确定专业人士的种类有建筑师、结构工程师、监理工程师、造价工程师和建造师等。专业人士资格和注册条件为：大专以上的专业学历；参加全国统一考试，成绩合格；具有相关专业的实践经验。

目前，我国专业人士制度正在逐步趋于完善，随着建设市场的进一步完善，对其管理会进一步规范化、制度化。

课题1.3 建设工程交易中心

建设工程交易中心是我国在工程承发包体制改革中出现的，是建设市场有形化的最有效的管理方式。这种有形建设市场管理模式在世界上也是独一无二的。

建设工程按投资的性质可以分为两类：一类是国有投资项目，另一类是私营投资项目。在西方发达国家中，个体投资占绝大多数，工程项目管理是业主自己的事情，政府的职能是监督他们是否依法建设，而对国有投资项目，一般应该设置专门管理部门，代为行使业主的职能。

我国是以社会主义公有制为主体的国家，政府部门、事业单位投资及国有企业投资在社会投资中仍然占有主导地位并长期存在。建设单位使用的大都是国有资金,由于国有投资管理体制不完善和建设单位内部管理体制的薄弱,很容易造成工程发包中的不正之风和腐败现象。针对上述情况,我国各省、自治区、直辖市均设立了建设工程交易中心,把所有代表国家和国有企业事业单位投资的业主请进建设交易中心进行招标,设置专门的监督机构。

1.3.1 建设工程交易中心的性质与作用

1.3.1.1 建设工程交易中心的性质

建设工程交易中心是服务性机构,不是政府管理部门,也不是政府授权的监督机构,本身并不具备监督管理职能。但建设工程交易中心又不是一般意义上的服务机构,其设立需得到政府或政府授权主管部门的批准;它不以营利为目的,旨在为建立公开、公正、平等竞争的招标投标制度服务,只可经批准收取一定的服务费,工程交易行为不能在场外发生。

1.3.1.2 建设工程交易中心的作用

按照我国的有关规定,所有建设项目都要在建设工程交易中心内报建、发布招标信息、合同授予、申领施工许可证。招标投标活动都需在场内进行,并接受政府有关管理部门的监督。应该说,建设工程交易中心的设立,对国有投资的监督制约机制的建立、规范建设工程承发包行为、将建设市场纳入法制化的管理轨道有着重要的作用,是符合我国特点的一种好形式。

建设工程交易中心建立以来,由于实行集中办公、公开办事制度和程序以及一条龙的窗口服务,不仅有力地促进了工程招标投标制度的推行,而且遏制了违法违规的行为,对防止腐败、提高管理透明度起到了显著的作用。

1.3.2 建设工程交易中心的基本功能

1.3.2.1 信息服务功能

信息服务功能包括收集、存储和发布各类工程信息、法律法规、造价信息、建材价格、承包商信息、咨询信息和专业人士信息等。建设工程交易中心一般要定期公布工程造价指数和建筑材料价格、人工费、机械租赁费、工程咨询费以及各类工程指导价等,指导业主和承包商、咨询单位进行招标和投标报价。

1.3.2.2 场所服务功能

对于政府部门、国有企业、事业单位的投资项目,我国明确规定,一般情况下都必须进行公开招标,只有特殊情况下才允许采用邀请招标,所有建设项目进行招标投标必须在有形建设市场内进行,必须由有关管理部门进行监督。按照这个要求,工程建设交易中心必须为工程承发包交易双方进行建设工程的招标、评标、定标、合同谈判等提供设施和场所服务。《建设工程交易中心管理办法》规定,建设工程交易中心应具备信息发布大厅、洽谈室、开标室、会议室及相关设施以满足业主和承包商、分包商、设备材料供应商之间的交易需要。同时,要为政府有关管理部门进驻集中办公、办理有关手续和依法监督招标投标活动提供场所服务。

1.3.2.3 集中办公功能

由于众多建设项目要进入有形建设市场进行报建、招标投标交易和办理有关批准手续,这样就要求政府有关建设管理部门进驻工程交易中心集中办理有关审批手续和进行管理,建设行政主管部门的各职能机构进驻建设工程交易中心。受理申报的内容一般包括工程报建、招标登记、承包商资质审查、合同登记、质量报监、施工许可证发放等。进驻建设工程交易中心的相关管理部门集中办公,公布各自的办事制度和程序,既能按照各自的职责依法对建设工程交易活动实施有力监督,又方便当事人办事,有利于提高办公效率。

1.3.3 建设工程交易中心的运行原则

为了保证建设工程交易中心能够有良好的运行秩序和市场功能的充分发挥,必须坚持市场运行的一些基本原则。

1.3.3.1 信息公开原则

建设工程交易中心必须充分掌握政策法规,工程发包、承包商和咨询单位的资质,造价指数、招标规则、评标标准、专家评委库等各项信息,并保证市场各方主体都能及时获得所需要的信息资料。

1.3.3.2 依法管理原则

建设工程交易中心应严格按照法律、法规开展工作,尊重建设单位依照法律规定选择投标单位和选定中标单位的权利。尊重符合资质条件的建筑业企业提出的投标要求和接受邀请参加投标的权利。任何单位和个人不得非法干预交易活动的正常进行。监察机关应当进驻建设工程交易中心实施监督。

1.3.3.3 公平竞争原则

建立公平竞争的市场秩序是建设工程交易中心的一项重要原则。进驻的有关行政监督管理部门应严格监督招标、投标单位的行为,防止地方保护、行业和部门垄断等各种不正当竞争,不得侵犯交易活动各方的合法权益。

1.3.3.4 属地进入原则

按照我国有形建设市场的管理规定,建设工程交易实行属地进入。每个城市原则上只能设立一个建设工程交易中心,特大城市可以根据需要,设立区域性分中心,在业务上受中心领导。对于跨省、自治区、直辖市的铁路、公路、水利等工程,可在政府有关部门的监督下,通过公告由项目法人组织招标、投标。

1.3.3.5 办事公正原则

建设工程交易中心是政府建设行政主管部门批准建立的服务性机构,须配合进场各行政管理部门做好相应的工程交易活动管理和服务工作。要建立监督制约机制,公开办事规则和程序,制定完善的规章制度和工作人员守则,一旦发现建设工程交易活动中的违法违规行为,应当向政府有关管理部门报告,并协助进行处理。

1.3.3.6 闭合管理原则

建设单位在工程立项后,应按规定在建设工程交易中心办理工程报建和各项登记、审批手续,接受建设工程交易中心对其工程项目管理资格的审查,招标发包的工程应在建设工程交易中心发布工程信息。工程承包单位和监理、咨询等中介服务单位均应按照建设工程交易中心规定承接施工和监理、咨询业务。未按规定办理前一道审批、登记手续的，任何后续管理部门不得给予办理手续，以保证管理的程序化和制度化。

1.3.4　建设工程交易中心运行程序

按照国家有关规定，建设项目进入建设工程交易中心后，一般按图 1-3 所示的程序运行。

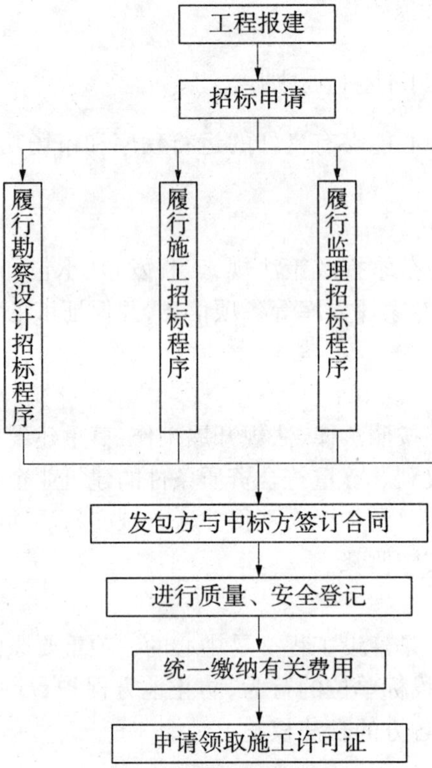

图 1-3　建设工程交易中心运行程序

【阅读材料】

日照市建设工程交易中心简介

日照市建设工程交易中心是经市人民政府批准设立的进行建设工程招标投标的有形建筑市场，是市开发建设项目管理实行集中办公的窗口，交易中心隶属于市建设委员会，内设报建登记部、网络信息部、交易管理部、综合管理部、办公室等。

日照市建设工程交易中心位于烟台路西、市建委北 500 m，大厅 2 层，面积 4 500 余 m^2，交易中心现设交通、园林、水务、人防、工商、城建、房产等建设行政主管部门管理机构。交易中心有招标代理机构、银行、律师事务所、工程造价咨询公司、物业管理公司等中介服务机构驻场办公，以及市人民政府执法监察办公室驻场办公。市建筑管理各部门、各城区招标办实行一站式办公。

交易中心以“日照建设交易中心招投标网”为主要交易平台，开发了建设工程招标投标电子网络交易所需的11个子系统，建立了较为完整的信息数据库，提供法定的建设工程招标投标软件程序，使各交易主体可以随时查阅建设工程交易信息，了解建设领域的政策法规和大事要事，进行建设工程网上投标报名等。

交易中心有固定的交易场所和完善的网络信息查询系统，分为信息查询区、一站式办公区、寻标区、候标区、中介服务区等。交易大厅有2个3 m×4 m的电子大屏幕，可同时容纳80多人开标；二楼有7个评标室、10多个办公室，内设中央空调。交易中心有40多名员工，可以提供一系列优良的服务。

课题1.4　建设工程招标投标制度

招标投标是国际上通用的工程承发包方式，英国早在18世纪就制定了有关政府部门公共用品招标采购法律，至今已有200多年的历史。我国招标投标制度是伴随着改革开放而逐步建立并完善的。1984年，国家发展计划委员会、城乡建设环境保护部联合下发了《建设工程招标投标暂行规定》，倡导实行建设工程招标投标，我国由此开始推行招标投标制度。

我国实行招标投标制度后，在建筑市场中利用竞争机制来提高工程质量，控制工程造价和工期。随着市场机制的建立和健全，建筑市场不断完善，市场竞争不断加剧，规范市场行为、创造公平竞争环境成为建筑业发展中需要解决的重要任务。全国人大常委会于1999年8月30日颁布了《中华人民共和国招标投标法》(简称《招标投标法》)，该法共6章(分为总则，招标，投标，开标、评标和中标，法律责任，附则)68条，主要内容包括通行的招标投标程序、招标人和投标人应遵循的基本规则、任何违反法律规定应承担的法律责任等。其中，大量采用了国际惯例或通用做法，以立法的形式明确了我国境内进行项目建设的勘察、设计、施工、监理以及与建设有关的重要设备、材料等的采购，必须进行招标的范围。2002年6月29日全国人大常委会通过了《中华人民共和国采购法》，确定招标投标方式为政府采购的主要方式，标志着我国招标投标活动从此走上法制化的轨道，我国招标投标制度进入了全面实施的新阶段。

小　结

建筑工程市场是以建筑产品承发包交易活动为主要内容的市场，一般称为建筑市场或建设市场。建筑市场有广义的市场和狭义的市场之分。广义的建筑市场是指工程建设生产和交易关系的总和。

参与建筑生产交易过程的各方构成建筑工程市场的主体。建筑市场的主体主要有业主、承包商、工程咨询服务机构。作为不同阶段的生产成果和交易内容等各种形态的建筑产品、工程设施与设备、构配件以及各种图纸和报告等非物质化的劳动构成建筑市场的客体。

建筑活动技术性强、投资大、周期长，一旦发生问题，将会给社会和人民生命财产安全造成极大损失。为保证建设工程的质量和安全,对从事建设活动的单位和专业技术人员实行资质管理制度。建筑工程市场中的资质管理包括:①企业资质管理;②专业人士资格管理。在建筑市场中,围绕工程建筑活动的主体主要是业主方、承包方(包括供应商)、勘察设计方和工程咨询机构。建设工程勘察设计资质分为工程勘察资质、工程设计资质。工程勘察资质分为工程勘察综合资质、工程勘察专业资质、工程勘察劳务资质;工程设计资质分为工程设计综合资质、工程设计行业资质、工程设计专项资质。建筑业企业分为施工总承包企业、专业承包企业和劳务分包企业。工程施工总承包企业资质等级分为特级、一级、二级、三级;施工专业承包企业资质等级分为一级、二级、三级;劳务分包企业资质等级分为一级、二级。工程监理企业资质等级划分为甲级、乙级和丙级。工程建设项目招标代理机构资质等级划分为甲级、乙级和暂定级。工程造价咨询机构资质等级分为甲级和乙级。在建设市场中,具有从事工程咨询资格的专业工程师称为专业人士,目前,我国已经确定专业人士的种类有建筑师、结构工程师、监理工程师、造价工程师和建造师等。

建设工程交易中心是建设工程招标投标管理部门或建设行政主管部门授权的其他机构建立的、自收自支的非营利性事业法人,根据政府建设行政主管部门委托,实施对市场主体的服务、监督和管理。建设工程交易中心是服务性机构,不是政府管理部门,也不是政府授权的监督机构,旨在为建立公开、公正、平等竞争的招标投标制度服务。建设工程交易中心的基本功能包括信息服务功能、场所服务功能、集中办公功能等。为了保证建设工程交易中心能够有良好的运行秩序和市场功能的充分发挥,必须坚持市场运行的一些基本原则,即信息公开原则、依法管理原则、公平竞争原则、属地进入原则、办事公正原则、闭合管理原则等。

我国招标投标制度是伴随着改革开放而逐步建立并完善的,在实行招标投标制度后,在建筑市场中利用竞争机制来提高工程质量,控制工程造价和工期。

习　题

1. 名词解释

①建筑市场;②建筑市场主体;③建筑市场客体;④建设工程交易中心;⑤建筑市场资质管理。

2. 单选题

(1)广义的建筑市场是指(　　)。

A. 有形建筑市场　　B. 无形建筑市场

C. 有形建筑市场和无形建筑市场　　D. 劳务市场

(2)工程招标代理机构资质等级分为(　　)。

A. 甲级、乙级、暂定级　　B. 甲级、乙级、丙级

C. 一级、二级、三级　　D. 特级、一级、二级、三级

(3)建设工程交易中心是(　　)。

A. 政府管理部门　　B. 服务性机构

C. 政府授权的监督机构　　D. 职能规划机构

(4)建筑市场的客体主要有(　　)。

A. 业主　　B. 承包商　　C. 工程咨询服务机构　　D. 建筑产品

(5)乙级工程招标代理机构可承担(　　)工程招标代理业务。

A. 工程总投资额1亿元人民币以下,地区不受限制

B. 工程总投资额1亿元人民币以下,地区受限制

C. 工程总投资额1亿元人民币以上,地区不受限制

D. 工程总投资额1亿元人民币以上,地区受限制

3. 多选题

(1)建筑市场的特点是(　　)。

A. 建筑市场的范围广、变化大

B. 建筑市场的交换关系复杂

C. 建筑产品交易的长期性和阶段性

D. 建筑产品订货交易的直接性

E. 建筑市场定价方式的独特性和风险性

(2)建筑市场主体由(　　)构成。

A. 业主　　B. 承包商　　C. 工程咨询服务机构　　D. 建筑产品　　E. 各种服务

(3)下列说法正确的是(　　)。

A. 业主与承包商是合同关系

B. 业主与监理工程师是合同关系

C. 监理工程师与承包商不是合同关系

D. 监理工程师与承包商是合同关系

E. 监理工程师在业主和承包商之间是相互独立的第三方

(4)工程建设标准是指对工程勘察、设计、施工、验收、质量检验等各个环节的技术要求,其内容主要包括(　　)。

A. 工程建设勘察、设计、施工及验收等质量要求和方法

B. 与工程建设有关的安全、卫生、环境保护的技术要求

C. 工程建设的术语、符号、代号、量与单位、建筑模数和制图方法

D. 工程建设的试验、检验和评定方法

E. 工程建设的信息技术要求

(5)为了保证建设工程交易中心能够有良好的运行秩序和市场功能的充分发挥,必须坚持(　　)。

A. 信息公开原则

B. 依法管理原则

C. 公平竞争原则

D. 属地进入原则

E. 办事公正原则和闭合管理原则

4. 简答题

(1)建筑市场有哪些特点?

(2)简述建筑市场主体的相互关系。

(3)建筑产品有哪些特点?

(4)如何对建筑市场资质进行管理?

(5)简述建设工程交易中心的性质与作用。

(6)建设工程交易中心的基本功能有哪些?

(7)简述建设工程交易中心运行的基本原则。

【综合实训】

1. 实训目标

建设工程交易中心是经政府主管部门批准的,为建设工程交易活动提供服务的场所,是建设市场有形化的、最有效的管理方式。建设工程交易中心不是政府管理部门,也不是政府授权的监督机构,更不是一般意义上的服务性机构,旨在为建立公开、公正、平等竞争的招标投标制度服务。通过本次实训,加深学生对交易中心功能的基本认识,感受建设工程交易氛围,提高学生学习本课程的兴趣。

2. 实训要求

(1)参观当地建设工程交易中心,听取交易中心职能人员介绍。

(2)熟悉交易中心的作用、基本功能、运行原则、运作程序等。

(3)编写交易中心情况报告。

模块2　建设工程项目招标

【知识要点】　建设工程招标投标的概念、目的及特点；建设工程项目招标类型；建设工程项目招标的范围、规模标准；建设工程项目招标方式、招标程序；建设工程项目招标标底编制、招标文件编制。

【教学目标】　掌握建设工程项目招标方式、招标组织和程序，建设工程招标文件的内容组成和编制方法；熟悉建设工程项目招标范围、规模标准、招标条件、评标方法和工作要点；了解招标投标的概念、目的及特点，建设工程项目招标类型。通过本章学习，使学生初步具备编制工程招标标底、招标文件能力，并能参加工程招标的相关工作。

课题2.1　建设工程项目招标范围和规模标准

2.1.1　建设工程招标投标的概念、目的、特点

2.1.1.1　建设工程招标投标的概念

招标投标是指在市场经济条件下进行大宗货物的买卖、建设项目的发包与承包以及服务项目的采购与提供时所采用的一种交易方式。建设工程招标投标是指建设单位或个人(即业主或项目法人)通过招标的方式，将工程建设项目的勘察、设计、施工、材料设备供应、监理等业务，一次或分部发包，由具有相应资质的承包单位通过投标竞争，从中择优选定工程承包方的法律行为。

2.1.1.2　建设工程招标投标的目的

建设工程招标投标的目的是在工程建设中引入竞争机制，择优选定勘察、设计、设备安装、施工、装饰装修、材料设备供应、监理和工程总承包等单位，以保证缩短工期、提高工程质量和节约建设投资。

2.1.1.3　建设工程招标投标的特点

招标投标作为一种商品经营方式，体现了购销双方的买卖关系。竞争是商品经济的产物，但不同的社会制度下的竞争目的、性质、范围和手段不同。我国建设工程招标投标具有以下特点：

(1)招标投标是在国家宏观计划指导和政府监督下的竞争。建设工程投资受国家宏观计划指导，工程价格在国家宏观计划指导下浮动，建筑队伍的规模受国家基本建设投资规模控制。

(2)投标是在平等互利基础上的竞争。在国家法律和政策约束下，建筑企业以平等的法人身份参加竞争。为防止竞争中可能出现不法行为，国家颁布了《中华人民共和国招标投标法》，并详细规定了具体做法。

(3)竞争的目的是相互促进，共同提高。投标竞争促进建筑企业改善经营管理，技术

进步,提高劳动生产率,保证国家、企业、个人的经济利益得到提高。

(4)对投标人的资格审查避免了不合格的承包商参与竞争。

2.1.2 建设工程项目招标的种类

建设工程项目招标按内容不同可分为建设工程项目总承包招标,工程项目前期咨询招标,建设工程勘察、设计招标,建设工程施工招标,建设工程监理招标,建设工程材料设备采购招标等。

2.1.2.1 建设工程项目总承包招标

建设工程项目总承包招标又叫建设工程项目全过程招标,在国外称为"交钥匙工程"发包方式。它是指从项目建议书开始,包括可行性研究、勘察设计、设备材料采购、工程施工、生产准备、投料试车,直到竣工投产、交付使用的建设全过程招标。总承包招标对投标人来说时间跨度大,风险也大,因此要求投标人要有很强的管理水平和技术力量。国外较多采用建设工程项目总承包招标方式,国内也有采用,相对招标人而言,施工总承包未知风险因素较少,计费较容易,相对风险较小。

2.1.2.2 建设工程项目前期咨询招标

建设工程项目前期咨询招标是指对建设项目的可行性研究任务进行的招标。投标方一般为工程咨询企业。中标的承包方要根据招标文件的要求,向发包方提供拟建工程的可行性研究报告,由专家组评估鉴定其结论的准确性。工程投资方缺乏工程实施管理经验时,通过招标方式选择具有专业管理经验的工程咨询单位,为其制订科学、合理的投资开发建设方案,并组织控制方案的实施。

2.1.2.3 建设工程勘察、设计招标

建设工程勘察、设计招标是指根据批准的可行性研究报告,择优选定勘察、设计单位的招标。勘察和设计工作由勘察单位和设计单位分别完成。勘察单位最终提出包括施工现场的地理位置、地形、地貌、地质、水文等在内的勘察报告。设计单位最终提供设计图纸和成本预算结果。设计招标还可以进一步分为建筑方案设计招标、施工图设计招标。当施工图设计不是由专业的设计单位承担,而是由施工单位承担时,一般不进行单独招标。

2.1.2.4 建设工程施工招标

建设工程施工招标是在工程项目的初步设计或施工图设计完成后,用招标的方式选择施工单位的招标。施工单位向业主提供按招标设计文件规定的合格建筑产品。根据施工承担范围不同,可分为单项工程施工招标、单位工程施工招标、专业工程施工招标等。

2.1.2.5 建设工程监理招标

建设工程监理招标是指招标人就拟建工程项目的监理任务,发出招标公告或投标邀请书,由符合招标文件规定的建设监理单位参加,竞争承接工程项目相应各阶段的监理任务。其目的是使业主能更好地实施工程项目各阶段的监督管理工作,保证建设过程的进度、质量、投资及生产安全、文明施工等。

2.1.2.6 建设工程材料设备采购招标

建设工程材料设备采购招标是指在工程项目初步设计完成后,对建设项目必需的建筑材料和设备(如电梯、供配电系统、空调系统等)采购任务进行的招标。投标方通常为

材料供应商、成套设备供应商。

2.1.3 建设工程项目招标的范围和规模标准

2.1.3.1 工程建设项目强制性招标范围

工程建设项目强制性招标是指法律法规规定某些特定类型的工程项目，必须通过招标进行。根据《招标投标法》规定，在中国境内进行下列工程建设项目的勘察、设计、施工、监理以及与工程建设有关的重要设备、材料等的采购，必须进行招标，包括：①大型基础设施、公用事业等关系社会公共利益、公众安全的项目；②全部或者部分使用国有资金投资或者国家融资的项目；③使用国际组织或者外国政府贷款、援助资金的项目。

2.1.3.2 工程建设项目招标规模标准

国家发展计划委员会发布的《工程建设项目招标范围和规模标准规定》规定：各类工程建设项目，包括项目的勘察、设计、施工、监理以及与工程建设有关的重要设备、材料等的采购，达到下列标准之一的，必须进行招标：①施工单项合同估算价在200万元人民币以上的；②重要设备、材料等货物的采购，单项合同估算价在100万元人民币以上的；③勘察、设计、监理等服务的采购，单项合同估算价在50万元人民币以上的；④单项合同估算价低于上述三项规定的标准，但项目总投资额在3 000万元人民币以上的。

根据《招标投标法》及有关规定，在中国境内建设的以下项目可不需要通过招标投标来确定：①涉及国家安全、国家秘密或抢险救灾而不适宜招标的；②属于利用扶贫资金实行以工代赈需要使用农民工的；③施工主要技术采用特定的专利或者专有技术的；④施工企业自建自用的工程，且该施工企业资质等级符合工程要求的；⑤在建工程追加的附属小型工程或者主体加层工程，原中标人仍具备承包能力的；⑥停建或者缓建后恢复建设的单位工程，且承包人未发生变更的；⑦法律、法规规定的其他情形。

根据我国的实际情况，允许各地区自行确定本地区招标的具体范围和规模标准，但不得缩小国家发展和改革委员会所确定的必须招标的范围。目前，全国各地建设工程的招标范围不完全相同，但在各地区人民政府所规定的招标范围之内的工程必须进行招标，任何不依法招标或化整为零、逃避招标的行为，将承担相应的法律责任。在此范围之外的工程，本着业主自愿的原则，决定是否招标，但建设行政主管部门不得拒绝其招标要求。

课题2.2 建设工程项目招标方式

工程项目招标是指发包人在发包建筑工程项目之前，以公告或邀请书的方式提出工程项目的条件和要求，愿意参加竞争的具有相应资质的建筑企业可以按照招标文件的要求进行投标，招标人从中择优选出承包人的过程。《招标投标法》明确规定，我国招标方式有公开招标和邀请招标两种。在国际招标工作中，不仅存在上述两种方式，还有议标方式。

2.2.1 公开招标

公开招标是指招标人通过网络、报刊、广播、电视或其他媒介公开发布招标公告的方式，邀请不特定的法人或者其他组织参加投标，并公开出售招标文件，公开开标。所有符合条件的供应商或者承包商都可以平等参加投标竞争，招标人从中择优选定报价合理、工期较短、信誉良好的承包商为中标者的招标方式。公开招标一般对投标人的数量不予限制，故又称无限竞争性招标。公开招标透明度大、竞争激烈，但是工作量大、周期长、组织成本高等。

2.2.2 邀请招标

邀请招标是指招标人用投标邀请书的方式邀请三个及以上具备承担招标项目的能力、资信良好的特定法人或者其他组织投标。邀请招标又称有限竞争性招标。邀请招标的特点是：①目标集中、招标组织工作容易、工作量小；②邀请招标不需发布公告，招标人只要向特定的投标人发出投标邀请书即可，由于竞争范围有限，可能会使竞争优势更为突出的潜在投标人失去中标机会。

有下列情形之一的，经批准可以进行邀请招标：①项目技术复杂或有特殊要求，只有少量几家潜在投标人可供选择的；②受自然地域环境限制的，涉及国家安全、国家秘密或抢险救灾，适宜招标但不宜公开招标的；③拟公开招标的费用与项目的价值相比，不值得的；④法律、法规规定不宜公开招标的。

国家重点建设项目的邀请招标，应当经国务院计划部门批准；地方重点建设项目的邀请招标，应当经各省、自治区、直辖市人民政府批准。

2.2.3 议标

议标是国际上常用的招标方式，这种招标方式是建设单位邀请不少于两家（含两家）的承包商，通过直接协商谈判选择承包商的招标方式。议标适用于不宜公开招标或邀请招标的特殊工程。

根据联合国国际贸易法委员会《货物、工程和服务采购示范法》的规定，下列情况可以采用议标：①不可预见的紧迫情况下的急需货物、工程或服务；②由于灾难性事件的急需；③保密的需要。

议标节省时间，容易达成协议，工作开展迅速，保密性良好，但是竞争力差，无法获得有竞争力的报价。

【阅读材料】

国际工程招标方式与惯常做法

国际工程招标投标既可能是国外的工程建设项目，也可能是在我国境内的自有资金工程建设项目，如国家大剧院的设计、奥运会相关项目等都应用了国际工程招标。工程项目建设的资金如果使用国际金融组织或外国政府贷款，必须遵循贷款协议，采用国际工程招标投标方式选择中标人。

1. 国际工程招标方式

(1)国际竞争性招标。招标人邀请几个乃至几十个投标人参加投标，通过多数投标人竞争，选择其中对招标人最有利的投标人达成交易的方式。目前，被国际上普遍采用。

该招标方式分为公开招标、邀请招标两种。

(2)国际非竞争性招标。也称议标,具体做法与国内招标方式相似。近10年来,在国际工程承发包中地位越来越重要。

(3)双信封招标。即投标人同时递交技术建议书和价格建议书。评标时首先开封技术建议书,并审查技术方面是否符合招标的要求,再与每一位投标人对其技术建议书进行讨论,以使所有的投标书达到所要求的技术标准。当由于技术方案的修改导致原已递交的投标价需修改时,将原提交的未开封的价格建议书退还投标人,并要求投标人在规定期间再次提交其价格建议书。当所有价格建议书都提交后,再一并打开进行评标。亚洲开发银行允许采用此种做法,但需事先得到批准,并应注意将有关程序在招标文件中写清楚。世界银行不允许采用此种做法。

(4)两阶段招标。即国际竞争性招标与国际非竞争性招标两种方式的有机结合。第一阶段按公开招标方式进行,选出几家符合资格的投标人,再进行第二阶段的投标报价,最后确定中标人。

(5)保留性招标。招标人所在国为了保护本国投标人的利益,将原来适合于无限竞争性招标方式招标的工程留下一部分专门给本国承包商。这种方式适合于资金来源渠道广的工程项目,如世界银行贷款加国内配套投资的项目招标。

(6)地区性公开招标。项目的资金来源属于某一地区的组织,例如阿拉伯基金、地区性开发银行贷款等。该项目的招标只限于该组织的成员国。

(7)排他性招标。在利用政府贷款采购物资或者建设工程项目时,一般都规定在借款国和贷款国同时招标,只有借、贷两国的供应商和承包商才能参加投标,这种方式称为排他性招标。其招标方式可以采用公开招标或谈判招标的方式进行。

2. 惯常做法

(1)世界银行推行的做法。强调项目的经济性和效益性,对所有会员国、瑞士和中国台湾的所有合格企业予以同等的竞争机会,通过招标和签署合同,采取措施鼓励借款国发展本国制造和承包商(评标时,借款国的承包商享有7.5%的优惠)。要求业主公正表述拟建工程的技术要求,保证不同国家的合格企业能够广泛参与投标,技术说明书须以实施的要求为依据,世界银行从项目选择直到整个实施过程都有权参与意见,在关键性问题上享有决定性发言权。

(2)英联邦地区的做法。以改良的方式实行国际竞争性招标,即国际有限招标,主要做法:①对承包商资格预审;②招标部门保留一份常备的经批准的承包商名单,使业主在委托项目时心中有数;③规定预选投标者的数目,一般邀请4~8家投标人,项目规模越大,邀请的投标者越少;④初步调查,即在发标前,先对其保留的名单上拟邀请的承包商的投标诚意情况进行调查,以保证要求的投标者的数目。

(3)法语国家和地区的做法。招标方式有拍卖式和询价式。

拍卖式招标:在取得投标资格的条件下,以报价作为判标的唯一标准,即在投标人报价低于招标人规定的标底价的条件下,报价最低者得标。此方式适用于简单工程或工程内容完全确定,以及技术高低不影响对承包商的选择的情况。公开宣布各投标人报价后,如报价全部超过标底的20%,招标单位有权宣布废标,在此情况下,招标单位可对原招标条件作某些修改后重新招标。

询价式招标:该法是法语国家和地区工程发包单位招揽承包商参加竞争以委托实施工程的另一种形式。它是法语国家和地区工程承发包的主要方式,适用于工程复杂,规模较大,涉及面广及对技术、工期、外汇与支付比例等有严格要求的工程项目。此种方式与世界银行推行的竞争性招标做法大体相似,可以是公开询价招标,也可以是有限询价式招标;可以采取带设计的竞赛形式,也可以采取非竞赛形式。

课题 2.3 建设工程项目招标程序

《招标投标法》明确规定,招标人具有编制招标文件和组织评标能力的,可以自行办理招标事宜,向有关行政监督部门进行备案即可,任何单位和个人不得强制其委托招标代理机构办理招标事宜。招标人不具备自行招标能力的,有权自行选择招标代理机构,委托其办理招标事宜。

2.3.1 建设工程项目招标的条件

2.3.1.1 建设单位招标应当具备的条件

招标人自行办理招标事宜,应当具有编制招标文件和组织评标的能力,具体包括以下几点:①招标单位是法人或依法成立的其他组织;②有与招标工程相适应的经济、技术、管理人员;③有组织编制招标文件的能力;④有审查投标单位资质的能力;⑤有组织开标、评标、定标的能力。不具备上述②~⑤条件的,须委托具有相应资质的咨询、监理等单位代理招标。建设单位具备自行招标条件的,也可以委托招标机构代理招标。

2.3.1.2 建设项目招标应当具备的条件

《工程建设项目施工招标投标办法》第八条规定,依法必须招标的工程建设项目,应当具备下列条件才能进行施工招标:①招标人已依法成立;②初步设计及概算应当履行审批手续的,已经批准;③有相应资金或资金来源已经落实;④有招标所需的设计图纸及技术资料。上述规定的主要目的在于促使建设单位严格按基本建设程序办事,防止“三边”(边勘测、边设计、边施工)工程的现象发生,并确保招标工作的顺利进行。

2.3.2 建设工程项目招标的程序

建设工程项目招标要经历招标准备工作、招标方式的确定、编制招标文件、发包方发售招标文件、组织现场考察、投标前答疑、接收投标文件、开标、评标、定标及签订合同等诸多过程。公开招标工作程序如图 2-1 所示。

2.3.2.1 招标前的准备工作

招标前的准备工作由招标人独立完成,其工作主要包括下列几个方面。

1. 确定招标范围

建设工程项目招标可分为整个建设过程各个阶段全部工作的招标,即工程建设总承包招标或全过程总体招标,或者其中某个阶段的招标,某个阶段中某一专项的招标。

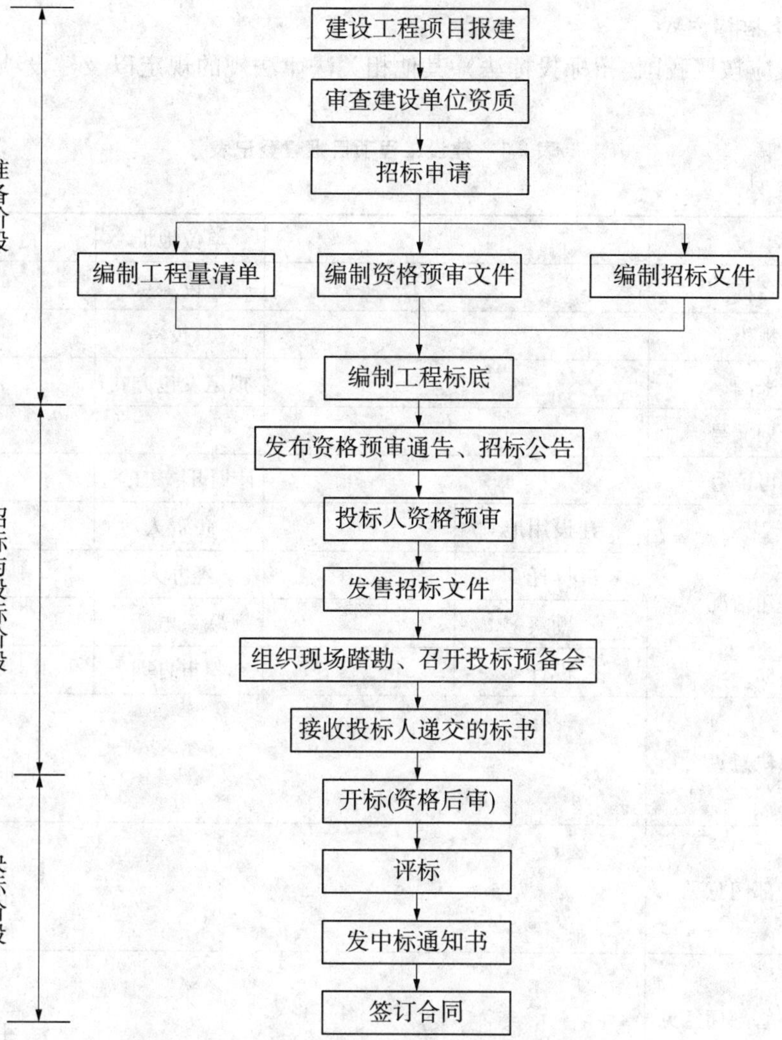

图 2-1　公开招标工作程序

2. 工程报建

按照《工程建设项目报建管理办法》的规定，工程建设项目由建设单位或其代理机构在工程项目可行性研究报告或其他立项文件被批准后，向当地建设行政主管部门或其授权机构进行报建。建设工程项目报建内容主要包括工程名称、建设地点、投资规模、资金来源、当年投资额、工程规模、开工日期、竣工日期、发包方式、工程筹建情况。建设工程项目报建登记表见表 2-1。

3. 招标备案

招标人自行办理招标的，在发布招标公告或投标邀请书 5 日前，应向建设行政主管部门办理招标备案，建设行政主管部门自收到备案资料之日起 5 个工作日内没有异议的，招标人可以发布招标公告或投标邀请书；不具备招标条件的，责令其停止办理招标事宜。招标人自行招标条件备案表见表 2-2。

4. 选择招标方式

招标人应按照我国《招标投标法》、其他相关法律法规的规定以及建设项目特点确定招标方式。

表 2-1　建设工程项目报建登记表

报建审字第　号

建设单位			单位地址	
工程名称			建设地点	
建设规模			总投资	
资金来源			拟定发包方式	
投资计划文号				
规划许可证号			计划开、竣工期	
工程筹建情况	建设用地		负责人	
	拆迁		经办人	
	勘察		联系电话	
	设计		报审日期	
建设单位意见				（盖章） 年　月　日
所属主管部门意见				（盖章） 年　月　日
建设行政主管部门意见				（盖章） 年　月　日

5. 编制资格预审文件

采用公开招标的工程项目，招标人应参照“资格预审文件范本”编写资格预审文件。资格预审文件的主要内容有资格预审申请人须知、资格预审申请书格式、资格预审评审标准或方法。

6. 编制招标文件

招标文件是招标机构负责拟定的供招标人进行招标、投标人据以投标的成套文件，工程招标文件不仅是招标、投标阶段进行具体工作的基本依据，而且也是签订合同文件的重要组成部分。招标文件应当包括招标项目的技术要求、对投标人资格审查的标准、投标报价的要求和评标标准等所有实质性要求和条件以及拟签订合同的主要条款。

招标人编写的招标文件在向投标人发放的同时应向建设行政主管部门备案，建设行政主管部门发现招标文件有违反法律、法规内容的，责令其改正。

表 2-2　招标人自行招标条件备案表

项目编号：　　　　　　　　　　　　　　　　　　　　　日期：　年　月　日

招标人概况	招标人			
	单位性质		法人代表	
	单位地址			
	联系电话		邮编	
招标项目概况	项目名称		建设规模	m^2
	建设地址			
批准文号/投资情况	项目批准文号及日期			
	投资来源		计划投资总额	万元
自行招标	经项目审批部门核准	审批部门		
		是否核准自行招标	□是	□否
		批准文号		
	无需经项目审批或项目审批部门不核准	招标人条件（□内打√或×）	1. 项目法人资格	□具备
			2. 专业技术力量	□具备
			3. 同类项目招标经验	□具备
			4. 招标机构、业务人员	□具备
			5. 熟悉和掌握招标投标法规	□具备
招标人/经办人	签字		联系电话	
法人单位盖章				

7. 编制工程标底

工程标底是招标人控制投资、掌握招标项目造价的重要手段。工程标底由招标人自行编制或委托经建设行政主管部门批准的具有编制工程标底资格和能力的中介服务机构代理编制。招标人根据项目的特点，招标前可以预设标底，也可以不设标底。设有标底的招标项目，在评标时应当参考标底。招标人设有标底的，开标前标底必须保密。

2.3.2.2　招标与投标阶段的主要工作

1. 发布招标公告或投标邀请书

招标备案后可根据招标方式发布招标公告或投标邀请书。招标公告的作用在于使潜在投标人获得招标信息，决定是否参与竞争。实行邀请招标的工程项目，招标人应当向三个以上具备承担招标项目能力、资信良好的特定法人或其他组织发出投标邀请书。

2. 资格预审文件的编制与递交

(1)资格预审文件的编制。投标申请人应按照资格预审文件要求的格式填报相关内容。编制完成后，须由投标人的法定代表人签字并加盖投标人公章、法定代表人印鉴。

（2）资格预审文件的递交。资格预审文件编制完成后，须按规定进行密封，在要求的时间内报送招标人。

3. 资格预审

（1）资格审查。采取资格预审的工程项目，招标人需向报名参加投标的申请人发放资格预审文件。招标人资格预审时不得超出资格预审文件规定的评审标准，不得用提高资格标准、业绩标准等附加条件加以限制或排斥投标申请人，不得对投标申请人实行歧视待遇。

（2）发放合格通知书。合格投标人确定后，招标人向资格预审合格的投标人发出资格预审合格通知书。投标人在收到资格预审合格通知书后，应以书面形式确认是否参加投标。只有通过资格预审的投标申请人才有资格参加下一轮的投标竞争。

4. 发售招标文件

（1）招标文件的发售。招标人向合格投标人发放招标文件，可以酌收工本费，但不得以此牟利。对于其中的设计文件，招标人可以酌收押金，在确定中标人后，对于设计文件退回的，招标人应当同时将其押金退还。

（2）招标文件澄清或修改。投标人收到招标文件、图纸和有关资料后，若有疑问或不清楚的问题需要解答、解释的，应当在招标文件中相应规定的时间内以书面形式向招标人提出，招标人应以书面形式或在投标预备会上予以解答。

招标人对招标文件所作的任何澄清和修改，须报建设行政主管部门备案，并在投标截止日期15日前发给获得招标文件的所有投标人。投标人收到招标文件的澄清或修改内容后，应以书面形式确认。

招标文件的澄清或修改内容作为招标文件的组成部分，对招标人和投标人起约束作用。

5. 踏勘现场、投标预备会

（1）踏勘现场。招标人在投标人须知规定的时间内组织投标人自费进行现场考察，使投标人了解工程项目的现场条件、自然条件、施工条件以及周围环境条件，以便编制投标文件。要求投标人通过自己实地考察确定投标策略，避免在履行合同过程中以不了解现场情况推卸应承担的责任。

投标人在踏勘现场中如有疑问，应在投标预备会前以书面形式向招标人提出，便于招标人对投标人的疑问予以解答。对投标人在踏勘现场中的疑问，招标人可以以书面形式答复，也可以在投标预备会上答复。

（2）投标预备会。在招标文件中规定的时间和地点，由招标人主持召开投标预备会，也称标前会议或者答疑会。投标预备会由招标人组织并主持召开，目的在于解答投标人提出的关于招标文件和踏勘现场的疑问。答疑会结束后，由招标人以书面形式将所有问题及问题的解答向获得招标文件的投标人发放。会议记录作为招标文件的组成部分，内容与已发放的招标文件不一致之处，以会议记录的解答为准。问题及解答纪要须同时向建设行政主管部门备案。

为便于投标人在编制投标文件时将答疑会上对招标文件的澄清和相关问题及解答内容考虑进去，招标人可根据需要延长投标截止时间。

6. 投标文件的编制

投标文件编制准备工作:①投标人领取招标文件、图纸和有关技术资料后,应仔细阅读研究上述文件,可以书面形式向招标人提出问题;②为编制投标文件、选择合适的报价策略,收集现行各类市场价格信息、取费依据和标准;③踏勘现场,掌握建设项目的地理环境和现场情况。

投标文件的编制:①根据招标文件的要求编制投标文件,并按照招标文件的要求办理投标担保事宜;②投标文件编制完成后,仔细整理、核对投标文件;③投标文件需经投标人的法定代表人签署,加盖公章和法定代表人印鉴,并按招标文件规定的要求密封、标志。

7. 投标文件的递交与接收

(1)投标文件的递交。投标人应在招标文件所规定的投标文件递交日期和地点将密封后的投标文件送达给招标人。投标人递交投标文件后,在规定的投标截止时间之前,可以以书面形式补充修改或撤回已提交的投标文件,并通知招标人。补充、修改的内容为投标文件的组成部分。但在投标截止日期以后,不能更改或撤回投标文件。投标截止期满后,投标人少于三个的,招标人将依法重新招标。

(2)投标文件的接收。在投标文件递交截止时间前,招标人应做好投标文件签收,并对所接收的投标文件在开标前妥善保存,在规定投标递交截止时间后递交的投标文件,将不予接收或原封退回。

2.3.2.3 决标阶段的主要工作

决标阶段的工作主要包括开标、评标、定标和签订合同。

1. 开标

开标是指在招标文件确定的投标截止时间的同一时间,招标人依照招标文件规定的地点,开启投标人提交的投标文件,并公开宣布投标人的名称、投标报价、工期等主要内容的活动,开标是招标投标的一项重要程序,具体要求如下:

(1)提交投标文件截止之时,即为开标之时,其中无间隔时间,以防不端行为有可乘之机。

(2)开标的主持人和参加人。主持人是招标人或招标代理机构,并负责开标全过程的工作。参加人除评标委员会成员外,还应当邀请所有投标人参加。一方面使投标人得以了解开标是否依法进行,起到监督的作用;另一方面了解其他人投标情况,做到知彼知己,以衡量自己中标的可能性,或者衡量自己是否在中标的短名单之中。

在开标时,投标文件出现下列情形之一的,应当作为无效标书处理,不得进入下一阶段的评审:①投标文件未按招标文件的要求予以密封;②投标文件中无单位和法定代表人或其委托代理人的印鉴,或未按规定加盖印鉴;③未按规定的格式填写,关键内容不全或字迹模糊、辨认不清;④逾期送达者;⑤投标人未参加开标会议;⑥投标未按招标文件的要求提供投标保证金或投标保函;⑦组成联合体投标的,投标文件未附联合体各方共同协议。

2. 评标

评标是在招标管理机构的监督下,按相关规定成立的评标委员会依据评标原则、评标方法对各投标单位递交的投标文件进行综合评价,公正合理、择优向招标人推荐中标单位。

评标委员会由招标人的代表和有关技术、经济等方面的专家组成,一般要求成员人数为5人以上的单数,其中经济、技术方面的专家不得少于成员人数的2/3。

3. 定标

评标委员会完成评标后,向招标单位推荐中标单位,中标单位由招标管理机构核准,获准后由招标单位向中标人发出中标通知书。

4. 签订合同

(1)中标人确定后,招标人应当向中标人发出中标通知书,同时将中标结果告知所有未中标的投标人。中标通知书对招标人和中标人具有同等法律效力,中标通知书发出后,招标人改变中标结果的,或者中标人放弃中标结果的,应当承担法律责任。

(2)招标人与中标人应当自中标通知书发出之日起30日内,按照招标文件和中标人的投标文件订立书面合同,招标人和中标人订立的合同不能对投标文件内容有实质性改变,投标人按要求提交履约保证金。

(3)中标人若拒绝在规定时间内提交履约保证金或签订合同的,招标人报请招标管理机构批准后取消其中标资格,并按规定没收其投标保证金。若招标人拒绝与中标人签订合同,应双倍返还投标保证金。

(4)招标人与中标人签订合同后,招标人应及时通知其他投标人。招标人收取投标保证金的,应当将投标保证金退还中标人和未中标人。因违反规定被没收的投标保证金将不予退还。

2.3.2.4 邀请招标程序

邀请招标的程序与公开招标的程序只是在审查投标单位的资质等级上不同,邀请招标对投标单位的资质审查采用资质后审的方式,而公开招标一般采用资格预审的方式。其他的程序内容基本相同。

课题2.4 建设工程项目招标标底编制

2.4.1 标底的概念

标底是指招标人根据招标项目的具体情况,编制的完成招标项目所需的全部费用,是根据国家规定的计价依据和计价办法计算出来的工程造价,是招标人对建设工程的期望价格,也是工程造价的表现形式之一。

我国《招标投标法》没有明确规定招标工程是否必须设置标底价格,招标人可根据工程的实际情况自己决定是否需要编制标底。

2.4.2 建设工程施工招标标底编制的依据

(1)国家有关的法律、法规和部门规章。

(2)招标文件。如投标人须知、协议书、合同条款、投标书部分、技术规范及标准等。

(3)施工现场地质、水文、勘察及现场环境等资料。由于建筑产品的单件性、价值量大及可逆转的特点，不同地点、不同建设项目的水文地质、工程地质、环境、交通等都会直接影响建设项目的质量及成本，标底价格中需如实计入上述几方面的影响。

(4)设计文件、施工组织设计、施工方案和方法。

(5)国家和地方现行的工程预算定额、工期定额、工程项目计划类别和取费标准、国家或地方的价格调整文件等。

(6)招标时建筑材料及设备等的市场价格。

2.4.3 建设工程施工招标标底编制的原则

(1)根据国家或地方公布的统一工程项目划分、计量单位、工程量计算规则以及施工图纸、招标文件，并参照国家或地方规定的技术经济标准、定额、规范及当地市场价格等确定工程量编制标底。市场价格一般以权威机构所统计的价格为准。

(2)标底的计价内容、计价依据应与招标文件的规定完全一致。标底价格由成本、利润、税金组成，一般应控制在批准的总概算(或修正概算)及投资限额内。

(3)标底作为建设单位的期望价格，应力求与市场的实际变化吻合，要有利于竞争和保证工程质量。

(4)标底价格应考虑因人、机、材等价格变动及施工中的不可预见因素及风险，工程质量要求高的，还应增加相应费用。

(5)一个工程只能编制一个标底。

(6)标底编制完成后，应密封报送招标管理机构审定。审定后必须及时妥善封存，直至开标时，所有接触过标底价格的人员均需保密。

2.4.4 标底的编制程序

(1)确定标底的编制单位。

(2)收集编制资料。包括全套施工图纸及现场地质、水文、地上情况的有关资料，招标文件，标底价格计算书，报审的有关表格。

(3)参加交底会及现场勘察。标底编审人员均应参加施工图交底、施工方案交底以及现场勘察、招标预备会，便于标底的编审工作。

(4)编制标底。编制人员应严格按照国家的有关政策、规定，科学公正地编制标底价格。

(5)审核标底价格。

2.4.5 建设工程施工招标标底的编制方法

《建筑工程施工发包与承包计价管理办法》(中华人民共和国建设部令第107号)第五条规定，施工图预算、招标标底和投标报价由成本(直接费、间接费)、利润和税金构成。

我国目前建设工程施工招标标底的编制，主要采用定额计价和工程量清单计价来编制。

2.4.5.1 定额计价法编制标底

定额计价法标底的编制主要采用单位估价法。它是根据施工图纸及技术说明，按照预算定额规定的分部分项工程子目，逐项计算出工程量，然后套用相应项目定额单价（或单位估价表单价）确定直接工程费，按定额和规定的费率确定措施费、间接费、利润和税金，再加上人、机、材价格调整和考虑适当的不可预见费，汇总后即可作为工程标底价格的基础。其中，人工、机械台班单价按照本地区造价管理部门规定，材料参照本地区造价管理部门发布的市场指导价确定。

运用定额计价法编制招标工程的标底大多是在工程概算定额或预算的基础上算出的，但它不完全等同于工程概算或施工图预算。编制一个合理、可靠的标底还必须在此基础上考虑以下因素：标底必须适应目标工程的要求，应将目标工期对照工期定额，按照提前天数及工程质量高于国家验收规范的给予奖励，充分考虑到价差因素的影响，还应将地下工程及“三通一平”等招标工程范围内的费用正确计入标底价格，不可抗力可能对施工产生的影响也应计入其中。

2.4.5.2 工程量清单计价法编制标底——招标控制价

以工程量清单计价法编制招标控制价主要采用综合单价法。所谓综合单价，是指完成一个规定计量单位的分部分项工程量清单项目或措施清单项目所需的人工费、材料费、施工机械使用费和企业管理费与利润，以及一定范围内的风险费用。其计算方法为：按规定的工程量计算规则计算出各分项工程的工程量，再与相应的综合单价相乘，得到各分项工程费，将其汇总得分部分项工程项目费，再加上措施项目费、其他项目费、规费和税金，即构成招标控制价。招标控制价由招标最高控制价（A）和招标最低控制价（B）组成。

招标最高控制价（A）是由招标人根据国家或省级、行业建设主管部门颁发的有关计价依据和办法，按设计施工图纸计算的，对招标工程限定的最高工程造价，其数值要求在招标文件中公布，不保密。招标最高控制价（A）是招标人对招标工程发包的最高限价，投标人的报价如超过招标控制价，其投标将作为废标处理。

招标最低控制价（B）是由招标最高控制价（A）乘一定的下浮折减后形成的价格，其计算公式为：$B = A \times (1 - K)$，K 为下浮的幅度。投标人的报价高于且最接近于招标最低控制价（B），其商务标得分最高。

课题 2.5 建设工程项目招标文件编制

为规范招标文件编制过程、招标文件编制质量，促进招标投标活动的公开、公平和公正，由国家发展和改革委员会等九部委在原 2002 年版招标文件范本基础上，联合编制了《中华人民共和国标准施工招标文件》（2007 年版）（简称《标准文件》），并于 2008 年 5 月 1 日试行。

《标准文件》的实施原则和特点：国务院九部委在总结现有行业施工招标文件范本实施经验，针对实践中存在的问题，在借鉴世界银行、亚洲开发银行做法的基础上编制了《标准文件》。它纠正了施工招标文件编制中带有普遍性和共同性的问题，更加规范和完善招标文件的编写。

《标准文件》的适用范围：《标准文件》在政府投资项目中试行。国务院相关部门和地方人民政府相关部门可选择若干政府投资项目作为试点，由试点项目招标人按《〈标准施工招标资格预审文件〉和〈标准施工招标文件〉试行》规定使用《标准文件》。试点项目招标人应根据《标准文件》和行业标准施工招标文件,结合招标项目的具体特点和实际需要,按照公开、公平、公正和诚实信用原则编写施工招标资格预审文件或施工招标文件。

《标准文件》的内容:《标准文件》共包括四卷八章。第一卷包括第一章招标公告(投标邀请书)、第二章投标人须知、第三章评标办法、第四章合同条款及格式、第五章工程量清单;第二卷包括第六章图纸;第三卷包括第七章技术标准和要求;第四卷包括第八章投标文件格式。

2.5.1 招标公告及投标邀请

招标申请书和招标文件、评标办法等获得批准后,招标人就要发布招标公告或发出投标邀请书。

采用公开招标方式的,招标人要在报纸、杂志、广播、电视、电脑网络等大多传媒或建设工程交易中心公告栏上发布招标公告。招标公告应当至少载明下列内容:①招标人的名称和地址;②招标项目的内容、规模、资金来源;③招标项目的实施地点和工期;④获取招标文件或者资格预审文件的地点和时间;⑤对招标文件或者资格预审文件收取的费用;⑥对投标人的资质等级要求。招标公告格式参见本模块建设工程招标书编制实例。

2.5.2 资格审查文件的编制

资格预审主要是审查潜在投标人或投标人是否符合下列条件:①具有独立订立合同的权利;②具有圆满履行合同的能力,包括专业、技术资格和能力,资金、设备和其他物质设施状况,管理能力,经验、信誉和相应的工作人员;③三年内没有参与骗取合同有关的犯罪或严重违法行为。

此外,如果国家对投标人的资格条件另有规定的,招标人必须依照其规定,不得与这些规定相冲突或低于这些规定的要求。在不涉及商业秘密的前提下,潜在投标人或投标人应向招标人提交能证明上述有关资质和业绩情况的法定证明文件或其他资料。这样就能预先淘汰不合格的投标人,减少评标阶段的工作时间和费用。

2.5.2.1 资格预审公告

资格预审公告应包含以下内容:

(1)建设单位名称。建设项目地点,结构类型。招标申请已得到招标管理机构批准,现通过资格预审确定出合格的施工单位参加投标。

(2)参加资格预审的施工单位资质等级,施工单位应具备的以往类似经验,并证明在机械设备、人员和资金、技术等方面有能力完成上述工程,以便通过资格预审。

(3)工程质量要求达到国家施工验收规范(优良、合格)标准,计划开工日期、计划竣工日期,施工总工期。

(4)该工程的发包方式,工程招标范围。

(5)符合资质要求条件的施工单位向招标单位领取资格预审文件的地点,资格预审文件的发放日期、具体时间。

(6)施工单位填写的资格预审文件送审的最后截止时间、地点。

(7)双方单位名称、法定代表人盖章,通信地址、联系人、邮政编码、电话、日期等信息。

2.5.2.2 资格预审须知

资格预审须知应包括以下内容。

1. 总则

总则分别列出工程招标人名称、资金来源、工程名称和位置、工程概述(其中包括“初步工程量清单”中的主要项目和估计数量、申请人有资格执行的最小合同规模,以及资格预审时间表等,可用附件形式列出)。

2. 要求投标人提供的资料和证明

在资格预审须知中应说明对投标人提供资料内容的要求,一般包括:

(1)申请人的身份及组织机构,包括该公司或合伙人、联合体各方的章程或法律地位、注册地点、主要营业地点、资质等级等原始文件的复印件。

(2)申请人(包括联合体的各方)在近三年内完成的与本工程相似的工程的情况和正在履行合同的工程的情况。

(3)管理和执行本合同所配备主要人员的资历和经验。

(4)执行本合同拟采用的主要施工机械设备情况。

(5)提供本工程拟分包的项目及拟承担分包项目分包人的情况。

(6)提供近两年经审计的财务报表,今后两年的财务预测以及申请人出具的允许招标人在其开户银行进行查询的授权书。

(7)申请人近两年介入的诉讼情况。

3. 资格预审通过的强制性标准

强制性标准以附件的形式列入。它是通过资格预审时对列入工程项目一览表中各主要项目提出的强制性要求,包括强制性经验标准(指主要工程一览表中主要项目的业绩要求)、强制性财务、人员、设备、分包、诉讼及履约标准等。达不到标准的,资格预审不能通过。

4. 对联合体提交资格预审申请的要求

在许多情况下,对于一个合同项目,需要两家或两家以上组成的联合体才能完成。因此,在资格预审须知中对联合体通过资格预审做出具体规定。一般规定如下:

(1)联合体各方均应当具备承担招标项目的相应能力。

(2)由同一专业的单位组成的联合体,按照资质等级较低的单位确定资质等级。

(3)联合体的每个成员必须各自提交申请资格预审的全套文件。

(4)对于通过资格预审后参加投标联合体签订的合同,对联合体各方都产生约束力。

(5)联合体协议应随同投标文件一起提交,该协议要规定出联合体各方对项目承担的共同和分别的义务,并声明联合体各方提出的参加并承担本项目的责任和份额以及承担其相应工程的足够能力和经验。

5. 对通过资格预审投标人所建议的分包人的要求

通过资格预审后,如果申请人对他所建议的分包人有变更,则必须征得招标人的同意;否则,他们的资格预审被视为无效。

6. 对通过资格预审的国内投标人的优惠

世界银行贷款项目对于通过资格预审的国内投标人,若在投标时能够提供令招标人满意的符合优惠标准的文件证明,则在评标时其投标报价可以享受优惠。一般享受优惠的标准条件为:①投标人在工程所在国注册;②工程所在国的投标人持有绝大多数股份;③分包给国外工程量不超过合同价的50%。具备上述三个条件者,其投标报价在评标排名次时可享受7.5%的优惠。

7. 其他规定

其他规定包括递交资格预审文件的份数,送交单位的地址、邮编、电话、传真、负责人、截止日期等。

2.5.2.3 资格后审

对于一些开工期要求比较早、工程不复杂的工程项目,为了争取早日开工,有时不进行资格预审,而进行资格后审。资格后审是在招标文件中加入资格审查的内容。投标人在填报投标文件的同时,按要求填写资格审查资料。评标委员会在正式评标前先对投标人进行资格审查,对资格审查合格的投标人进行评标,对不合格的投标人不进行评标。资格后审的内容与资格预审的内容大致相同,主要包括投标人的组织机构、财务状况、人员与设备情况、施工经验等方面。

2.5.3 招标文件的编制

2.5.3.1 招标文件组成

建设工程招标文件是编制投标文件的重要依据,是评标的依据,也是签订承发包合同的基础,它是构成合同双方履约的依据。招标文件的用意是要告知投标人应注意、必须注意实现的事项。

招标文件的组成除投标人须知中写明的招标文件的内容外,还有对招标文件的解释、修改和补充内容。投标单位应对组成招标文件的内容全面阅读,若投标文件实质上不符合招标文件要求,将有可能被拒绝。

招标文件应告知的内容包括以下几个方面:

(1)投标人必须遵守的规定、要求、条件,评标的标准和程序。

(2)投标文件中必须按规定填报的各种文件、资料格式,包括投标书格式、资格审查报告表、填入单价或总价的工程量清单、报价一览表、施工组织技术方案、投标保函格式及其他补充资料。

(3)中标人应办理文件的格式,如合同协议书格式、履约保函格式、动员预付款保函格式等。

(4)由招标人提出,构成合同的实质内容。

招标文件具体内容可参见本模块建设工程招标书编制实例。

2.5.3.2 招标文件的澄清与修改

招标文件的澄清与修改包括投标人提出的疑问和招标人自行澄清的内容,都应规定于投标截止时间多少日内以书面形式澄清。澄清的内容向所有投标人发送,投标人应在规定的时间内以书面形式给予确定。澄清的内容为招标文件的组成部分。

2.5.3.3 招标文件的修改

在投标截止时间15天前,招标人可以以书面形式修改招标文件,并通知所有已购买招标文件的投标人。如果修改招标文件的时间距投标截止时间不足15天,应相应延长投标截止时间。对投标文件的修改和延长投标截止日期应报招标管理部门批准。

2.5.4 评标、定标办法编制

建设工程评标、定标办法,在内容上主要由以下几部分组成。

(1)评标、定标的组织。

评标、定标的组织是由招标人设立的负责工程投标书评定的临时组织,其形式是评标委员会,由招标人和有关方面的技术经济专家组成,实行少数服从多数的原则。

(2)评标、定标的原则。

①评标委员会成员应当客观、公正地履行职责,遵守职业道德,对所提出的评审意见承担个人责任。

②评标委员会成员不得私下接触投标人,不得收受投标人的财物或者其他好处。

③评标委员会成员和参与评标的有关工作人员不得透露对投标文件的评审和目标候选人的推荐情况以及与评标有关的其他情况。

④评标委员会可以要求投标人对投标文件中含义不明确的内容作必要的澄清或者说明,但是澄清或者说明不得超出投标文件的范围或者改变投标文件的实质性要求。

⑤评标委员会应当按照招标文件确定的评标标准和方法,对投标文件进行评审和比较,设有标底的应当参考标底。

⑥接受依法实施的监督。

(3)评标、定标的程序。

建设工程评标程序分为评标的准备、初步评审、详细评审、编写评标报告。对确认有效标书一般经过初审、终审(两段),符合性评审、技术性评审、商务性评审(三审),即两段三审后转入定标程序。

①评标的准备。

评标委员会成员在正式对投标文件进行评审前,应当认真研究招标文件,招标人或者其委托的招标代理机构应当向评标委员会提供评标所需的重要信息和数据。

②符合性评审。

投标文件的符合性评审包括形式评审、资格评审、响应性评审及商务符合性和技术符合性鉴定。投标文件应实质上响应招标文件的所有条款,否则将被列为废标予以拒绝,不允许投标人通过修正或撤销其不符合要求的差异或保留。符合性评审主要有以下工作内容:投标文件的有效性;投标文件的完整性:投标文件中是否包括招标文件规定应递交的全部文件,如标价的工程量清单、报价汇总表、施工进度计划、施工方案、施工人员和施工机械设备的配备等,以及应该提供的必要的支持文件和资料;与招标文件的一致性。

③技术性评审。

投标文件的技术性评审包括:方案可行性评估和关键工序评估;劳务、材料、机械设备、质量控制措施、安全保证措施评估以及对施工现场周围环境污染的保护措施评估。

④商务性评审。

投标文件的商务性评审包括:投标报价校核,审查全部报价数据计算的正确性,分析报价构成的合理性,并与标底价格进行对比分析。如果报价中存在算术计算上的错误,应进行修正。修正后的投标报价经投标人确认后对其起约束作用。

⑤综合评审。

综合评审是指评标委员会按照招标文件上规定的评分标准,对投标人的报价、工期、质量、施工方案或施工组织设计、业绩、社会信誉、优惠条件等方面进行综合评分。

被授权直接定标的评标委员会可直接确定中标人。对使用国有资金投资或者国家融资的项目,招标人应当确定排名第一的中标候选人为中标人。排名第一的中标候选人放弃中标,因不可抗力提出不能履行合同,或者招标文件规定应当提交履约保证金而在规定的期限内未能提交的,招标人可以确定排名第二的中标候选人为中标人。

(4)评标、定标方法。

建设工程评标方法有多种,我国目前常用的评标办法有经评审的最低投标价法、综合评估法。

①经评审的最低投标价法。

经评审的最低投标价法简称最低投标价法,是对价格因素进行评估,指能够满足招标文件的实质性要求,并经评审的投标价格最低,应推荐为中标人的方法。

经评审的最低投标价既不是投标人中的最低投标价,也不是中标价,它是将一些因素折算为“评标价”,然后依据“评标价”评定投标人的次序,最后确定次序中“评标价”最低的投标人为中标候选人。中标候选人应当限制为1~3人。

采用此方法的前提条件是:投标人通过了资格预审,具有质量保证的可靠基础。

该方法的适用范围是:具有通用技术、性能标准,或者招标人对于其技术性能没有特殊要求的招标项目。它主要适用于小型工程,是一种只对投标人的投标报价进行评议,从而确定中标人的评标办法。

②综合评估法。

综合评估法也称打分法,是指评标委员会按预先确定的评分标准,对各投标文件需评审的要素(报价或其他非价格因素,如技术方案、工期、信誉等)进行量化、评审计分,以投标文件综合得分的高低确定中标单位的评标办法。综合评估法可以较全面地反映出投标人的素质,是目前应用最广泛的评标、定标方法。

使用综合评估法时,评审要素确定后,首先将需要评审的内容划分为几大项,并根据招标项目的性质、特点,以及各要素对招标人总投资的影响程度来具体分配权重(即“得分”);然后将各类要素细划成评定小项并确定评分标准。这种方法往往将各评审因素的指标分解成100分,因此也称百分法。

(5)评标、定标日程安排。

招标文件中应阐明评标、定标的时间及地点,定标的最长期限。

(6)评标、定标过程中争议问题的澄清、解释和协调处理。

【综合应用案例】

某工业蒸汽锅炉房工程土建施工招标书

第一章　招标公告

1. 招标条件

某工业蒸汽锅炉房工程土建施工项目已由该市建设委员会招标办批准公开招标(批文号:豫〔2013〕ZJK80号),项目业主为某市热力总公司,建设资金自筹,招标人为某市热力总公司。项目已具备招标条件,现对该项目的施工进行公开招标。

2. 项目概况与招标范围

2.1　某市热力总公司工程,建设地点在某市经济技术开发区下塘街23号,结构类型为钢结构和钢筋混凝土结构,建设规模约为14 000 m^2。

2.2　工程质量要求达到国家施工验收规范合格标准。开工日期为2014年3月1日,竣工日期为2014年8月31日,工期以合同签订工期为准。

2.3　该工程的发包方式为土建工程总承包,招标范围以招标人提供的施工图为准。

3. 投标人资格要求

3.1　本次招标要求投标人须具备房屋建筑工程施工总承包二级以上资质,具有2010年以来承建烟囱工程1个以上业绩,并在人员、设备、资金等方面具有相应的施工能力。

3.2　本次招标不接受联合体投标。

4. 招标文件的获取

4.1　凡有意参加投标者,请于2013年10月6日至2013年10月17日(法定公休日、法定节假日除外),每日8:30至12:00,14:30至17:30(北京时间,下同),在某工程建设监理公司招标代理部(黄河路12号)持单位介绍信购买招标文件。

4.2　招标文件每套售价2 000元,售后不退。图纸押金20 000元,在退还图纸时退还(不计利息)。

4.3　邮购招标文件的,需另加手续费(含邮费)200元。招标人在收到单位介绍信和邮购款(含手续费)后3日内寄送。

5. 投标文件的递交

5.1　投标文件递交的截止时间(投标截止时间,下同)为2013年12月18日9:00,地点为某工程建设监理公司招标代理部。

5.2　逾期送达或者未送达指定地点的投标文件,招标人不予受理。

第二章　投标人须知

1. 总则

本招标文件是某工业蒸汽锅炉房工程土建施工招标过程中各投标方编制投标书的依据。

1.1　工程说明

1.1.1　本工程位于某市经济技术开发区下塘街23号,现已有满足施工所用图纸。

1.1.2　建设地点的现场条件:现场自然条件已具备,现场施工条件已完成。

1.1.3　本次招标已按照有关规定向某区建设工程招标投标管理办公室办理了招标申请,并获得核准备案。

1.1.4　本次招标形式为公开招标,结构类型、建设地址、资金来源、质量标准、工期要求、发包范围等见表2-3。

表2-3　投标人须知前附表

项号	内容
1	工程综合说明: 工程名称:某工业蒸汽锅炉房工程土建施工 建设地点:某市经济技术开发区下塘街23号 招标范围:主厂房设备基础及储煤库、灰渣库、输煤廊、烟囱、办公楼等附属工程(以招标人提供的施工图为准) 投资总额:暂定1 000万元 要求工期:以合同签订工期为准 发包方式:土建工程总承包 工程质量及安全要求:合格工程,无安全事故
2	资金来源:自筹
3	投标人资质等级:房屋建筑工程施工总承包二级以上资质 项目经理资质等级:具有工民建二级以上资质
4	投标有效期:60天(日历天)
5	投标保证金:¥800 000元　　大写:人民币捌拾万元整 单位名称:某市热力总公司 银行账号: 开户行:某市建设银行
6	发招标文件时间:2013年10月6日至2013年10月17日 发招标文件地点:某工程建设监理公司招标代理部(黄河路12号)
7	答疑方式:投标人若有疑问应在收到招标文件3天内以书面形式递交或传真至某工程建设监理公司招标代理部,招标人以答疑书的形式回答投标人疑问
8	投标文件份数:正本1份、副本6份、电子版1份
9	开标时间:2013年12月18日10时整(北京时间) 投标截止日期:2013年12月18日9时整(北京时间) 投标有效期:开标后的28日内 开标及投标文件递交地点:某工程建设监理公司招标代理部(黄河路12号)
10	履约保证金:中标人在收到中标通知书后5日内向招标人提供中标价5%的履约保证金,履约保证金以现金或电汇形式提供
11	采用工程量清单计价形式 投标人可根据企业具体情况在合理范围内自主报价,但不得低于企业实际成本

续表 2-3

项号	内容	
12	招标代理机构： 地址： 联系人： 电话／传真：	招标人： 联系人： 地址： 电话：

1.1.5 工程质量要求：合格工程。若因中标人原因造成工程质量达不到工程质量要求，中标人应无条件返修并承担由此造成的一切损失。

1.1.6 招标人发放招标文件后，投标人自行勘察现场，因此而产生的费用由投标人自理。

1.1.7 要求工期：以合同签订的工期为准。

1.2 资金来源：自筹

1.3 投标资格与合格条件的要求

1.3.1 投标人资质等级：房屋建筑工程施工总承包二级以上资质；项目经理资质等级：具有建筑工程二级以上资质。

1.3.2 中标人在投标文件中拟定的施工项目经理及主要技术、管理人员，在施工过程中不经招标人同意不得更换，否则将被视为违约；对于不称职的施工管理人员，招标人有权要求中标人随时更换。

1.3.3 主体土建工程不允许分包，中标人不得向他人转让中标项目，不得将中标项目肢解后分别向他人转让。中标人按照合同约定或者经招标人书面同意，可以将中标项目的部分非主体、非关键性工作分包给他人完成，但分包部分不得超过中标价格的30%；接受分包的人应具备相应的资质条件，并不得再次分包。

1.4 投标费用

投标方应承担编制投标文件与递交投标文件所涉及的一切费用。不管投标结果如何，发包方对上述费用不负任何责任。

2. 招标文件

2.1 招标文件的组成

2.1.1 本合同的招标文件包括下列文件及所有按本须知第2.3条发出的补充资料。

招标文件包括下列内容：

(1)投标人须知；

(2)合同协议条款；

(3)合同条款；

(4)商务投标格式；

(5)技术投标格式；

(6)项目专项要求；

(7)图纸及相关资料；

(8)工程量清单。

2.1.2 投标人应认真阅读招标文件中所含的投标人须知、合同条款、技术规范、规定格式等内容,投标人的投标文件应在实质上响应招标文件的要求;否则,投标人的投标文件将被拒绝。

2.2 招标文件的解释

此招标文件最终解释权归某市热力总公司招标处所有。投标单位对收到的招标文件若有疑问,应在收到招标文件后3日内,以书面形式并加盖公司公章送达招标人,招标人将在投标截止日期15日前以书面形式予以解答(包括对要求澄清问题的说明,但不指明问题的来源),答复将送给所有获得招标文件的投标单位,并作为招标文件的补充组成部分。

2.3 招标文件的修改

2.3.1 招标人在招标文件发出后,如需对招标文件进行修改,将在投标截止日期15日前以补充通知的形式通知投标人。补充通知作为招标文件的组成部分,对投标人起约束作用。

2.3.2 当招标文件、答疑纪要、补充通知内容相互矛盾时,以最后发出的通知(或纪要)为准。

3. 投标文件

3.1 投标文件的要求

与投标有关的所有文件必须使用中文。投标文件内不得作其他任何与本工程无关的标志或文字;版面整洁、字迹清楚、不许涂改。

3.2 投标文件的组成

投标人的投标文件应包括下列内容:

A. 商务标

(1)投标函及投标函附录;

(2)法人代表授权委托书;

(3)投标文件汇总表;

(4)详细投标预算书:包括工程量清单表、主要材料清单报价表、设备清单报价表、投标报价汇总表等;

(5)投标保证金交付证明;

(6)投标人资格及资质证明文件;

(7)服务、保修及优惠承诺。

B. 技术标

(1)投标人实力、业绩证明资料:包括企业2011年以来承建类似工程业绩(包括项目名称、专业分类、起止时间、工程造价、质量评定结果);项目经理2011年以来承建的类似工程业绩(包括项目名称、专业分类、起止时间、工程造价、质量评定结果);拟完成本工程的技术力量;项目部主要管理人员和技术人员的数量、资历、证书、在本工程中拟担任的职务,项目经理工作简历。

(2)施工组织设计:包括工程概况及施工部署;施工准备;施工方案及主要施工方法

是否科学、合理、周密详细；满足工程需要的劳动力计划及主要施工机械配备；是否有质量目标、保证体系及质量控制程序；保证工期的技术组织措施；确保安全、文明施工的技术措施；施工总进度计划是否安排合理，周密详细，抓住关键工序；施工总平面布置图合理有序。

4. 投标报价

4.1 投标货币

投标文件中有图纸部分投标报价全部采用人民币表示，无图纸部分采用百分比费率表示。

4.2 报价方式

本次投标报价采用两种：有图纸的工程由投标人做预算自主合理报价，其报价应是完成图纸及招标文件规定范围内的全部内容。

没有图纸的工程以优惠比率报价方式，只报工程最终结算价的优惠比率，即

合同价 = 审定工程造价（结算价）×（1 − 优惠比率）

4.3 投标人报价要求

投标人应充分考虑施工期间各类建材的市场风险和国家政策性调整风险系数，在合理范围内投标方自主报价，但不得低于企业实际成本。

5. 投标文件的递交

5.1 投标文件的份数、密封与标志

5.1.1 投标文件要求正本1份、副本6份，电子版本1份。电子版投标文件以U盘形式提供，文档打不开者按废标处理。

5.1.2 投标文件商务标和技术标不分别装订，正本和副本应分别装订，并在封面注明“在__年__月__日时前不准启封”字样，封条上加盖投标人公章和法定代表人（或授权代表）印签或签字，包封的正面加盖投标人公章和法定代表人（或授权代表）印签或签字，并写明招标编号、项目名称、投标人名称、日期。

5.1.3 投标文件正本与副本均应使用不能擦去的墨水打印或书写，并须加盖投标人的企业印章、企业法定代表人或其委托代理人印章。

5.1.4 正本、副本如有不一致之处，以正本为准；如果用数字表示的数额与文字表示的数额不一致，以文字表示的数额为准。

5.1.5 全套投标文件应无涂改和行间插字，如有修改须在修改处加盖投标人的企业印章、企业法定代表人或其委托代理人印章。

5.2 投标文件的递交

5.2.1 投标人应按表2-3所规定的投标文件递交截止时间之前将投标文件送达开标地点。

5.2.2 在投标文件递交截止时间以后送达的投标文件为无效的投标文件，招标人将原封退给投标人。

5.2.3 投标文件有下列情形之一的，招标代理人将拒收其投标文件。

(1)投标截止时间后送达的；

(2)未按招标文件要求提供投标保证金的；

(3)未密封或者未按招标文件要求密封的。

5.3 投标有效期

5.3.1 投标有效期从本须知表2-3规定的投标文件递交截止时间起开始计算。投标文件在本须知表2-3规定的日历天内保持有效。

5.3.2 在特殊情况下,招标人可以根据需要以书面形式向投标人提出延长投标有效期的要求,对此要求投标人须以书面形式予以答复。投标人可以拒绝招标人这种要求,而不被没收投标保证金。同意延长投标有效期的投标人既不能要求也不允许修改其投标文件,但需要相应地延长投标保证金的有效期,在延长的投标有效期内,本须知关于投标保证金退还与没收的规定仍然适用。

5.4 投标保证金

5.4.1 投标人应提供一份80万元的投标保证金,投标保证金必须在领取招标文件后10日内提供,投标保证金的进账回单或收据是投标文件的一个组成部分。

5.4.2 招标人将拒绝未按要求提供投标保证金的投标文件。

5.4.3 未中标投标人的投标保证金将在确定中标人后5日内退还。

5.4.4 如有下列情况,招标人将没收投标人的投标保证金:

(1)中标人未能在规定期限内签署施工合同;

(2)投标人在投标有效期内撤回其投标文件。

5.5 投标文件的修改、补充与撤回

5.5.1 投标人可以在投标文件递交截止时间之前以书面形式修改、补充或撤回投标文件。在投标文件递交截止时间后不能修改、补充或撤回投标文件。

5.5.2 投标文件的修改、补充与撤回通知,投标人均须按本款的规定密封、标志和递交(标明“修改”“补充”或“撤回”字样)。

5.5.3 在投标有效期内,投标人不能撤回其投标文件。

6. 开标

6.1 开标要求事项

6.1.1 招标单位按照招标文件既定的时间和地点公开举行开标会议,并邀请所有投标人代表参加开标会议,开标会议由招标代理机构主持,在有关部门的监督下进行。

6.1.2 只有投标人的企业法定代表人或其委托代理人(持合法、有效的委托书及身份证原件)方可参加开标会议。

6.1.3 投标人应按时参加开标会议并签到,投标人参加开标会议时应出示以下资料:合法、有效的委托书,身份证原件(企业法定代表人委托代理人),项目经理证原件。

6.2 投标文件出现以下情况之一者作废标处理:

(1)未加盖投标人公章及未经法定代表人或者法定代表人委托的代理人签字的;

(2)超过招标文件规定的项目完成期限的;

(3)投标文件附有招标人不能接受的条件的;

(4)明显不符合安全技术规格、标准要求的;

(5)以他人名义投标的;

(6)采取不正当手段谋取中标的;

(7)未按招标文件规定编制各项报价的；

(8)税金、安全文明搬迁施工增加费违背工程造价管理规定的；

(9)不符合招标文件中规定的其他实质性要求的。

7. 评标、定价

7.1 评标内容的保密

7.1.1 公开开标后，直到授予中标人合同为止，凡属于对投标文件的审查、澄清、评价和比较的有关资料以及中标候选人的推荐情况，与评标有关的其他任何情况均应保密。

7.1.2 在投标文件的评审和比较、中标候选人推荐以及授予合同的过程中，投标人如试图向招标人和评标委员会施加影响的任何行为，都将会导致其投标被拒绝。

7.2 投标文件的澄清

为了有助于投标文件的审查、评价和比较，评标委员会可以以书面形式要求投标人对投标文件含义不明确的内容作必要的澄清或者说明。有关澄清说明与答复，投标人应以书面形式进行，但对投标报价和实质性的内容不得更改。

7.3 错误的修正

评标委员会将对确定为实质上响应招标文件要求的投标文件校核，看其是否有计算上、累计上或表达上的错误，修正错误的原则如下：

(1)如果数字表示的金额和用文字表示的金额不一致，应以文字表示的金额为准；

(2)投标文件中填报的投标报价、投标日期、工程质量目标前后不一致时，以投标函及其附表所填报的内容为准。

7.4 投标文件的评审

本次评标采用综合评估法，评标委员会按下列评标办法进行综合打分，评标分初审、详审和推荐中标候选人三个阶段。

7.4.1 初审

评标委员会首先审定每份投标文件是否有效，有下列情况之一的，招标文件视为无效(即无效标)：

(1)投标人以他人名义投标、串通投标、以行贿手段谋取中标或者以其他弄虚作假方式投标的。

(2)投标人的报价明显低于其他投标报价，使得其投标报价可能低于其成本价，当评标委员会要求该投标人提供相关证明材料时，而投标人不能合理说明或者不能提供相关证明材料的。

评标委员会不对无效标进行评审。评标委员会拒绝投标人通过修正或撤销其不符合要求的偏差，使之成为具有响应性的投标。

7.4.2 详审

经初步评审合格的投标文件，评标委员会根据招标文件确定的评标标准和方法对其技术标部分和商务标部分作进一步评审与比较。

7.4.3 推荐中标候选人

投标人的排名按得分从高到低顺序排列。评标结束后，评标委员会写出评标报告并向招标人推荐得分高的前三名为中标候选人。

经评标委员会评审，若发现有效投标文件不足三个使得投标明显缺乏竞争的，评标委员会可以否决全部投标，招标人应依法重新招标。

7.5　定标

招标人按评标委员会依法推荐的中标候选人顺序确定中标人。若前位中标候选人不再响应招标文件或确有重大实质性问题，可以按顺序向下确定中标人。

7.6　评标规则

本工程采用综合评估法，即最大限度地满足招标文件中规定的各项综合评价标准，给报价、施工组织设计、质量保证、工期保证、业绩与信誉等赋予不同的权重，用打分的方法评出中标人。

8. 授予合同

8.1　合同授予标准

本工程合同将授予经过评标委员会推荐并经招标人确认的中标人。

8.2　中标通知书

(1)招标人在确定中标人之日起15日内，向监督部门提交施工招标投标情况的书面报告。

(2)招标人将在发出中标通知书的同时，将中标结果以书面形式通知所有未中标的投标人。

(3)中标通知书是合同的组成部分。

8.3　合同签订

(1)招标人和中标人应当自中标通知书发出之日起15日内，按照招标文件和中标人的投标文件订立书面合同，订立书面合同后7日内，中标人应将合同送至招标投标监督管理机构备案。

(2)施工合同经双方法定代表人或其委托代理人签字并加盖企业印章和法定代表人或其委托代理人印章后生效。

(3)如果中标人未能遵守相关规定与招标人订立合同的，投标保证金不予退还并取消其中标资格，给招标人造成的损失超过投标保证金数额的，应当对超过部分予以赔偿；招标人无正当理由不与中标人签订合同，给中标人造成损失的，招标人应当给予赔偿。

(4)鉴于热力工程的施工特点，在收到中标通知书后的7日内，如果中标人未按要求提供履约保证金，招标人将取消其中标资格，并扣除投标保证金。

8.4　履约担保

合同协议书签署后7日内，中标人应按本须知表2-3第10项规定的金额向招标人提交履约担保。

第三章　评标办法

1. 评标内容

评标内容分为商务标和技术标。

2. 评标人员

评标委员会由招标人和从某省招标评标专家库中随机抽取的专家组成。招标方人员1人，从专家库中抽取的专家4名。评标采取少数服从多数的原则。

3. 评标计分标准

评标内容的分值分配：各评标内容的分值总和为 100 分，分值分配及分配系数如表 2-4所示。

表 2-4 评标内容分值分配及分配系数

序号	项目名称		分值分配及分配系数
1	技术标(40 分)	工程质量	2(0.02)
		施工组织设计	28(0.28)
		技术保证措施	10(0.10)
2	商务标(60 分)	投标报价	50(0.50)
		服务、保修及优惠承诺	8(0.08)
		项目组织机构	2(0.02)

4. 施工组织设计实行暗标

(略)

5. 技术标的评标标准(40 分)

5.1 工程质量(2 分)

承诺工程质量达到质量目标要求的得 2 分。

5.2 施工组织设计(28 分)

(1)工程概况及施工部署(0 ~3 分)。

(2)施工准备(0 ~2 分)。

(3)施工方案及主要施工方法是否科学、合理、周密详细(2 ~5 分)。

(4)满足工程需要的劳动力计划及主要施工机械配备(1 ~2 分)。

(5)是否有质量目标、保证体系及质量控制程序(1 ~2 分)。

(6)保证工期的技术组织措施(1 ~4 分)。

(7)确保安全、文明施工的技术措施(1 ~3 分)。

(8)施工总进度计划是否安排合理、周密详细、抓住关键工序(1 ~2 分)。

(9)施工总平面布置图合理有序(0 ~3 分)。

(10)有降低成本、提高质量的合理化建议(1 ~2 分)。

评标委员会根据以上内容要求在 0 ~28 分范围打分，每缺 1 项，所缺项为 0 分。

5.3 技术保证措施(10 分)

(1)切实可行地保护周围坏境和不扰民措施。

(2)切实可行地保护地下管网、电缆等措施。

(3)投标人是否有确保安全、文明施工专项方案及安全保证体系和安全保证制度。

(4)投标人项目管理机构人员是否配备齐全。

(5)确保各工序质量技术措施，以及全过程质量控制工作。

评标委员会根据以上内容要求在 0 ~10 分范围综合打分，每缺 1 项，所缺项为 0 分。

6. 商务标的评标标准(60 分)

6.1　投标报价(50分)

有图纸部分和无图纸部分的工程投标报价各占25分。

(1)有图纸的单项工程投标报价评分办法。招标人提出的标底的50%与所有有效投标人投标报价(去掉一个最低值和一个最高值)的算术平均值的50%之和作为评标标准价(D)。投标人的投标报价与评标价相比,相等者得基本分16分;每低于评标价1%,在16分的基础上加1.5分,最多加9分;低于评标价6%(不含6%)的,每低1%,在25分的基础上扣1分,扣完为止;高于评标价的,每高1%,在16分的基础上扣1分,扣完为止。

(2)无图纸的单项工程投标报价评分办法。招标人提出的优惠比率的50%与所有有效投标人所报优惠比率的算术平均值的50%之和作为评标优惠比率(D)。有效投标人报价优惠比率(C)与评标优惠比率(D)相比较,其差值A(优惠比率)为零者得16分,每差1%,在16分的基础上加2分,最多加9分;相差6%(不含6%)以上,每差1%,在25分基础上扣1.5分,25分扣完为止;每差-1%,在16分基础上扣1分,扣完为止;相差比例不是整数的,小数点后保留2位(恶意报价者此项不得分)。

计算式:$A\% = C - D$(A保留两位小数)。

报价采用内插法计算,取小数点后2位,计算3位,四舍五入至2位。

6.2　服务、保修及优惠承诺(8分)

(1)保证专款专用。

(2)保修期限按国家有关规定,发现问题保证做到随叫随到、优质服务。

(3)工期承诺(由投标人自己根据自身实力填写)。

(4)投标人对农民工工资保障金承诺及其他承诺(由投标人自己根据自身实力填写)。

评标委员会根据以上4项内容要求在0~8分范围综合打分,每缺1项,所缺项扣3分,扣完为止。

6.3　项目组织机构(2分)

项目组织机构健全,组织形式设置合理(2分)。

第四章　合同条款及格式

本工程执行《建设工程施工合同(示范文本)》(GF-2013-0201)的合同条件,依据招标文件及其补充通知、投标文件、答疑纪要、中标通知书、投标人在投标文件中承诺的工期、质量及其他承诺签订施工合同。

第五章　图纸

本工程图纸56页(略)。

第六章　工程技术条件及规范

本工程实施中采用图纸中指定的和以下列出的技术规范及标准。所采用的规范和标准如出现施工不一致的情况,以标准高的为准。

(1)《地下工程防水技术规范》(GB 50108—2008)。

(2)《建筑机械使用安全技术规程》(JGJ 33—2012)。

(3)《混凝土结构工程施工质量验收规范》(GB 50204—2011)。

(4)《城市供热管网工程施工及验收规范》(CJJ 28—2004)。

……

以上规范如有变化,以最新发布为准。

小 结

建设工程招标投标是指建设单位或个人通过招标方式,将工程建设项目的勘察、设计、施工、材料设备供应、监理等业务,一次或分部发包,由具有相应资质的承包单位通过投标竞争,从中择优选定工程承包方的法律行为。建设工程项目招标按内容不同可分为建设工程项目总承包招标、工程项目咨询招标、工程勘察招标、设计招标、施工招标、监理招标、材料和设备招标等。

工程建设项目强制性招标是指法律法规规定某些特定类型的工程项目,必须通过招标进行。根据《招标投标法》规定,在中国境内进行大型基础设施、公用事业工程、公众安全项目、国有资金投资或者国家融资项目、国际组织或者外国政府贷款和援助资金项目的勘察、设计、施工、监理以及与工程建设有关的重要设备、材料等的采购,必须进行招标。

工程项目招标是指发包人在发包建筑工程项目之前,以公告或邀请书的方式提出工程项目的条件和要求,愿意参加竞争的具有相应资质的建筑企业按照招标文件的要求进行投标,招标人从中择优选择出承包人的过程。我国招标方式有公开招标和邀请招标两种。公开招标透明度大、竞争激烈,但是工作量大、周期长、组织成本高等。邀请招标称为有限竞争性招标,邀请招标目标集中、招标组织工作容易、工作量小,但是竞争范围有限。

建设工程招标过程包括招标准备工作、招标方式的确定、编制招标文件、发包方发售招标文件、组织现场考察、投标前答疑、接收投标文件、开标、评标、定标及签订合同等。

标底是指招标人根据招标项目的具体情况编制完成的招标项目所需的全部费用。目前,我国建设工程施工招标标底的编制主要采用定额计价法和工程量清单计价法。定额计价法标底的编制主要采用单位估价法,工程量清单计价法标底的编制主要采用综合单价法。

为规范招标文件编制过程、招标文件编制质量,促进招标投标活动的公开、公平和公正,国家发展和改革委员会等部门联合编制了《中华人民共和国标准施工招标文件》样本,其共包括四卷八章,第一卷包括第一章招标公告(投标邀请书)、第二章投标人须知、第三章评标办法、第四章合同条款及格式、第五章工程量清单;第二卷包括第六章图纸;第三卷包括第七章技术标准和要求;第四卷包括第八章投标文件格式。

习 题

1. 名词解释

①建设工程招标;②总承包招标;③施工招标;④公开招标;⑤邀请招标;⑥标底。

2. 单选题

(1)招标文件发售的时间不得少于(　　)。

A. 3 日　　B. 5 日　　C. 3 个工作日　　D. 5 个工作日

(2)在必须招标范围内,总投资额在(　　)万元人民币以上的项目必须招标。

A. 5 000　　B. 3 000　　C. 2 000　　D. 1 000

(3)招标项目需要编制标底的,一个工程只能编制(　　)标底。

A. 1 个　　B. 2 个　　C. 3 个　　D. 4 个

(4)资格后审是在(　　)对投标人资格进行审查。

A. 开标后　　B. 发放招标文件前

C. 开标后评标前　　D. 评标时

(5)依法必须进行招标的项目,自招标文件开始发出之日起至投标人提交投标文件截止之日止,最短不得少于(　　)日。

A. 10　　B. 15　　C. 20　　D. 25

3. **多选题**

(1)建设工程项目招标条件是(　　)。

A. 涉及国家机密的工程

B. 全部或部分使用国有资金投资或者国家融资的项目

C. 使用国际组织或者外国政府贷款、援助资金的项目

D. 大型基础设施、公用事业等关系社会公共利益、公众安全的项目

E. 项目技术难度高的工程

(2)建设工程施工招标的必备条件有(　　)。

A. 招标所需的涉及图纸和技术资料具备

B. 招标范围和招标方式已确定

C. 招标人已经依法成立

D. 已经选好监理单位

E. 资金全部落实

(3)《招标投标法》规定,建设工程招标方式有(　　)。

A. 公开招标　　B. 议标　　C. 国际招标　　D. 邀请招标　　E. 直接发包

(4)招标文件包含的主要内容有(　　)。

A. 投标人须知

B. 图纸

C. 投标函的格式及附录

D. 合同的主要条款

E. 已标价工程量清单

(5)资格预审的主要方法有(　　)。

A. 有限数量制

B. 综合评估法

C. 最低价法

D. 合格制

E. 初步评审法

4. 简答题

(1)我国《招标投标法》中规定哪些工程建设项目必须进行招标?

(2)为什么要对投标人进行资格审查?资格审查的方式有几种?投标人资格审查需要提供哪些资料?

(3)编制标底的主要程序与主要依据是什么?

(4)建设工程招标有哪几种方式?各有何优缺点?

(5)建设工程招标文件如何编制?

(6)评标委员会如何组成?常用的评标方法有哪几种?

5. 案例分析

某办公楼工程全部由政府投资兴建,该项目为城市建设规划的重点项目之一,且已列入地方年度投资计划,施工图纸及相关技术资料等已经完成,现决定对该项目进行公开招标。因估计除本市施工企业参加投标外,还可能有外省市施工企业参加,故招标人委托咨询机构编制了两个标底,准备分别用于对本市和外省市施工企业标价的评定。招标人在公开媒体上发布资格预审通告。最终有A、B、C、D、E五家承包商通过了资格预审。根据招标公告的规定,招标人于4月5~7日发布招标文件。到招标文件所规定的投标截止时间4月20日16时之前,这五家承包商均按规定时间提交了投标文件和投标保证金90万元。

问题:

在该项目的招标过程中哪些方面不符合招标投标的相关规定?并说明理由。

【综合实训】

某建设工程项目招标文件编制

1. 实训目标

招标文件是在招标过程中最重要的技术文件,对于投标人来说,能否理解招标文件的内容至关重要。国家对于施工招标文件编制有严格要求,能否严格按照《招标投标法》规定编写一份具有一定使用性、可操作性强的文件对指导投标意义重大。通过本次实训,进一步提高学生对招标文件内容及格式的基本认识,提高学生编制招标文件能力。

2. 实训要求

(1)选择或者虚拟一个施工项目,假定该项目为公开招标。

(2)将学生按照5~7人的标准进行分组,各小组分工完成实训任务。

(3)各小组独立完成招标文件的编制。

模块 3　建设工程项目投标

【知识要点】 投标的概念、组织及程序；投标决策的基本前提和原则；投标文件编制内容、编制步骤及编制要求；投标报价的构成、编制标准及投标报价技巧。

【教学目标】 掌握投标的基本概念、投标技巧，投标文件的组成及编制方法，投标报价的构成及编制标准；熟悉投标决策的前提、原则及影响因素；了解投标活动的组织及一般程序。通过学习，使学生能够为投标决策收集整理需要的信息资料，能够协助编写投标文件，能够协助造价工程师运用投标技巧调整投标报价。

课题 3.1　建设工程项目投标程序

3.1.1　投标的概念

投标有时也叫报价，指投标人（或承包人）根据所掌握的信息，按照招标人的要求参与投标竞争，以获得工程建设承包权的法律活动。招标与投标是一个有机整体，招标是建设单位在招标投标活动中的工作内容；投标则是承包商在招标投标活动中的工作内容。投标的主要活动内容是：①投标人了解了投标信息，提出投标申请；②接受招标人的资格审查；③购买招标文件及有关技术资料；④参加现场踏勘，并提出疑问；⑤编制投标文件；⑥办理投标保函，递交投标文件；⑦参加开标会；⑧若中标，接收中标通知书并签订合同。

3.1.2　投标的组织

投标是一种市场竞争行为，在买方市场的状态下，投标过程竞争十分激烈，需要有专门的机构和人员对投标全过程加以组织与管理，以提高工作效率和中标的可能性。建立一个强有力的、内行的投标班子是投标获得成功的根本保证。

不同的工程项目，由于其规模、性质等不同，建设单位在决策时可能各有侧重，因而在确定投标班子人选及制订投标方案时必须充分考虑，在企业中抽调相关人员组成干练有效的投标班子投标，或选择合适的合作伙伴组成联合体投标，寻找良好的合作银行。投标班子的组成人员应包含以下四个方面的人才：

（1）经营管理类人才。指专门从事工程业务承揽工作的公司经营部门管理人员和拟定的项目经理。经营部门管理人员应具备一定的法律知识，熟悉《招标投标法》《中华人民共和国合同法》《中华人民共和国建筑法》和《建设工程质量管理条例》等法律法规，熟悉招标文件，包括合同条款，对投标、合同签约有丰富经验；掌握大量的调查和统计资料，具备分析和预测等科学手段，有较强的社会活动和公共关系能力。项目经理应熟悉项目运行的内在规律，具有丰富的实践经验和大量的市场信息。这类人才在投标班子中起核心作用，制定和贯彻经营方针和规划，负责工作的全面筹划和安排。

(2)专业技术人才。主要指工程施工中的各类技术人才,诸如土木工程师、水暖电工程师、造价工程师、专业设备工程师等各类技术人员。他们具有丰富的工程经验,掌握本学科最新的专业知识,具备较强的实际操作能力,在投标时能从本公司的实际技术水平出发,确定各项专业实施方案,提出具有竞争力的报价,能从设计或施工角度对招标文件的设计图纸提出改进方案。

(3)商务金融类人才。指从事财、物和商务等方面的人才。他们具有材料设备采购、财务会计、金融、保险和税务等方面的专业知识,与银行有良好的合作经历及合作经验,能够顺利办理贷款、存款,提请银行开具保函、信用证明、资信证明及代理调查等。投标报价所需要的市场信息主要来自这类人才。

(4)在参加涉外工程投标时,还应配备了解建筑工程专业和合同管理的翻译人员。

一般情况下,企业有一个按专业和承包地区分组相对稳定的投标班子,同时一些投标人员和工程施工人员的工作是相互交叉的,即部分投标人员参加所投标项目的实施,这样才能减少工程实施过程中的失误和损失,不断积累经验,提高投标人员的水平和公司的总体投标水平。

投标人若无法独立承担招标项目的建设,或独立投标中标的可能性不大,以及在业主的某些特殊要求下,可以寻找其他有实力的或业主关系良好的承包商组成联合体参与竞争。

3.1.3 投标的程序

建设工程投标活动的一般程序如下:①投标决策;②成立投标组织;③参加资格预审,并购买标书;④参加现场踏勘和招标预备会;⑤进行技术环境和市场环境调查;⑥编制施工组织设计;⑦编制并审核施工图预算;⑧报价决策;⑨标书成稿;⑩标书装订和封包;⑪递交标书,参加开标会议;⑫接到中标通知书后,与建设单位签订合同。

课题 3.2 建设工程项目投标决策

3.2.1 投标决策的基本前提和原则

投标决策是指投标人对是否投标、投标哪些项目,是以高价投标还是以低价投标的决策过程。在激烈的市场竞争中,能够承揽到工程项目,不仅是企业之间财力和技术实力的较量,而且也是智力的比拼。因此,企业在积累雄厚的经济实力、拥有丰富的经验和管理能力,并创建了良好的社会声誉之后,还要有一套独特而有效的经营策略。也可以说,投标决策是指承包商为实现其一定利益目标,针对招标项目的实际情况,对投标可行性和具体策略进行论证和抉择的活动。

3.2.1.1 投标决策的基本前提

由于投标决策是综合了经验、技术、智慧、信息等多方资源进行的活动,所以收集和掌握有关招标项目的情报和信息,对于有目的地做好投标准备工作具有十分重要的意义。

(1)建立广泛的信息来源渠道,建立项目数据库。企业可通过多渠道获得信息。如各级基本建设管理部门，包括发展和改革委员会、建设委员会、经济贸易委员会等；建设单位及主管部门；各地勘察设计单位；各类咨询机构；各种工程承包公司；城市综合开发公司、房地产公司、行业协会等；各类刊物、广播、电视、互联网等多种媒体。

根据《招标投标法》制定的《招标公告发布暂行办法》规定，国家发展和改革委员会根据国务院授权，按照相对集中、适度竞争、受众分布合理的原则，指定《中国日报》《中国经济导报》《中国建设报》《中国采购与招标网》对招标公告发布活动进行监督。其中，依法必须招标的国际招标项目的招标公告应在《中国日报》上发布。

通过上述渠道，及时、准确地掌握有关招标项目信息，同时建立一定格式的数据库，随着时间推移和情况的变化，及时对数据库中的数据加以补充和修改，这对于比较、权衡、选择有利项目是十分必要的。

(2)开展广泛的调查活动。为提高中标概率和获得良好的经济利益，除获知哪些项目拟进行招标外，投标人还应从战略角度全面调查、收集以下资料，做出投标与否的决策。

工程方面的信息，包括工程的性质、规模、技术复杂程度、工程现场条件、工期、工程的材料供应条件、质量要求及交工条件等。

业主方面的信息，包括业主的信誉、资金来源有无保障、工程款支付能力等，是否要求承包商带资承包、延期支付，投标能否在公平条件下进行，是否已有内定的承包商。

市场竞争条件，包括当地的施工用料供应条件和市场价格；当地机电设备采购条件、租赁费、零配件供应和机械修理能力等；当地生活用品供应情况、食品供应和价格水平；当地劳务的技术水平、劳务态度、雇用价格及雇用手续、途径等；当地运输状况，如车辆租赁价格、汽车零配件供应情况、油料价格及供应情况等；有关海港、航空港及铁路的装卸能力、费用及管理方面的规定等。

竞争对手情况，包括竞争对手的数量、质量和投标的积极性，竞争对手已实施工程的投标价格，对手投标报价的标准等。

3.2.1.2 投标决策的原则

进行投标决策实际上是企业的经营决策问题，因此投标决策时，必须遵循下列原则：

(1)可行性原则。选择的投标对象是否可行，一定要从本企业的实际情况出发，实事求是，量力而行，从而保证以本企业均衡生产、连续施工为前提，防止出现窝工和赶工现象。首先，要从企业的施工力量、机械设备、技术能力、施工经验等方面，考虑该招标项目是否比较合适，是否有一定的利润，能否保证工期和满足质量要求；其次，要考虑能否发挥本企业的特点和特长、技术优势和装备优势，要注意扬长避短，选择适合发挥自己优势的项目，发扬长处才能提高利润、创造信誉，避开自己不擅长的项目和缺乏经验的项目；最后，要根据竞争对手的技术经济情报和市场投标报价动向，分析和预测是否有夺标的把握和机会。对于毫无夺标希望的项目，就不宜参加投标，更不能陪标，以免损害本企业的声誉，进而影响未来的中标机会。若明知竞争不过对手，则应退出竞争，减少损失。

(2)可靠性原则。要了解招标项目是否已经过正式批准，列入国家或地方的建设计划，资金来源是否可靠，主要材料和设备供应是否有保证，设计文件完成的阶段情况，设计深度是否满足要求等；此外，还要了解业主的资信条件及合同条款的宽严程度，有无重大风险性。应当尽早回避那些利润小而风险大的招标项目以及本企业没有条件承担的项目,否则将造成不应有的后果。特别是国外的招标项目,更应该注意这个问题。

(3)盈利性原则。利润是承包商追求的目标之一,保证承包商的利润,既可保证国家财政收入随着经济发展而稳定增长,又可使承包商不断改善技术装备,扩大再生产;同时有利于提高企业职工的收入,改善生活福利设施,从而有助于充分调动职工的积极性和主动性。所以,确定适当的利润率是承包商经营的重要决策。在选取利润率的时候,要分析竞争形势,掌握当时当地的一般利润水平,并综合考虑本企业近期及长远目标,注意近期利润和远期利润的关系。在国内投标中,利润率的选取要根据具体情况适当酌情增减。对竞争很激烈的投标项目,为了夺标,采用的利润率会低于计划利润率,但在以后的施工过程中,注重企业内部革新挖潜,实际的利润率不一定会低于计划利润率。

(4)审慎性原则。参与每次投标都要花费不少人力、物力,付出一定的代价。如能夺标,才有利润可言。特别在基建任务不足的情况下,竞争非常激烈,承包商为了生存都在拼命压价,盈利甚微。承包商要审慎选择投标对象,除非在迫不得已的情况下,决不能承揽亏本的施工任务。

(5)灵活性原则。在某些特殊情况下,采用灵活的战略战术。例如,为了在某个地区打开局面,取得立脚点,可以采用让利方针,以薄利优质取胜。由于报价低、干得好,赢得信誉,势必带来连锁效应。承揽了当前工程,更为今后的工程投标中标创造机会和条件。

在进行投标项目的选择时,还应考虑下列因素:本企业工人和技术人员的操作水平,本企业投入该项目所需机械设备的可能性,施工设计能力,对同类工程工艺熟悉程度和管理经验,战胜对手的可能性,中标承包后对本企业在该地区的影响,流动资金周转的可能性。

做出正确的投标决策,首先应从多方面收集大量的信息,知己知彼。对承包难度大、风险度高、资金不到位以及“三边”工程,要考虑主动放弃,否则企业将会陷入工期拖长、成本加大的困难,企业的效益、信誉就会受到损害。

对决策投标的项目应充分估计竞争对手的实力、优势及投标环境的优劣等情况。竞争对手的实力越强,竞争就越激烈,对中标的影响就越大。竞争对手拥有的任务不饱满,竞争也会越激烈。

3.2.2 选择投标对象的策略

承包商通过投标取得项目,是市场经济条件下的必然。但是,作为承包商来说,并不是每标必投,这里有个投标决策的问题。所谓投标决策,包括两方面内容:其一是投标项目选择的决策;其二是投标策略的决策。投标决策的正确与否,关系到能否中标和中标后的效益,关系到施工企业的发展前景和职工的经济利益。因此,企业的决策班子必须充分认识到投标决策的重要意义,把这一工作摆在企业的重要议事日程上。

3.2.2.1 定性分析法

建设工程投标决策的首要任务,是在获取招标信息后,对是否参加投标竞争进行分析、论证,并做出抉择。

若项目对投标人来说基本上不存在技术、设备、资金和其他方面问题,或虽有技术、设备、资金和其他方面问题，但可预见并已有了解决方法，就属于低风险标。低风险标实际上就是不存在未解决或解决不了的重大问题，没有大的风险的标。如果企业经济实力不强，经不起折腾，投低风险标是比较明智的选择。

若项目对投标人来说存在技术、设备、资金或其他方面未解决的问题，承包难度比较大，就属于高风险标。投高风险标，关键是要能想出办法解决好工程中存在的问题。如果问题解决好了，可获得丰厚的利润，开拓出新的技术领域，锻炼出一支好的队伍，使企业素质和实力上一个台阶；如果问题解决得不好，企业的效益、声誉等都会受损，严重的可能会使企业出现亏损甚至破产。因此，投标人对投标进行决策时，应充分估计项目的风险度。

承包商决定是否参加投标，通常要综合考虑各方面的情况，如承包商当前的经营状况和长远目标，参加投标的目的，影响中标机会的内部、外部因素等。一般来说，有下列情形之一的招标项目，承包商不宜选择投标：①工程规模超过企业资质等级的项目；②超越企业业务范围和经营能力之外的项目；③企业当前任务比较饱满，而招标工程是风险较大或盈利水平较低的项目；④企业劳动力、机械设备和周转材料等资源不能保证的项目；⑤竞争对手在技术、经济、信誉和社会关系等方面具有明显优势的项目。

3.2.2.2 定量分析法

投标企业在掌握大量有效信息的基础上，应借助一些决策理论和方法进行科学决策。在投标决策中，比较常用的决策方法有综合分析法、期望值法和决策树法。这三种方法中，除综合分析法较易掌握外，其他两种方法使用了较复杂的数学工具，如概率论中离散型随机变量，因此只要了解这两种决策方法即可。

1. 综合分析法

此方法将投标工程定性分析的各个因素通过评分转化为定量问题，计算综合得分，用以衡量投标工程的条件。下面通过一个简单的案例来说明该方法的运用。

【例 3-1】 某企业在投标前拟对一项招标工程进行定量分析，以确定是否参加投标。

解：企业结合工程特点、自身条件选择评价因素，评价因素主要有经营能力、经营需要、中标的可能性、工程条件、时间要求等五个方面，采用综合分析法对五个要素进行评分，如表 3-1 所示。

表 3-1 评标评价

评价因素	权数	评分			得分
		好(10 分)	一般(5 分)	差(0 分)	
1. 经营能力	0.25	10			2.50
2. 经营需要	0.20		5		1.00
3. 中标的可能性	0.25	10			2.50
4. 工程条件	0.10			0	0
5. 时间要求	0.20		5		1.00
合计	1.00				7.00

(1)对每个因素视其重要程度给出一个权数。

(2)将各因素的优劣分为三等,分别评为 10 分、5 分、0 分。

(3)计算综合得分,评价工程的投标条件。

从表 3-1 的评分过程可以看出,投标条件最好的为 10 分,但这种情况很少。实际工作中,常根据经验确定一个参加投标的标准分数线,高于此线就参加投标。假定该企业的投标标准分数线为 6.5 分,则该工程可以考虑参加投标。

2. 期望值法

企业投标一般都比较注重经济效益,期望值法就是以经济效益为目标对投标工程进行选择的决策方法。这里所说的期望值就是概率论中离散型随机变量的数学期望值。把每个方案看成是离散型随机变量,其取值就是每个方案在各自自然状态下相应的损益值,而各方案的损益期望值则是各自然状态发生的概率与方案对应的损益值乘积之和。所谓期望值法,即以期望值最大的方案为最佳方案。

【例 3-2】 某企业拟在 A、B、C 三个工程中选择一个投标,各种资料见表 3-2,试决策应选哪个项目投标。

表 3-2 计算期望值

工程名称	未来状态下的收益值(万元)		期望值(万元)
	中标(0.4)	失标(0.6)	
A	20	-0.5	7.70
B	25	-0.8	9.52
C	30	-1.5	11.10

解:采用风险型决策中期望值法计算各工程收益期望值,计算结果见表 3-2。经过分析比较,应选择 C 工程投标,该企业可获得 11.10 万元的收益值。

3. 决策树法

如果企业由于施工能力和资源的限制,只能在不同项目中选择一项进行投标,就会有多种方案,该情况可采用决策树方法进行决策。

决策树是图论中树图用于决策的一种工具,它是基于期望值法,以树的生长过程的不断分枝来表示事件发生的各种可能性,以分枝和修剪来寻优的决策方法。决策树法的基本决策过程,是先画出决策树,再计算各决策树点的损益期望值,然后选择损益期望值最大的方案为最优方案。

【例 3-3】 某承包商面临 A、B 两项工程投标,因受本单位的资金条件限制,只能选择其中一项工程投标,或者两项均不投标。根据过去类似工程投标的经验数据,A 工程投高标的中标概率是 0.3,投低标的中标概率是 0.6,编制投标文件的费用是 3 万元;B 工程投高标的中标概率是 0.4,投低标的中标概率是 0.7,编制投标文件的费用是 2 万元。试运用决策树法进行投标决策。

各方案承包效果、概率及损益值如表 3-3 所示。

表 3-3　方案评价参数

方案	效果	概率	损益值(万元)
A 高	好	0.3	150
	中	0.5	100
	差	0.2	50
A 低	好	0.2	110
	中	0.7	60
	差	0.1	0
B 高	好	0.4	110
	中	0.5	70
	差	0.1	30
B 低	好	0.2	70
	中	0.5	30
	差	0.3	-10
不投标			0

解:根据各方案画出决策树,如图 3-1 所示。

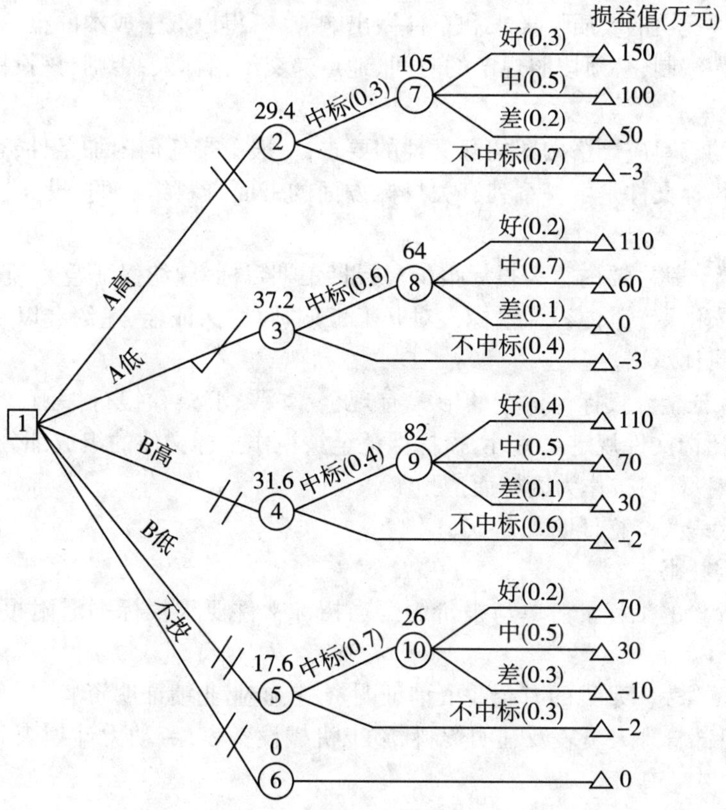

图 3-1　方案评价决策树

计算各决策树点的损益期望值：

点②：$0.3\times(0.3\times150+0.5\times100+0.2\times50)+0.7\times(-3)=29.4$(万元)

点③：$0.6\times(0.2\times110+0.7\times60+0.1\times0)+0.4\times(-3)=37.2$(万元)

点④：$0.4\times(0.4\times110+0.5\times70+0.1\times30)+0.6\times(-2)=31.6$(万元)

点⑤：$0.7\times[0.2\times70+0.5\times30+0.3\times(-10)]+0.3\times(-2)=17.6$(万元)

点⑥：$1\times0=0$(万元)

经过计算分析比较，决策树点③的期望值最大，故选择A工程投低标。

课题3.3　建设工程项目投标文件编制

3.3.1　建设工程项目投标文件的基本内容

建设工程项目投标文件，是建设工程投标人单方面阐述自己响应招标文件要求，旨在向招标人提出愿意订立合同的意思表示，是投标人确定、修改和解释有关投标事项的各种书面表达形式的统称。从合同订立过程来分析，建设工程投标文件在性质上属于一种要约，其目的在于向招标人提出订立合同的意愿。

投标人在投标文件中必须明确向招标人表示愿以招标文件的内容订立合同的意思，必须对招标文件提出的实质性要求和条件做出响应，不得以低于成本的报价竞标，必须由有资格的投标人编制，必须按照规定的时间、地点递交给招标人；否则，该投标文件将被招标人拒绝。

投标文件的编写应严格按照招标文件的要求，一般不带任何附加条件，否则会导致废标。建设工程投标文件是由一系列有关投标方面的书面资料组成的，投标文件一般应包括以下内容：

(1)投标函。其主要内容为投标报价、质量、工期目标、履约保证金数额等。

(2)投标书附录。其内容为投标人对开工工期、履约保证金、违约金以及招标文件规定其他要求的具体承诺。

(3)投标保证金。投标保证金的形式有现金、支票、汇票和银行保函，但具体采用何种形式应根据招标文件规定。另外，投标保证金被视作投标文件的组成部分，未及时交纳投标保证金，该投标将被作为废标而遭拒绝。

(4)法定代表人资格证明书。

(5)授权委托书。

(6)具有标价的工程量清单与报价表。当招标文件要求投标书需附报价计算书时，应附上。

(7)辅助资料表。常见的有企业资信证明资料、企业业绩证明资料、项目经理简历及证明资料、项目部管理人员表及证明资料、施工机械设备表、劳动力计划表和临时设施计划表等。

(8)资格审查表(资格预审的不采用)。

(9)对招标文件中的合同协议条款内容的确认和响应。该部分内容往往并入投标书或投标书附录。

(10)施工组织设计。内容一般包括施工部署,施工方案,总进度计划,资源计划,施工总平面图,季节性施工措施,质量、进度保证措施,安全施工、文明施工、环境保护措施等。

(11)按招标文件规定提交的其他资料。

上述(1)至(6)及(9)项内容组成商务标,(10)项为技术标的主要内容,(7)、(8)项内容组成资信标或并入商务标、技术标,具体根据招标文件规定。

投标人必须使用招标文件提供的投标文件表格格式,但表格可以按同样格式扩展。招标文件中拟定的供投标人投标时填写的一套投标文件格式,主要有投标书及投标书附录、工程量清单与报价表、辅助资料表等。

3.3.2 建设工程项目投标文件的编制步骤

在决定了投标、建立了投标组织后,下一步的核心工作就是编制投标文件。一般情况下,投标文件编制的主要工作按以下次序开展,但也不是一成不变的,根据编制投标文件的时间要求、拥有的资源不同及其他影响因素,有些工作可以同步推进。

3.3.2.1 接受资格预审

根据《招标投标法》的有关规定,招标人可以对投标人进行资格预审。投标人在获得招标信息后,可以从招标人处获得资格预审申请表,投标工作从填写资格预审申请表开始。

(1)为了顺利通过资格预审,投标人应在平时就将一般资格预审的有关资料准备齐全,最好储存在计算机中。若要填写某个项目资格预审调查表,可将有关文件调出来加以补充完善。因为资格预审内容中,财务状况、施工经验、人员能力等属于通用审查内容,在此基础上,附加一些其他具体项目的补充说明或填写一些其他表格,即可成为资格预审书送出。

(2)填表时要加强重点分析,以及针对工程项目的特点,填好重要部位。特别是要反映出本公司施工经验、施工水平和施工组织能力,这往往是业主考虑的主要方面。

(3)在招标决策阶段,研究并确定本公司发展的主要地区和项目,注意收集信息,如有合适项目,及早动手做资格预审的申请准备,并根据相应的资格预审方法,为自己打分,找出差距。如果自己不能解决,则应考虑寻找合适的合作伙伴组成联合体来参加投标。

(4)做好递交资格预审调查表后的跟踪工作,一边及时发现问题,一边及时补充材料。

3.3.2.2 报价准备

1. 熟悉招标文件

企业通过资格预审获得投标资格后,要购买并研究和熟悉招标文件,在此过程中,应特别注意标价计算可能产生重大影响的问题,主要包括以下几个方面:①合同条件。如工期、拖期罚款、保函要求、保险、付款条件、货币、提前竣工奖励、争议、仲裁、诉讼法律等。②材料、设备和施工技术要求。如所采用的规范、特殊施工和施工材料的技术要求等。③工程范围和报价要求,承包商可能获得补偿的权利。④熟悉图纸和设计说明,为投标报价做准备；熟悉招标文件，同时找出招标文件中含糊不清的问题，及时提请业主澄清。

2. 标前调查与现场踏勘

标前调查是投标前最重要的一步，如果在投标决策阶段已对投标项目所在地区进行了较深入的调查研究，则在领到招标文件后只需进行针对性的补充调查即可；否则，还需要进行深入调查。标前调查的内容包括：①工程的性质及工程与其他工程间的关系，投标人所投标的工程与其他承包商或分包商的关系；②工程所在地的政治形势、经济形势、法律法规、风俗习惯、自然条件、生产和生活条件等；③项目资金来源是否可靠，避免风险；④项目开工手续是否齐备，避免免费为其估价；⑤业主是否有明显的授标倾向，避免陪标；⑥竞争对手的数量，同类工程的经验，其他优势，管用的投标策略等。

现场踏勘是指去工地现场进行考察，招标人一般在招标文件中要注明现场考察的时间和地点，在文件发出后就要安排投标人进行准备工作。现场踏勘既是投标人的权利，又是其责任。因此，投标人在报价前必须认真地进行现场踏勘，全面、仔细地调查了解工地及其周围的政治、经济、地理等情况。现场踏勘均由投标人自费进行。投标人进入现场后应特别注意从以下五方面进行考察：①工程的性质以及与其他周边工程之间的关系；②投标人所投标的工程与其他承包商或分包商之间的关系；③工地地形、地貌、地质、气候、交通、电力、水源等条件，有无障碍物等；④工地附近住宿条件、料场开采条件、其他加工条件、设备维修条件等；⑤工地附近治安情况等。

3. 研究招标文件，校核工程量

招标文件是投标的主要依据，应该进行仔细分析。分析应主要放在投标人须知、专用条款、设计图纸、工程范围以及工程量表上，最好有专人或小组研究技术规范和设计图纸，明确特殊要求。

对于招标文件中的工程量清单，投标人一定要进行校核，因为这直接影响中标的机会和投标报价。对于无工程量清单的招标工程，应当计算工程量，其项目一般可以单价项目划分为依据。在校核中如发现工程量相差较大，投标人不能随便改变工程量，而应致函或直接找业主澄清。尤其对于总价合同要特别注意，如果业主在投标前不给予更正，而且是对投标人不利的情况，投标人应在投标时附上说明。投标人在核算工程量时，应结合招标文件中的技术规范明确工程量中每一细目的具体内容，才不至于在计算单位工程量价格时出现错误。如果招标工程是一个大型项目，而且投标时间又比较短，投标人至少要对工程量大而造价高的项目进行核实。

3.3.2.3 施工组织设计

施工组织设计是指导拟建工程施工全过程各项活动的技术、经济和组织的综合性文件。

施工组织设计要根据国家的有关技术政策和规定、业主的要求、设计图纸和组织施工的基本原则，从拟建工程施工全局出发，结合工程的具体条件，合理地组织安排，采用科学的管理方法，不断地改进施工技术，有效地使用人力、物力，安排好时间和空间，以期达到耗工少、工期短、质量高和造价低的最优效果。

在投标过程中，必须编制施工组织设计，这项工作对于投标报价影响很大。但此时所编制的施工组织设计的深度和范围都比不上接到施工任务后由项目部编制的施工组织设计,因此是初步的施工组织设计。如果中标,再编制详细而全面的施工组织设计。初步的施工组织设计一般包括进度计划和施工方案等。招标人将根据施工组织设计的内容评价投标人是否采取了充分和合理的措施,保证按期完成工程施工任务。另外,施工组织设计对投标人自己也是十分重要的,因为进度安排是否合理、施工方案选择是否恰当,对工程成本与报价有密切关系。

3.3.2.4 价格估算

投标人在研究了招标文件并对现场进行了考察之后,即进入工程价格估算阶段。投标人根据自己的经验和习惯,一般工程在施工图基础上进行报价,其方法与编制施工图预算的方法基本相同,但应注意以下问题。

1. 工程量计算

目前,由于各省、自治区、直辖市的预算定额都有自己的规定,从而引起单价、费用、工程项目定额内容不尽相同。参加一个地区的投标报价,必须首先熟悉当地使用的定额及规定,才能将计算工程量时的项目划分清楚。此外,还应注意不可调整工程项目的计算。一般来说,上部工程的工程量不可调整,计算时应尽量准确无误,而允许调整(视招标文件规定)的工程项目,其准确性可以降低。最后,应注意工程量计算与现场实际相结合,如土石方工程、构件和半成品的运输及吊装等,尽量做到与今后施工相吻合。

2. 正确套用单价

正确套用单价的基础是要掌握定额单位所包含的内容,同时要与各分部分项工程的施工工艺和操作过程相一致。这就需要做标人除掌握定额外,还要对施工组织设计或施工方案有较深的了解。同时,要熟悉本企业主要项目施工工艺的一般做法。

3. 准确计算各种数据

工程量、单价、合价以及各种费用的计算,都属于数据的计算,这些数据的计算一般都比较简单。但是,许多数字是相互关联的,一处错误就会引起一系列的错误。因此,工程量的计算首先应精确,而工程量的计算又取决于做标人计算程序的合理性。应当指出的是,投标报价是竞争激烈的商务活动,它不同于一般的施工图预算编制,投标人由于计算上的失误而失标,或中标后引起企业亏损的事例很多。因此,精明的投标人在完成计算后,一定要耐心细致地复核,以减少计算上的失误。

4. 合理确定各类费用

国内投标报价中所谓报价合理,是指企业根据自身条件及企业掌握的外部条件(如材料供应等)所确定的费用合理的工程造价。但是,前提必须是企业应有一定的利润。确定各类费用的收取标准是国内工程报价的核心问题。因此,投标人应尽力掌握企业当前经营状况的各种资料,主要应从企业管理费、其他直接费、其他间接费、材料差价等方面进行核算,以取得可靠数据,才能确定取费标准和合理计算各项费用。

3.3.2.5 单价分析

单价分析是对工程量表上所列项目的单价的分析、计算和确定,或者是研究如何计算不同项目的直接费和分摊间接费、利润和风险之后所得出的项目单价。有的招标文件要求投标人对部分项目要递交单价分析表,而一般招标文件不要求报单价分析表。但是对投标人来说,除很有经验、有把握的项目外,必须对工程量大、对工程成本起决定性作用、没有经验或特殊的项目进行单价分析,以使报价建立在可靠的基础之上。最后,将每个项目单价分析表中计算的人工费、材料费、机械台班费、分摊的管理费进行汇总,并与原来估算的各项费用对比后,调整各种管理分摊系数,得出修正后的工程总价。

3.3.2.6 投标报价决策

以上计算得出的价格只是特定的暂时标价,须经多方面分析后,才能作出最终报价决策。在报价时,投标人要客观而慎重地分析本行业的情况和竞争形势。在此基础上,对报价进行深入细致的分析,包括分析竞争对手、市场材料价格、企业盈亏、企业当前任务情况等,最后作出报价决策。确定报价上浮或下浮的比例,多方面分析工程情况,决定最后报价。

报价是确定中标人的条件之一,而不是唯一的条件。一般来说,在工期、质量、社会信誉相同的条件下,招标人选择最低标价。但是,确定标价主要是和标底比较,许多地区规定合格标价的范围(即上下浮动范围)。在这种情况下应特别注意,不能追求报价最低,而应当在评价标准的诸因素上多下工夫。例如,企业自身掌握有三大材料及流动资金拥有量、施工组织水平高、工期短等优势,要以自身的优势去战胜竞争对手。标价过高或过低,不但不能中标,而且会严重损害本企业的形象。

3.3.3 建设工程投标文件的编制要求

(1)投标人编制投标文件时必须使用招标文件提供的投标文件表格格式,但表格可以按同样格式扩展。投标保证金、履约保证金的方式,按招标文件有关条款的规定可以选择。投标人根据招标文件的要求和条件填写投标文件的空格时,凡要求填写的空格都必须填写,不允许空着空格不填;否则,即被视为放弃意见。实质性的项目或数字如工期、质量等级、价格等未填写的,将被作为无效或作废的投标文件处理。将投标文件按规定的日期送交招标人,等待开标、决标。

(2)应当编制的投标文件正本仅1份,副本则按招标文件前附表所述的份数提供,同时要明确标明“投标文件正本”和“投标文件副本”字样。投标文件正本和副本如有不一致之处,以正本为准。

(3)投标文件正本与副本均应使用不能擦去的墨水打印或书写,各种投标文件的填写都要字迹清晰、端正,补充设计图纸要整洁、美观。

(4)所有投标文件均由投标人的法定代表人签署、加盖印鉴,并加盖法人单位公章。

(5)填报投标文件应反复校核,保证分项和汇总计算均无错误。全套投标文件均应无涂改和行间插字,除非这些删改是根据招标人的要求进行的,或者是投标人造成的必须修改的错误。修改处应由投标文件签字人签字证明并加盖印鉴。

(6)如招标文件规定投标保证金为合同总价的某百分比,开投标保函不要太早,以防泄露己方报价。但有的投标人提前开出并故意加大保函金额,以麻痹竞争对手的情况也是存在的。

(7)投标人应将投标文件的正本和每份副本分别密封在内层包封,再密封在一个外层包封中,并在内包封上正确标明“投标文件正本”和“投标文件副本”。内层和外层包封都应写明招标人名称和地址、合同名称、工程名称、招标编号,并注明开标时间以前不得开封。在内层包封上还应写明投标人的名称与地址、邮政编码,以便投标出现逾期送达时能原封退回。如果内外层包封没有按上述规定密封并加写标志,招标人将不承担投标文件错放或提前开封的责任,由此造成的提前开封的投标文件将被拒绝,并退还给投标人。投标文件递交至招标文件前附表所述的单位和地址。

3.3.4 建设工程投标文件的递交

投标人应在招标文件前附表规定的日期内将投标文件递交给招标人。当招标人按招标文件中投标人须知规定,延长递交投标文件的截止日期时,投标人仔细记住新的截止时间,避免因标书的逾期送达而导致废标。

投标人可以在递交投标文件以后,在规定的投标截止时间之前,采用书面形式向招标人递交补充、修改或撤回其投标文件的通知。在投标截止日期以后,不能更改投标文件。投标人的补充、修改或撤回通知,应按招标文件中投标人须知的规定编制、密封、标志和递交,并在包封上标明“补充”“修改”或“撤回”字样。补充、修改的内容为投标文件的组成部分。根据投标人须知的规定,在投标截止时间与招标文件中规定的投标有效期终止日之间的这段时间内,投标人不能再撤回投标文件,否则其投标保证金将不予退还。

投标人递交投标文件不宜太早,一般在招标文件规定的截止日期前一两天内密封送交指定地点比较好。

课题 3.4 建设工程项目投标报价编制

3.4.1 投标报价编制的标准

工程报价是投标的关键性工作,也是整个投标工作的核心。它不仅是能否中标的关键,而且对中标后的盈利多少,在很大程度上起着决定性的作用。

3.4.1.1 工程投标报价的编制原则

(1)必须严格贯彻执行国家的有关政策和方针,符合国家的法律、法规和公共利益。

(2)必须严格贯彻等价有偿的原则。

(3)必须严格建立在科学分析和合理计算基础之上,准确地反映工程价格。

3.4.1.2 影响投标报价计算的主要因素

工程报价编制是一项严肃工作,究竟采用哪一种计算方法进行计价应视工程招标文件的要求,但不论采用哪一种方法都必须抓住编制报价的主要因素。

1. 工程量

工程量是计算报价的第一个主要依据。多数招标单位在招标文件中均附有工程实物量。因此,必须进行全面的或者重点的复核工作,核对项目是否齐全、工程做法及用料是否与图纸相符,重点核对工程量是否正确,以求工程量数字的准确性和可靠性,在此基础上再进行套价计算。另外,标书中根本没给工程量数字,在这种情况下就要组织人员进行详细的工程量计算工作,即使时间很紧迫也必须进行计算,否则影响编制报价。

2. 单价

工程单价是计算标价的又一个重要依据，同时又是构成标价的第二个主要因素。单价的正确与否，直接关系到标价的高低，因此必须十分重视工程单价的制定或套用。工程单价的制定依据为：①国家或地方规定的预算定额、单位估价表及设备价格等；②人工、材料、机械使用费的市场价格。

3. 其他各类费用的计算

其他各类费用的计算是构成报价的第三个主要因素。这个因素占总报价的比重是很大的，少者占20%～30%，多者占40%～50%，因此应重视其计算。

为了简化计算，提高工效，可以把所有的各种费用都折算成一定的系数计入到报价中去，计算出直接费后再乘以这个系数就可以得出总报价了。

工程报价计算出来以后，可用多种方法进行复核和综合分析，然后认真详细地分析风险、利润、报价让步的最大限度，而后参照各种信息资料以及预测的竞争对手情况，最终确定实际报价。

3.4.2 投标报价的构成

3.4.2.1 工程报价的构成

国内工程投标报价的组成和国际工程的投标报价基本相同，但每项费用的内容及对项目分类稍有不同，投标报价的费用组成与现行概（预）算文件中的费用构成基本一致，主要有直接费、间接费、企业利润、税金以及不可预见费等。但投标报价与概（预）算是有区别的。工程概（预）算文件必须按照国家有关规定编制，尤其是各种费用的计算，而投标报价则可根据本企业实际情况进行计算，更能体现企业的实际水平。

1. 直接费

直接费由直接工程费和措施费组成。直接工程费是指在工程施工中耗费的构成工程实体上的各项费用，包括人工费、材料费和施工机械使用费。措施费是指为完成工程项目施工，发生于该工程施工前和施工过程中非工程实体项目的费用。

2. 间接费

间接费指组织和管理工程施工所需的各项费用，由规费和企业管理费组成。规费是指政府有关权力部门规定必须缴纳的费用，企业管理费是指施工企业组织施工生产和经营管理所需的费用。

3. 企业利润和税金

企业利润和税金是指按照国家有关部门的规定，工程施工企业在承担施工任务时应计取的利润，以及按规定应计入工程造价内的营业税、城市维护建设税和教育费附加。

4. 不可预见费

不可预见费可由风险因素分析予以确定，一般在投标时按工程总造价的3%～5%来考虑。

3.4.2.2 工程投标报价计算的依据

工程投标报价计算的依据包括：①招标文件，包括工程范围、质量、工期要求等；②施工图设计图纸和说明书、工程量清单；③施工组织设计；④现行的国家、地方的概算指标或定额、预算定额、取费标准、税金等；⑤材料预算价格、材差计算的有关规定；⑥工程量计算的规则；⑦施工现场条件；⑧各种资源的市场信息及企业消耗标准或历史数据等。

3.4.3 投标报价的编制

3.4.3.1 工程量清单计价模式下的报价编制

依据招标人在招标文件中提供的工程量清单及《建设工程工程量清单计价规范》(GB 50500—2013)进行投标报价。

1. 工程量清单计价的投标报价的构成

工程量清单计价的投标报价应包括按招标文件规定完成工程量清单所列项目的全部费用，包括分部分项工程费、措施项目费、其他项目费、规费和税金等，即

工程报价 = 分部分项工程费 + 措施项目费 + 其他项目费 + 规费 + 税金

2. 工程量清单应采用综合单价计价

综合单价指完成一个规定计量单位的工程所需的人工费、材料费、机械使用费、管理费和利润，并考虑风险因素。

(1)分部分项工程费。该费用是指完成“分部分项工程量清单”项目所需的工程费用。投标人根据企业自身的技术水平、管理水平和市场情况填报分部分项工程量清单计价表中每个分项的综合单价，每个分项的工程数量与综合单价的乘积即为合价，再将合价汇总就是分部分项工程费。

(2)措施项目费用。该费用是指为完成工程项目施工，发生于该工程施工前和施工过程中技术、生活、安全等方面的非工程实体项目所需的费用。

3.4.3.2 定额计价方式下投标报价的编制

定额计价方式下投标报价一般采用预算定额来编制，即按照定额规定的分部分项工程子目逐项计算工程量，套用预算定额基价或当时当地的市场价格确定直接费，然后套用费用定额计取各项费用，最后汇总形成初步的标价。

3.4.4 投标报价的技巧

由算标人员算出初步的标价之后，应当对这个报价进行多方面的分析和评估，其目的是分析标价的经济合理性，以便作出最终报价决策。标价的分析与评估应从以下几个方面进行。

3.4.4.1 标价的宏观审核分析

标价的宏观审核是依据长期的工程实践中积累的大量的经验数据，用类比的方法，从宏观上判断计算标价水平的高低和合理性，因此可采用下列宏观指标和评审方法。

(1)分项统计计算书中的汇总数据，并计算其比例指标。一般房屋建筑工程：①统计建筑物总面积与各单项建筑物面积；②统计材料费总价及各主要材料数量和分类总价，计算单位面积的总材料费用指标和各主要材料消耗指标及费用指标，计算材料费占标价的比重；③统计总劳务费及主要生产工人、辅助工人和管理人员的数量，算出单位建筑面积的用工数和劳务费，并算出按规定工期完成工程时生产工人和全员的平均人月产值和人年产值，计算劳务费占总标价的比重；④统计临时工程费用、机械设备使用费及模板脚手

架和工具等费用,计算它们占总标价的比重;⑤统计各类管理费用,计算它们占总标价的比重,特别是计划利润、贷款利息的总数和所占比例。

(2)分析各类指标及其比例关系,从宏观上分析标价结构的合理性。例如,分析总直接费和总管理费的比例关系,劳务费和材料费的比例关系,临时设施和机具设备费与总的直接费用的比例关系,利润、流动资金及其利息与总标价的比例关系等。承包过类似工程的有经验的承包人不难从这些比例关系判断标价的构成是否基本合理。如果发现有不合理的部分,应当初步探讨其原因。首先研究本工程与其他类似工程是否存在某些不可比因素,如果考虑了不可比因素的影响后,仍存在不合理的情况,就应当深入探索其原因,并考虑调整某些基价、定额或分摊系数的合理性。

(3)探讨上述平均人月产值和人年产值的合理性和实现的可能性。如果从本公司的实践经验角度判断这些指标过高或过低,就应当考虑所采用定额的合理性。

(4)参照同类工程的经验,扣除不可比因素后,分析单位工程价格及用工、用料量的合理性。

(5)从上述宏观分析得出初步印象后,对明显不合理的标价构成部分进行微观方面的分析检查。重点是在提高工效、改变施工方案、降低材料设备价格和节约管理费用等方面提出可行措施,并修正初步计算标价。

3.4.4.2　标价的动态分析

标价的动态分析是假定某些因素发生变化,测算标价的变化幅度,特别是这些变化对工程计划利润的影响。

(1)工期延误的影响。由于承包人自身的原因,如材料设备交货拖延、管理不善造成工程延误、质量问题造成返工等,承包人可能会增大管理费、劳务费、机械使用费以及占用的资金及利息,这些费用的增加不可能通过索赔得到补偿,而且会导致误期罚款。一般情况下,可以测算工期延长某一段区间上述各种费用增大的数额及其占总标价的比率。这种增大的开支部分只能用风险费和计划利润来弥补。因此,可以通过多次测算得知工期拖延多久利润将全都丧失。

(2)物价和工资上涨的影响。通过调整标价计算中材料设备和工资上涨系数,测算其对工程计划利润的影响,同时调查工程物资和工资的升降趋势及幅度,合理判断分析,得知投标计划利润对物价和工资上涨因素的承受能力。

(3)其他可变因素的影响。影响标价的可变因素很多,而有些是投标人无法控制的,如贷款利率的变化、政策法规的变化等。通过分析这些可变因素的变化,可以了解投标项目计划利润的受影响程度。

3.4.4.3　标价的盈亏分析

初步计算标价经过宏观审核与进一步分析检查,可能对某些分项的单价作必要的调整,然后形成基础标价,再经盈亏分析,提出可能的低标价和高标价,供投标报价决策时选择。盈亏分析包括盈余分析和亏损分析两个方面。

1. 盈余分析

盈余分析是从标价组成的各个方面挖掘潜力、节约开支,计算出基础标价可能降低的数额,即所谓挖潜盈余,进而算出低标价。盈余分析主要从下列几个方面进行:①定额和效率，即工料、机械台班消耗定额以及人工、机械效率分析；②价格分析，即对劳务、材料设备、施工机械台班价格三方面进行分析；③费用分析，即对管理费、临时设施费等方面逐项分析；④其他方面分析，如对流动资金与贷款利息，保险费、维修费等方面逐项复核，找出有潜可挖之处。

考虑到挖潜不可能百分之百实现，尚需乘以一定的修正系数(一般取0.5～0.7)，据此求出可能的低标价，即

低标价＝基础标价－挖潜盈余×修正系数

2. 亏损分析

亏损分析是分析在算标时由于对未来施工过程中可能出现的不利因素考虑不周和估计不足，可能产生的费用增加和损失。亏损分析主要从以下几个方面进行：①人工、材料、机械设备价格；②自然条件；③管理不善造成质量、工作效率等问题；④建设单位、监理工程师方面的问题；⑤管理费失控。

以上分析估计出的亏损额，同样乘以修正系数(0.5～0.7)，并据此求出可能的高标价，即

高标价＝基础标价＋估计亏损×修正系数

3.4.4.4 报价的技巧

报价的技巧研究其实是在保证工程质量与工期条件下，为了中标并获得期望的效益，投标程序全过程几乎都要研究投标报价技巧问题。

1. 不平衡报价

不平衡报价是指在总价基本确定的前提下，调整内部各个子项的报价，以期既不影响总报价，又在中标后投标人可尽早收回垫支于工程中的资金和获取较好的经济效益，但要注意避免畸高畸低现象，失去中标机会。通常采用的不平衡报价有下列几种情况：

(1)对能早期结账收回工程款的项目(如土方、基础等)的单价可报以较高价，以利于资金周转，对后期项目(如装饰、电气设备安装等)单价可适当降低。

(2)估计今后工程量可能增加的项目，其单价可提高，而工程量可能减少的项目，其单价可降低。

但上述两点要统筹考虑。对于工程量有误的早期工程，如不可能完成工程量表中的数量，则不能盲目抬高单价，需要具体分析后再确定。

(3)图纸内容不明确或有错误，估计修改后工程量要增加的，其单价可提高；而工程内容不明确的，其单价可降低。

(4)没有工程量只填报单价的项目(如疏浚工程中的开挖淤泥工作等)，其单价宜高。这样，既不影响总的投标报价，又可多获利。

(5)对于暂定项目，其实施可能性大的项目，价格可定高价；估计该工程不一定实施的可定低价。

2. 零星用工(计日工)

零星用工(计日工)一般可稍高于工程单价表中的工资单价，之所以这样做是因为零星用工不属于承包有效合同总价的范围，发生时实报实销，也可多获利。

3. 多方案报价法

多方案报价法是利用工程说明书或合同条款不够明确之处，以争取达到修改工程说明书和合同为目的的一种报价方法。当工程说明书或合同条款有些不够明确之处时，往往使投标人承担较大风险。为了减少风险就必须提高工程单价，增加不可预见费，但这样做又会因报价过高而增加被淘汰的可能性。多方案报价法就是为对付这种两难局面而出现的。

其具体做法是：在标书上报两价目单价，一是按原工程说明书合同条款报一个价，二是加以注解，例如工程说明书或合同条款可作某些改变时，则可降低多少的费用，使报价成为最低，以吸引业主修改说明书和合同条款。还有一种方法是对工程中一部分没有把握的工作，注明按成本加若干酬金结算的办法。但是如有规定，政府工程合同的方案是不容许改动的，这个方法就不能使用。

4. 增加建议方案

有时招标文件中规定，可以提一个建议方案，即可以修改原设计方案，提出投标者的方案。投标人这时应抓住机会，组织一批有经验的设计和施工工程师，对原招标文件的设计和施工方案仔细研究，提出更合理的方案以吸引业主，促成自己的方案中标。这种新的建议方案可以降低总造价或提前竣工或使工程运用更合理，但要注意的是对原招标方案一定也要报价，以供业主比较。增加建议方案时，不要将方案写得太具体，保留方案的关键技术，防止业主将此方案交给其他承包商，同时要强调的是，建议方案一定要比较成熟，或过去有实践经验，因为投标时间不长，如果仅为中标而匆忙提出一些没有把握的方案，可能引起后患。

5. 突然降价法

报价是一件保密的工作，但是对手往往通过各种渠道、手段来刺探情况，因此在报价时可以采取迷惑对方的手法，即先按一般情况报价或表现出自己对该工程兴趣不大，到快投标截止时，再突然降价。如鲁布革水电站引水系统工程招标时，日本大成公司知道自己的主要竞争对手是前田公司，因而在临近开标前把总报价突然降低 8.04%，取得最低标，为以后中标打下基础。

采用这种方法时，一定要在准备投标报价的过程中考虑好降价的幅度，在临近投标截止日期前，根据情报信息与分析判断，再作最后决策。

如果由于采用突然降价法而中标，因为开标只降总价，在签订合同后可采用不平衡报价的思想调整工程量表内的各项单价或价格，以期取得更高的效益。

6. 先亏后盈法

有的承包商，为了打进某一地区，依靠国家、某财团或自身的雄厚资本实力，而采取一种不惜代价，只求中标的低价投标方案。应用这种手法的承包商必须有较好的资信条件，并且提出的施工方案也是先进可行的，同时要加强对公司情况的宣传，否则即使低标价，也不一定被业主选中。

7. 开口升级法

将工程中的一些风险大、花钱多的分项工程或工作抛开，仅在报价单中注明，由双方再度商讨决定。这样大大降低了报价，用最低价吸引业主，取得与业主商谈的机会，而在议价谈判和合同谈判中逐渐提高报价。

8. 无利润算标

缺乏竞争优势的承包商，在不得已的情况下，只好在算标中根本不考虑利润去夺标。这种办法一般是处于以下条件时采用：①有可能在得标后，将大部分工程分包给索价较低的一些分包商；②对于分期建设的项目，先以低价获得首期工程，而后赢得机会创造第二期工程中的竞争优势，并在以后的实施中赚得利润；③较长时间内，承包商没有在建的工程项目，如果再不得标，就难以维持生存。因此，虽然本工程无利可图，只要能有一定的管理费维持公司的日常运转，就可设法度过暂时困难，以图将来东山再起。

投标报价的技巧还可以再举出一些。聪明的承包商在多次投标和施工中还会摸索总结出对付各种情况的经验，并不断丰富完善。国际上知名的大型工程公司，都有自己的投标策略和编标技巧，属于其商业机密，一般不会见诸公开刊物。承包商只有通过自己的实践，积累经验、总结过去，才能不断提高自己的编标报价水平。

【阅读材料】

国际工程投标书

致：__________先生（女士）们

(1) 经研究上述指定工程施工的图纸、合同条件、说明书和建筑工程清单之后，我们作为签署人愿按照上述图纸、合同条件、说明书和建筑工程清单，按____（英镑）的金额，或按上述条件所确定的任何其他金额，承担上述整个工程的施工、建成和维护。

(2) 我们保证，如果我们的投标被接受，将在接到工程师的开工命令后的____天内开始本工程施工，并从上述本工程开工期限的最后一天算起，在____天内，建成并交付使用本合同中规定的整个工程。

(3) 如果我们的投标被接受，如有需要，我们将取得一家保险公司或银行的担保或是提供两名合适而殷实的担保人（须经你们认可），同我们一起负有连带责任地承担义务，按不超过上述指定金额10%的金额，根据须经你们认可的保证书条件，担保照章履行合同。

(4) 我们同意在从规定的收到投标之日起的____天内遵守本投标，在此期限届满之前，本投标将始终对我们具有约束力并可随时被接受。

(5) 直到制订并签署了一项正式协议为止，本投标连同你们对其的书面接受，将成为我们双方之间具有约束力的合同。

(6) 我们理解你们并无义务必须接受你们所收到的价格最低的或其他任何投标。

年　月　日签

签名______以____________资格经正式授权并代表________签署投标

（用印刷体大写）

证人

地址

职业

【综合应用案例】

某市工业蒸汽锅炉房土建工程投标书

第一部分　商务标

一、投标函

致某市热力总公司：

(1)根据已收到贵方的某市工业蒸汽锅炉房土建工程的招标文件，遵照《中华人民共和国招标投标法》等有关规定，我单位经考察现场和研究上述招标文件的投标人须知、合同条款、图纸及其他有关文件后，我方愿按有图纸的工程以人民币柒佰贰拾陆万元，没有图纸的工程以优惠率10.5%的投标报价，并按上述图纸、合同条款、技术规范的条件要求承包上述工程的施工、竣工并修补任何缺陷。

(2)我方已详细审阅全部招标文件，包括修改文件及有关附件，我方完全知道必须放弃提出含糊不清或误解的权力。

(3)我方承认投标函附表是我方投标函的组成部分。

(4)一旦我方中标，愿提交中标价的5%履约保证金，并承担中标服务费，我方保证在合同专用条款中规定的开工日期开始施工，并在合同专用条款中规定的预计竣工日期完成和交付全部工程，共计148日历天内竣工并移交全部工程。

(5)我方同意所递交的投标文件在招标文件规定的投标有效期内有效，在此期间我方投标有可能中标，我方将受此约束。

(6)贵方的中标通知书和本投标文件将构成约束我们双方的合同的一部分。

投标人(盖章)：某安装有限公司

法人或授权委托人(签字和盖章)：李××

日期:2013年12月16日

二、法人代表授权书

本授权委托书声明：我李××系某安装有限公司的法定代表人，现授权委托某安装有限公司的王×为公司代理人，以本公司的名义参加某市工业蒸汽锅炉房土建工程的投标活动。代理人在开标、评标、合同谈判过程中所签署的一切文件和处理与之有关的一切事务，我均予以承认。

代理人无转委托权，特此证明。

投标人(公章)：

法定代表人(签名)：李××

授权代理人(签名)：王×

日期:2013年12月16日

三、投标文件汇总表

投标文件汇总表见表3-4。

表 3-4　投标文件汇总表

<table>
<tr><td>工程名称</td><td colspan="6">某市工业蒸汽锅炉房土建工程</td></tr>
<tr><td>投标人</td><td colspan="6">某安装有限公司</td></tr>
<tr><td>投标报价(有图纸部分,除去安全文明施工增加费)</td><td colspan="6">大写:柒佰贰拾陆万元　小写:726 万元</td></tr>
<tr><td>安全文明施工增加费</td><td colspan="6">大写:壹拾伍万元　小写:15 万元</td></tr>
<tr><td>优惠比率(无图纸部分,安全文明施工增加费不在优惠范围内)</td><td colspan="6">10.5%</td></tr>
<tr><td>对农民工工资保障金承诺</td><td colspan="6">如我方中标,愿按中标价的 0.75% 提取农民工工资保障金</td></tr>
<tr><td>投标工期</td><td colspan="2">148 日历天</td><td colspan="2">投标质量等级</td><td colspan="2">优良</td></tr>
<tr><td>安全目标</td><td colspan="2">无安全事故</td><td colspan="2">文明工地目标</td><td colspan="2">省级文明工地</td></tr>
<tr><td>项目经理</td><td>王×</td><td colspan="2">级别</td><td>一级</td><td>编号</td><td>0002</td></tr>
<tr><td>备注</td><td colspan="6"></td></tr>
</table>

投标人(盖章):某安装有限公司

法定代表人(盖章):李××

日期:2013 年 12 月 16 日

四、投标预算书

本工程有图纸部分按工程量清单计价方式计价,按《建设工程工程量清单计价规范》(GB 50500—2013)格式编写工程预算书,由如下内容组成:

(1)封面;

(2)投标总价;

(3)工程项目总价表;

(4)单项工程费汇总表;

(5)单位工程费汇总表;

(6)分部分项工程量清单计价表;

(7)措施项目清单计价表;

(8)其他项目清单计价表;

(9)零星工作项目计价表;

(10)设备清单计价表;

(11)分部分项工程量清单综合单价分析表;

(12)措施项目费分析计算表;

(13)规费分析计算表;

(14)主要材料价格表。

五、投标保证金交付证明

投标担保书

致某市热力总公司：

根据本担保书，某安装有限公司作为委托人（投标人）和中国建设银行（担保人）共同向某市热力总公司（招标人）承担支付 800 000.00 元（大写：捌拾万元）的责任，投标人和担保人均受本担保书的约束。

鉴于投标人于 2013 年 12 月 16 日参加招标人的某市工业蒸汽锅炉房土建工程的投标，本担保人愿为投标人提供投标担保。

本担保书的条件是：

投标人在投标有效期内收到你方的中标通知书后：

（1）不能或拒绝按投标人须知的要求签署合同协议书。

（2）不能或拒绝按投标人须知的规定提交履约保证金。只要你方指明产生上述任何一种情况的条件时，本担保人在接到你方以书面形式的要求后，即向你方支付上述全部款额，无须你方提出充分证据证明其要求。

本担保人不承担支付下述金额的责任：

（1）大于本担保书规定的金额。

（2）大于投标人投标价与招标人中标价之间的差额的金额。

担保人在此确认，本担保书责任在投标有效期或延长的投标有效期满后 28 天内有效，若延长投标有效期无须通知本担保人，但任何索款要求应在上述投标有效期内送达本担保人。

担保人：（盖章）

法定代表人或委托代理人：（签字或盖章）

年　月　日

六、投标人资格及证明文件

按照招标文件中有关投标资格的要求提供盖有企业印章的文件、证照复印件或影印件，它们一般包括企业法人营业执照、资质证书和年检、安全生产许可证、质量管理体系认证书、环境管理体系认证书、职业健康安全管理体系认证书、企业资信等级证书影印件。

七、服务、保修及优惠承诺

服务、保修及优惠承诺见表 3-5。

表 3-5　服务、保修及优惠承诺表

招标人	某安装有限公司
承诺内容： 1. 保证工程款专款专用的承诺 若我公司中标，我公司准备足够的工程流动资金，确保中标后及时进驻工地，我公司保证本工程款专款专用，在业主资金暂不到位的情况下连续施工，不影响工期，确保本工程在业主要求和我方承诺的时间内交付使用，使业主满意。	

续表 3-5

2. 保修服务承诺

尊敬的业主：

首先感谢能给我机会为您服务。作为专业的建筑施工企业，我单位有着良好的事业基础和社会声誉，就贵方的本工程而言，能够参与是我方的荣幸，也是贵方对我们工作的支持和肯定。如若我方有幸中标，项目竣工后，我们将以一流的售后服务来继续为您服务。

按照《建设工程质量管理条例》规定的保修期限，自建设单位竣工验收合格之日起计算。

按照《房屋建筑工程质量保修办法》的有关规定，属施工质量问题，保修费用由责任单位承担。

在保修期内，我们将组成以现场施工项目工程师为首的留守小组，随时处理现场事务，无偿为您培训专业人员和进行业务指导，这是我们应尽的义务，更是我们的责任。在此期间，可以按合同有关条款留部分工程款作为保证金，同时这也是对我方服务的一种约束。

保修期过后，如无特殊情况，我方将撤回留守人员，但这并不代表我们为您服务的结束。以后每半年我们都将会有公司人员去贵处定期回访，希望您能把工程质量和服务质量的有关信息及时反馈给我们，以便我方能把工作做得更好。只要贵方需要，我们保证随叫随到，优质服务。

用户至上，始终是我们的经营宗旨。

3. 工期承诺

若我公司中标，我单位保证在 148 日历天内完成并提交整个工程。如由于我方原因造成的工期延误，愿以每天 1 000 元人民币接受业主处罚。

4. 农民工工资保障金承诺及其他承诺

(1)若我公司中标，我方承诺愿按中标价的 0.75% 提取农民工工资保障金，并及时按月足额发放农民工工资，保证没有拖欠和克扣农民工工资的现象。

(2)若我公司中标，我方承诺保证投入本工程的主要人员保持相对稳定，若需要更换，必须先征得招标人的同意，更换人员必须具备有同等条件，并且更换的人数不得超过投标文件中项目部人员的 1/5。

(3)若我公司中标，我公司承诺保证在农忙季节和法定节假日正常施工，确保工期如期完成。

(4)若我公司中标，我方承诺中标后积极协助业主办理本工程相关的手续。

(5)工程质量保修期在招标文件规定的基础上再延长半年。

法人或授权委托人：(签字和盖章)

投标人(盖章)：某安装有限公司

日期：2013 年 12 月 16 日

第二部分　技术标

一、投标人实力、业绩

近 3 年企业获得的鲁班奖、各地各级别优质证书、各级优秀建筑企业证书影印件。

(一)企业 2011 年以来承建类似工程业绩

企业 2011 年以来承建类似工程业绩见表 3-6。

表 3-6　企业综合业绩

建设单位	工程名称	规模	结构类型	开、竣工日期	2011～2013 年已完成	合同履约
三木集团	热电厂工程	14 200 m^2	框架	2011.10～2012.12	中原杯	良好
⋮						
某大学	高层住宅	18 000 m^2	框架	2013.01～2014.05	在建	良好

（二）拟完成本工程的技术力量

拟用于本工程的项目管理班子配备情况见表 3-7。

表 3-7　本工程的项目管理班子配备情况

职务	姓名	职称	上岗资格证明				已承担的类似工程情况
			证书名称	级别	证号	专业	主要项目名称
项目经理	王××	工程师	项目经理证	一级	2102121	土建	三木热电厂
技术负责人	李××	高级工程师	高级工程师证	高级	0479×××	施工	现代生活广场
设备负责人	陈××	工程师	工程师证	中级	X32022368030	电气	防疫站办公楼
装饰工程师	王××	工程师	工程师证	中级	X320223196204	装饰	解放路燃气站
质量员	伍××	工程师	质量员证	中级	施字第 94501	土建	防疫站办公楼
施工员	张××	工程师	施工员证	中级	施字第 94521	安装	农业研究所实验楼
安全员	刘××	助理工程师	安全员证	初级	施字第 94503		防疫站办公楼
材料员	张××	技术员	材料员证		施字第 94556		解放路燃气站
预算员	刘××	工程师	造价师证		B20023		防疫站办公楼
资料员	尹××	助理工程师	资料员证	初级	施字第 94524		农业研究所实验楼

拟派项目经理工作简历见表 3-8。

表 3-8　拟派项目经理工作简历

<table>
<tr><td>姓名</td><td colspan="2">王××</td><td>性别</td><td>男</td><td colspan="2">年龄</td><td>53</td></tr>
<tr><td>职务</td><td colspan="2">分公司经理</td><td>职称</td><td>工程师</td><td colspan="2">学历</td><td>大专</td></tr>
<tr><td colspan="2">工作时间</td><td>1986 年</td><td colspan="3">从事项目经理年限</td><td colspan="2">16 年</td></tr>
<tr><td colspan="3">项目经理资格证书编号</td><td colspan="5">2102121</td></tr>
</table>

在建和已完工程项目情况

建设单位	项目名称	建设规模	开、竣工日期	在建或已完	工程质量
热力总公司	供热中继泵站	11 200 m^2	2010.07～2011.07	已完	合格
三木集团	热电厂一期工程	14 200 m^2	2011.10～2012.11	已完	优良

拟派项目技术负责人工作简历见表3-9。

表3-9　拟派项目技术负责人工作简历

姓名	李××		性别	男		年龄	53岁
职务	技术负责人		职称	高级工程师		学历	本科
参加工作时间	1987年	从事技术负责人年限				20年	
资格证书编号		0479×××					
在建和已完成工程项目情况							
建设单位	项目名称		建设规模	开、竣工日期		在建或已完	工程质量
石油分公司	解放路燃气站		9 200 m^2	2011.04~2011.07		已完	合格
三木集团	热电厂一期工程		14 200 m^2	2011.10~2012.11		已完	优良

二、施工组织设计

(1)工程概况及施工部署。

(2)施工准备。

(3)施工方案。

(4)劳动力计划及主要施工机械配备。

(5)确保工程质量的技术组织措施。

(6)确保工期的技术组织措施。

(7)确保安全、文明施工的技术组织措施。

(8)施工总进度计划。

(9)施工总平面布置。

(10)降低成本、提高质量的合理化建议。

小　结

建设工程投标是建筑企业在建设市场中获取工程建设任务的主要方式。建设工程投标是指投标人根据所掌握的信息,按照招标人要求参与竞争,以获得建设工程承包权的法律活动。

建设工程投标应按预定的程序进行,建设工程投标活动的一般程序包括:①投标决策;②成立投标组织;③参加资格预审,并购买标书;④参加现场踏勘和招标预备会;⑤进行技术环境和市场环境调查;⑥编制施工组织设计;⑦编制并审核施工图预算;⑧报价决策;⑨标书成稿;⑩标书装订和封包;⑪递交标书,参加开标会议;⑫接到中标通知书后,与建设单位签订合同。

投标决策是指投标人对是否投标、投标哪些项目,是以高价投标还是以低价投标的决策过程。投标决策是综合了经验、技术、智慧、信息等多方资源进行的活动,所以收集和掌握有关招标项目的情报和信息，对于做好投标准备工作意义重大。投标决策时，应遵循可行性、可靠性、盈利性、审慎性和灵活性的原则。选择投标对象的策略有定性分析法和定量分析法，定量分析法有综合分析法、期望值法、决策树法等。

投标文件是建设工程投标人阐述自己响应招标文件要求，旨在向招标人提出愿意订立合同的意思表示，是投标人确定、修改和解释有关投标事项的各种书面表达形式的统称。投标文件内容包括投标函、投标书附录、投标保证金、法定代表人资格证明书、授权委托书、工程量清单与报价表、辅助资料表、资格审查表、协议条款内容、施工组织设计、其他资料等。投标文件的编制步骤包括：①接受资格预审；②报价准备；③施工组织设计；④价格估算；⑤单价分析；⑥投标报价决策。

工程报价是投标工作的核心，投标报价必须严格贯彻执行国家的有关政策和方针，符合国家的法律、法规和公共利益，符合等价有偿的原则，准确地反映工程价格。影响投标报价计算的因素有工程量、单价、其他费用等。工程报价的构成主要有直接费、间接费、企业利润、税金以及不可预见费等。投标报价的编制方法有：①工程量清单计价模式；②定额计价方式。标价的分析与评估应从以下几个方面进行：①标价的宏观审核分析；②标价的动态分析；③标价的盈亏分析；④报价的技巧。建设工程施工投标报价的主要技巧有突然降价法、开口升级法、多方案报价法、不平衡报价法等。

建设工程投标文件的内容应当包括拟派出的项目负责人与主要技术人员的简历、业绩和拟用于完成投标项目的机械设备等。通常分为商务标、技术标和价格标三部分。

习　题

1. 名词解释

①投标；②投标文件；③施工组织设计；④投标决策；⑤投标报价；⑥期望值法；⑦决策树法；⑧定性分析法；⑨定量分析法；⑩工程量清单计价模式；⑪定额计价方式。

2. 单选题

(1)以下关于工程量清单说法不正确的是(　　)。

A. 工程量清单应以表格形式表现　　B. 工程量清单是招标文件的组成部分

C. 工程量清单可由招标人编制　　D. 工程量清单是由投标人提供的文件

(2)投标保证金一般不得超过招标项目估算价的(　　)。

A. 1%　　B. 2%　　C. 3%　　D. 5%

(3)提交投标文件的投标人少于(　　)个的，招标人应当依法重新招标。

A. 1　　B. 3　　C. 5　　D. 7

(4)投标文件应当载明投标有效期，投标有效期从(　　)起计算。

A. 发布招标公告　　B. 发售招标文件

C. 提交投标文件截止日　　D. 投标报名

(5)投标人撤回已提交的投标文件，应当在投标截止时间前书面通知招标人，招标人已收取投标保证金的，应当自收到投标人书面撤回通知之日起(　　)日内退还。

A. 1　　B. 3　　C. 5　　D. 7

3. **多选题**

(1)招标人去现场踏勘之前,应仔细研究招标文件中的有关概念的含义和各项要求,特别是招标文件中的(　　)。

A. 工作范围　　B. 专用条款　　C. 工程地质报告

D. 设计图纸　　E. 设计说明

(2)下列(　　)是投标报价的技巧。

A. 不平衡报价法　　B. 突然袭击法　　C. 亏本报价法

D. 增加建议方案法　　E. 多方案报价法

(3)投标报价的编制方法有(　　)。

A. 定额计价法　　B. 估算法　　C. 头脑风暴法

D. 清单计价法　　E. 企业法

(4)影响投标决策的因素有(　　)。

A. 技术方面的实力　　B. 经济实力　　C. 管理水平

D. 信誉　　E. 投标报价

(5)投标时投标人应该根据自己的经济实力和管理水平作出(　　)的选择。

A. 投风险标　　B. 投保险标　　C. 投盈利标

D. 投保本标　　E. 不定

4. **简答题**

(1)建设工程投标活动的程序有哪些?

(2)投标决策有哪些方法?

(3)投标决策时应遵循哪些原则?

(4)施工投标文件应包括哪些内容?

(5)影响投标报价计算的因素有哪些?

(6)何为不平衡报价法? 其常见的调整方向有哪些?

(7)简述投标文件编制的一般要求与步骤。

(8)简述技术标编制的要求。

5. **案例分析**

(1)2008 年 5 月,某污水处理厂为了进行技术改造,决定对污水设备的设计、安装、施工等一揽子工程进行招标。考虑到该项目的一些特殊专业要求,招标人决定采用邀请招标的方式,随后向具备承包条件而且施工经验丰富的 A、B、C 三家承包人发出投标邀请。A、B、C 三家承包单位均接受了邀请并在规定的时间、地点领取了招标文件,招标文件对新型污水设备的设计要求、设计标准等基本内容都作了明确的规定。为了把项目搞好,招标人还根据项目要求的特殊性,主持了项目答疑会,对设计的技术要求作了进一步的解释说明,3 家投标单位都如期参加了这次答疑会。在投标截止日期前 10 天,招标人书面通知各投标单位,由于某种原因,决定将安装工程从原招标范围内删除。之后三家投标单位都按规定时间提交了招标文件。但投标单位 A 在送出投标文件后发现由于对招标文件的技术要求理解错误造成了报价估算有较严重的失误,于是在投标截止时间前 10 分钟向招标人递交了一份书面声明,要求撤回已提交的招标文件。由于投标单位 A 已撤回投标文件，在剩下的B、C两家投标单位中，通过评标委员会专家的综合评价，最终选择了投标单位B为中标单位。

问题：

①投标单位A提出的撤回投标文件的要求是否合理？为什么？

②从所介绍的背景资料来看，在该项目的招标过程中哪些方面不符合《招标投标法》的有关规定？

(2)某建设工程项目依法必须公开招标，项目初步设计及概算已经批准。资金来源尚未落实，设计图纸及技术资料已经能够满足招标需要。考虑到参加投标的施工企业来自各地，招标人委托造价咨询单位编制了两个标底，分别用于对本市和外省市投标人的评标。评标采用经评审的最低投标价法。

招标公告发布后，有10家施工企业参与。资格预审采用合格制。在资格预审阶段，招标人对施工企业组织机构和概况、近三年工程完成情况、目前正在履行的合同情况、资源方面等进行了审查，认定所有单位的资格均符合条件，通过了资格审查。考虑到通过施工审查的施工单位数量较多，招标工作难度较大，招标人邀请了其中5家参加投标。

某投标人收到招标文件后，分别于第5日和第10日对招标文件中的几处疑问以书面形式向招标单位提出。招标人以超过了招标文件中约定的提出疑问的截止时间为由拒绝说明。

招标过程中，因了解到招标人对本市和外省市的投标单位区别对待，3家购买招标文件的外省市企业退出了投标。招标人经研究，决定招标继续进行。某投标人在递交投标文件后，在招标文件规定的投标截止时间前，对投标文件进行了补充、修改并送达招标人。招标人拒绝受理该投标人对其投标文件的补充、修改。

问题：

请指出本案招标过程中不妥之处，并说明应如何处理。

【综合实训】

某建设工程项目投标文件编制

1. 实训目标

结合本模块和模块2学习的内容，对应模块2综合实训完成的招标文件编制对应的投标文件。让学生对投标文件有一个完整的概念，同时培养学生之间的组织协调能力以及施工组织设计和预算的编制能力。

2. 实训要求

(1)提供给学生一套完整的招标文件和投标文件进行参考。

(2)将学生按照要求进行分组，对应模块2编制的招标文件完成投标文件的编制。

模块 4　建设工程项目开标、评标和中标

【知识要点】　建设工程项目开标、评标和中标的基本概念；开标、评标、中标程序；评标委员会工作内容及要求；评标方法和定标原则；招标人与中标人法定义务。

【教学目标】　掌握建设工程项目开标、评标及中标程序，项目评标方法和定标原则；熟悉开标、评标和中标的基本概念，招标人与中标人法定义务；了解开标、评标、中标基本要求。

课题 4.1　建设工程项目开标

4.1.1　建设工程项目开标要求

4.1.1.1　开标时间、地点

开标时间应当为招标文件规定的投标截止时间的同一时间或在审查标底后开标，开标应以招标文件规定为准。开标地点通常为工程所在地的建设工程交易中心。开标的时间和地点应在招标文件中明确规定。

4.1.1.2　开标的方式

开标应当公开进行，在符合平等竞争的原则下，使每位投标人都知道自己的报价处于何种位置，其他人的报价有何优势。

4.1.1.3　开标的主持人和参加人

主持人可以是招标人，也可以是招标代理人（招标代理机构的负责人）。除主持人外，参加开标的人员还有投标人、评标人、公证人、监标人、唱标人、记录人等。

4.1.2　建设工程项目开标程序

开标会议由招标主持人主持，应按下列程序进行开标：

（1）投标人出席开标会的代表签到。

（2）开标会议主持人宣布开标会程序、开标会纪律和当场废标的条件。

（3）公布在投标截止时间前递交投标文件的投标人名称，并点名再次确认投标人是否派人到场。

（4）主持人介绍主要与会人员，即宣布到会的开标人、唱标人、记录人、公证人员及监督人员等有关人员的姓名。

（5）按照投标人须知前附表的规定检查所有投标文件的密封情况。

（6）按照投标人须知前附表的规定确定并宣布投标文件的开标顺序。

（7）设有标底的，公布标底。

（8）唱标人依开标顺序依次开标并唱标。

（9）开标会记录签字确认。

（10）主持人宣布开标会结束，投标文件、开标会记录等送封闭评标区封存。

课题 4.2　建设工程项目评标

评标是指依据招标文件的规定和要求，对投标文件所进行的审查、评审和比较，以选出最低评标价的中标人。评标工作是整个招标过程中最为关键、最为敏感、人为因素影响最大的一个环节。评标由招标人授权的评标委员会进行、招标投标管理机构监督。

4.2.1　评标委员会

评标委员会由招标人负责组建，负责评标活动，向招标人推荐中标候选人或者根据招标人的授权直接确定中标人。

4.2.1.1　评标委员会的组成

由招标单位及其上级主管部门，招标投标管理机构，评标的技术、经济专家以及招标投标代理机构等组成评标委员会（或评标小组）。成员人数为 5 人以上单数，其中技术、经济等方面的专家不得少于成员总数的 2/3；成员从事相关领域工作满 8 年；具有高级职称或具有同等专业水平。组成评标委员会的专家成员，由招标人从建设行政主管部门的专家名册或其他指定的专家库内的相关专家名单中随机抽取确定。技术特别复杂、专业性要求特别高或国家有特殊要求的招标项目，上述方式确定的专家成员难以胜任的，可以由招标人直接确定。与投标人有利害关系的人不得进入评标委员会，已进入的应当更换。评标委员会成员有下列情形之一的，不得担任评标委员会成员：

（1）是投标人或其代理人的近亲属。

（2）与投标人有其他社会关系或经济利益关系，可能影响对投标的公正评审的。

（3）项目主管部门直接指挥的行政监督部门的人员。

（4）曾因在招标投标有关活动中从事违法行为而受到行政处罚或刑事处罚的。

4.2.1.2　评标委员会的评标工作内容

根据招标文件中规定的评标标准和评标方法，对所有有效投标文件进行综合评价，写出评标报告，向招标人推荐中标候选人或者直接确定中标人。评标委员会完成评标后，应当向招标人提出书面评标报告。

4.2.1.3　对评标委员会的要求

（1）评标委员会应按照严肃认真、公平公正、科学合理、客观全面、竞争优选、严格保密的原则进行评标，保证所有投标人的合法权益。

（2）评标委员会成员应当客观、公正地履行职务，遵守职业道德，对所提出的评审意见承担个人责任。

（3）评标委员会成员不得私下接触投标人（保密义务），不得收受投标人的财物或者其他好处。

（4）评标委员会成员和参与评标的有关工作人员不得透露对投标文件的评审和比较、中标候选人的推荐情况以及与评标有关的其他情况。

（5）评标委员会可以要求投标人对有效投标文件中含义不明确的地方进行必要的澄

清，但不得超过投标文件记载的范围或改变投标文件的实质性内容。

（6）评标委员会应当按照招标文件确定的评标标准和方法，对投标文件进行评审和比较，设有标底的应当参考标底。

4.2.2 评标程序

4.2.2.1 评标准备

（1）认真研究招标文件。通过认真研究，熟悉招标文件内容：①招标的目标；②招标项目的范围和性质；③招标文件中规定的主要技术要求、标准和商务条款；④招标文件规定的评标标准、评标方法和在评标过程中考虑的相关因素。

（2）招标人向评标委员会提供评标所需的重要信息和数据。

（3）编制评标需用的表格。需要编制的表格有标价比较表、综合评估比较表等。

4.2.2.2 初步评审

初步评审，又称投标文件的符合性鉴定。初步评审主要是研究投标文件的有效性、完整性、一致性等，确保投标文件响应招标文件的要求，剔除法律法规所提出的废标。

（1）认真研究投标文件。通过初评，将投标文件分为响应性投标和非响应性投标两大类。响应性投标是指投标文件的内容与招标文件所规定的要求、条件、合同协议条款和规范等相符，无显著差别或保留，并且按照招标文件的规定提交了投标担保的投标；非响应性投标是指投标文件的内容与招标文件的规定有重大偏差，或者是未按招标文件的规定提交担保的投标。

（2）通过初步评审，响应性投标可以进入详细评标，而非响应性投标则淘汰出局。

（3）投标文件排序。评标委员会应当按照投标报价的高低或者招标文件规定的其他方法对投标文件进行排序。

（4）澄清和补正投标文件中的疑点。

（5）列出投标文件的全部偏差。其中细微偏差是指投标文件实质上响应了招标文件的要求，但在个别地方遗漏或不完整，且补充这些遗漏和不完整不会对其他投标人造成不公平的结果。细微偏差不影响投标文件的有效性。评标委员会应当书面要求存在细微偏差的投标人在评标结束前予以澄清和补正。如同类问题表述不一致、明显的文字和计算错误。拒不补正的，在详细评审时可以对细微偏差作不利于该投标人的量化，量化标准应当在招标文件中规定。

重大偏差则指投标文件未对招标文件实质性回应。重大偏差主要有：①没有按照招标文件要求提供投标担保或者所提供的投标担保有瑕疵；②投标文件没有投标人授权代表的签字和加盖公章；③投标文件载明的招标项目完成期限超过招标文件规定的期限；④明显不符合技术规范、技术标准的要求；⑤投标文件载明的货物包装方式、检验标准和方法等不符合招标文件的要求；⑥未按规定格式填写，内容不全或关键字迹模糊、无法辨认的；⑦投标人递交两份以上内容不同的投标文件，或一份投标文件中有两个以上报价；⑧联合体投标未附联合体各方共同投标协议的；⑨报价明显低于其他报价或标底，不能说明理由或不能提供相关证明材料；⑩不符合招标文件中规定的其他实质性要求。

（6）查处招标投标过程中的违法行为。违法行为主要有：①投标人相互串通投标报价;②投标人之间相互约定抬高或降低投标报价;③投标人之间相互约定,在招标项目中分别以高、中、低价位报价;④投标人之间先进行内部竞价,内定中标人,然后参加投标;⑤投标人之间其他串通投标报价行为。

4.2.2.3 详细评审

详细评审也称为详评,详评是在初评的基础上,根据招标文件规定的评标办法,对投标文件进行进一步评审比较,最终写出评标报告。一个招标项目只能有一个评标办法,评标方法包括综合评估法、综合评议法、单项评议法、最低评标价法、两阶段评标法、经评审的最低投标价法和经评审的最低投标价法。一般采用综合评估法和经评审的最低投标价法。

1. 综合评估法

综合评估法是指评标委员会对各标书需评审的要素进行量化打分,以标书综合分的高低确定中标人的评标方法。招标文件规定若干综合评价标准,将其量化并给予权重。对各投标文件进行综合评分,最大限度满足招标文件的为推荐中标候选人。评审时,评委会对技术标部分和商务标部分分别量化,计算综合评估价(综合评估分),形成“综合评估比较表”。综合评分法的实质是加权积分法,是选择技术方案的实用优选法,该方法适合规模大、技术复杂的综合利用的大中型水利枢纽施工招标项目。

2. 经评审的最低投标价法

经评审的最低投标价法,即评标委员会根据投标人对工程质量、工期、安全文明施工的承诺以及施工组织设计、工程总报价等内容进行综合评议,达不到招标工程要求的,作为无效标处理,直接废除,不进入报价评标。然后对基本合格的标书按照预定的方法将某些评审要素按一定的规则折算为评审价格,再合计到该标书的报价上形成评标价,以评标价最低的推荐为中标人的方法。以评标价最低的标书为最优,评标价仅仅是作为衡量投标人能力高低的量化比较的一个尺度,不是最低投标价,也不是中标价,与中标人签订合同时还是以其投标价格为准。该方法适用范围:具有通用技术、性能标准或者招标人对其技术、性能标准没有特殊要求的招标项目。

4.2.2.4 编写评标报告

评标委员会完成评标后,应当向招标人提出书面评标报告。

(1)评标报告的内容。评标报告应如实记载以下内容:基本情况和数据表、评标委员会成员名单、开标记录、符合要求的投标一览表、废标情况说明、评标标准、评标方法或者评标因素一览表、经评审的价格或者评分比较一览表、经评审的投标人排序、推荐的中标候选人名单与签订合同前要处理的事宜,以及澄清、说明、补正事项纪要等。

(2)中标候选人人数。评标委员会推荐的中标候选人应当限定在1~3人,并标明排列顺序。

(3)评标报告由评标委员会全体成员签字。评标委员会应当对下列情况做出书面说明并记录在案:①对评标结论有异议的评标委员会成员,可以以书面方式阐述其不同意见和理由;②评标委员会成员拒绝在评标报告上签字且不陈述其不同意见和理由的,视为同意评标结论。

课题4.3　建设工程项目中标

4.3.1　中标的基本概念

4.3.1.1　中标

中标亦称决标、定标，是指招标人根据评标委员会的评标报告，在推荐的中标候选人中最后确定中标人。

4.3.1.2　评标中标期限

评标中标期限亦称投标有效期，是指从投标截止之日起到公布中标之日止的一段时间。按照国际惯例，一般为90～120天。我国在施工招标管理办法中规定小型工程不超过10天，大中型工程不超过30天，特殊情况可适当延长。

4.3.2　中标的程序

4.3.2.1　确定中标人

(1)业主自己确定中标人。招标人根据评标委员会提出的书面评标报告，在中标候选人的推荐名单中确定中标人。

(2)业主委托评标委员会确定中标人。招标人也可以通过授权委托评标委员会直接确定中标人。

(3)招标人应当确定排名第一的中标候选人为中标人。排名第一的中标候选人选择放弃中标，因不可抗力因素提出不能履行合同，或者招标文件规定应当提交履约保证金而在规定的期限内未能提交的，招标人可以确定排名第二的中标候选人为中标人。排名第二的中标候选人因前款规定的同样原因不能签订合同的，招标人可以确定排名第三的中标候选人为中标人。

4.3.2.2　发出中标通知书

中标人确定后，招标人应当向中标人发出中标通知书，并同时将中标结果通知所有未中标的投标人。中标通知书发出后，招标人改变中标结果的，或者中标人放弃中标项目的，均应当依法承担法律责任。招标人和中标人应在中标通知书发出起30日内，订立书面合同。

4.3.2.3　招标人与中标人签订书面合同

招标人和中标人应当自中标通知书发出之日起30日内，按照招标文件和中标人的投标文件签订书面合同。

4.3.2.4　招标人将招标投标情况依法备案

依法必须进行招标的项目，招标人应当自确定中标人之日起15日内，向有关行政监督部门提交招标投标情况的书面报告。

4.3.3　招标人与中标人的法定义务

中标人应当按照合同约定履行义务，完成中标项目。中标人不得向他人转让中标项目,也不得将中标项目肢解后分别向他人转让。中标人按照合同约定或者经招标人同意,可以将中标项目的部分非主体、非关键性工作分包给他人完成。接受分包的人应当具备相应的资格条件,并不得再次分包。

小　结

开标是指投标人提交投标文件截止后,招标人依据招标文件中投标人须知前附表规定的时间和地点,开启投标人提交的投标文件,公开宣布投标人的名称、投标价格及投标文件中的其他主要内容的活动。开标会议由招标主持人主持,开标程序包括:①投标人出席开标会的代表签到;②开标会议主持人宣布开标会程序、开标会纪律和当场废标的条件;③公布在投标截止时间前递交投标文件的投标人名称,并点名再次确认投标人是否派人到场;④主持人介绍主要与会人员,即宣布到会的开标人、唱标人、记录人、公证人员及监督人员等有关人员的姓名;⑤按照投标人须知前附表的规定检查所有投标文件的密封情况;⑥按照投标人须知前附表的规定确定并宣布投标文件的开标顺序;⑦设有标底的,公布标底;⑧唱标人依开标顺序依次开标并唱标;⑨开标会记录签字确认;⑩主持人宣布开标会结束,投标文件、开标会记录等送封闭评标区封存。

评标是指评标委员会根据招标文件规定的评标标准和方法,对投标人递交的投标文件进行审查、比较、分析和评判,以确定中标候选人或直接确定中标人的过程。评标委员会由招标人代表和有关技术、经济等方面的专家组成,成员人数为5人以上的单数,其中招标人、招标代理机构以外的技术、经济等方面的专家不得少于成员总数的2/3。专家成员的确定一般应当采取随机抽取的方式,特殊招标项目可以由招标人直接确定,与投标人有利害关系的人不得进入相关工程的评标委员会。评标方法分为综合评估法和经评审的最低投标价两类。评标程序包括评标准备、初步评审、详细评审、编写评标报告等。确定中标人前,招标人不得与投标人就投标价格、投标方案等实质性内容进行谈判。

中标亦称决标、定标,是指招标人根据评标委员会的评标报告,在推荐的中标候选人中最后确定中标人。中标的程序包括:①确定中标人;②发出中标通知书;③招标人与中标人签订书面合同;④招标人将招标投标情况依法备案。中标通知书发出后的30天内,双方应按照招标文件和投标文件订立书面合同,不得作实质性修改。中标人应当按照合同约定履行义务,完成中标项目。

习　题

1. 名词解释

①开标;②评标;③中标;④评标委员会;⑤初评;⑥详评;⑦综合评估法。

2. 单选题

(1)招标人可以(　　)评标委员会直接确定中标人。

A. 批准　　B. 委托　　C. 授权　　D. 指定

(2)中标通知书由(　　)发出。

A. 招标代理机构　B. 招标人　C. 招标投标管理处　D. 评标委员会

(3)资格后审是指在(　　)后对投标人进行的资格审查。

A. 投标　B. 开标　C. 中标　D. 评标

(4)招标人应当采取必要的措施,保证评标在(　　)的情况下进行。

A. 公正　B. 公开　C. 公平　D. 严格保密

(5)评标工作一般按(　　)程序进行。

A. 详细评审、评标报告　B. 初步评审、详细评审

C. 工作准备、评审　D. 工作准备、初步评审、详细评审、评标报告

3. **多选题**

(1)评标委员会负责人可以由(　　)。

A. 政府指定

B. 评标委员会成员推举产生

C. 投标人推举产生

D. 招标人确定

E. 中介机构推荐

(2)《评标委员会和评标方法暂行规定》中规定的投标文件重大偏差包括(　　)。

A. 没有按照招标文件要求提供投标担保

B. 投标文件没有投标人授权代表签字和加盖公章

C. 投标文件载明的招标项目完成期限超过招标文件规定的期限

D. 提供了不完整的技术信息和数据

E. 投标文件附有招标人不能接受的条件

(3)关于细微偏差的说法,正确的选项包括(　　)。

A. 在实质上响应了招标文件要求,但在个别地方存在漏项

B. 在实质上响应了招标文件要求,但提供了不完整的技术信息和数据

C. 补正遗漏会对其他投标人造成不公平的结果

D. 细微偏差不影响投标文件的有效性

E. 细微偏差将导致投标文件成为废标

(4)评标的程序是(　　)。

A. 评标准备工作

B. 初步评审

C. 详细评审

D. 评标后续工作

E. 评标结果

(5)评标活动应遵循(　　)的原则。

A. 公正

B. 公平

C. 科学

D. 发展

E. 择优

4. 简答题

(1)开标程序应包括哪些内容?

(2)评标程序应包括哪些内容?

(3)简述综合评估法和经评审的最低投标价评标法的适用范围和特征。

(4)评标委员会是如何组成的?评标报告包括哪些内容?

(5)中标程序应包括哪些内容?

5. 案例分析

(1)某建设单位准备建一座图书馆,建筑面积5 000 m^2,预算投资400万元,建设工期为10个月。该工程采用公开招标的方式确定承包商。依据《中华人民共和国招标投标法》和《中华人民共和国建筑法》的规定,建设单位编制了招标文件,并向当地的建设行政管理部门提出了招标申请书,得到了批准。但在招标之前,该建设单位就已经与甲公司进行了工程招标沟通,对投标价格、投标方案等实质性内容达成了一致的意向。招标公告发布后,来参加投标的公司有甲、乙、丙三家。按照招标文件规定的时间、地点及投标程序,三家施工单位向建设单位递交了标书。在公开开标的过程中,甲和乙承包单位在施工技术、施工方案、施工力量及投标报价上相差不大,乙公司在总体技术和实力上较甲公司好一些,但定标的结果是甲公司,乙公司很不满意,但最终接受了这个竞标结果。20多天后,一个偶然的机会,乙公司通过甲公司的一名中层管理人员得知该建设单位在招标之前和甲公司已经进行了多次接触,中标条件和标底是双方议定的,参加投标的其他人都蒙在鼓里。对此情节,乙公司认为该建设单位严重违法了法律的有关规定,遂向当地建设行政管理部门举报,要求建设行政管理部门依照职权宣布该招标结果无效。建设行政管理部门经审查,发现乙公司所陈述事实属实,遂宣布本次招标结果无效。

甲公司认为,建设行政管理部门的行为侵犯了甲公司的合法权益,遂起诉至法院,请求法院依法判令被告承担侵权的民事责任,并确认招标结果有效。

问题:①简述建设单位进行施工招标的程序。②通常情况下,招标人和投标人串通投标的行为有哪些表现形式?③按照《招标投标法》的规定,该建设单位应对本次招标承担什么法律责任?

(2)某工程项目决定进行公开招标。招标人在公开的报纸和网络上发布了招标公告,并于7月1日进行了资格预审,通过预审的共有A、B、C、D、E五家企业。7月5~6日,该招标人在指定地点发放招标文件,7月25日上午9:00为投标截止时间。这五家企业均按照规定的时间提交了投标文件。

开标时,招标人邀请了本企业的行政主管部门领导主持,由招标人代表检查标书的密封情况,并在记录表上签字确认,评标专家共7人,其中招标人代表1人、行政主管部门领导2人、评标专家4人。

在评标时发现,A企业的投标文件没有投标人授权代表签字且没有加盖公章,B企业的正副本报价不一致。

经过评审,招标人最终确定D企业为中标人,并与7月28日发出中标通知书,最终双方于9月10日签订了书面合同。

问题:①该项目的招标过程中哪些方面不符合招标投标的相关规定?并说明理由。②判断A、B两家企业的投标是否有效,并说明理由。

【综合实训】

某建设工程项目评标

1. 实训目标

模拟一个完整的开标、评标、定标过程,让学生对整个评标过程有一个初步的认识,同时培养学生之间的组织协调能力以及语言表达能力。

2. 实训要求

(1)给学生提供一套完整的招标文件和投标文件进行参考。

(2)将学生按照要求进行分组,一共分为三大类,即招标人、投标人、评标专家。

(3)要求各小组按照各自的实训任务进行组织。

招标人根据招标文件负责开标会、评标会流程安排,投标人根据招标文件进行投标过程组织,评标专家按照我国相关法律规定进行评标。

第二部分　建设工程合同管理实务

模块5　建设工程合同管理制度

【知识要点】 合同管理的概念及作用；合同法律关系的概念、构成要素、产生、变更与消灭；合同与合同法的概念；合同法的内容、基本原则；合同的订立、效力、履行、变更、转让、终止与违约责任；合同争议的防范及处理；合同的公证与鉴证。

【教学目标】 掌握合同管理、合同法律关系、合同及合同法的基本概念，合同的订立、效力、履行、变更、转让、终止与违约责任；熟悉合同的公证与鉴证，合同争议的防范及处理方法；了解建设工程合同相关的法律体系，合同管理的作用。

课题5.1　建设工程合同管理体系

5.1.1　建设工程合同管理的概念

建设工程合同管理是对建设工程项目中相关合同的策划、签订、履行、变更、索赔和争议解决的管理。它是建设工程项目管理的重要组成部分。

建设工程合同是承发包双方为实现建设工程目标，明确相互责任、权利、义务关系的协议；是承包人进行工程建设，发包人支付价款，控制工程项目质量、进度、投资，进而保证工程建设活动顺利进行的重要法律文件。有效的合同管理是促进参与工程建设各方全面履行合同约定的义务，确保建设目标实现的重要手段。因此，加强合同管理工作对于承包商以及业主都具有重要的意义。

(1)加强建设工程合同管理是市场经济的要求。随着我国市场经济机制的发育和完善，要求政府管理部门打破传统观念的束缚，转变政府职能，更多地应用法律、法规和经济手段调节和管理市场，而不是用行政命令干预市场。承包商作为建设市场的主体，进行建筑生产与管理活动，必须按照市场规律要求，健全和完善内部各项管理制度，其中合同管理制度是其管理制度的关键内容之一。加强建设工程合同的管理，是社会主义市场经济规律的必然要求。

(2)加强建设工程合同管理是规范建设市场各方行为的需要。从建设市场经济活动及交易行为看，工程建设的参与各方缺乏市场经济所必需的法制观念和诚信意识，不正当竞争行为时有发生，承发包双方合同自律行为较差，从而加剧了建设市场经济秩序的混乱。因此，政府行政管理部门必须加强建设工程合同的管理，规范市场主体的交易行为，促进建设市场的健康稳定发展。

5.1.2 合同管理在工程建设中的作用

建设工程合同在建设项目管理过程中正在发挥越来越重要的作用，具体体现在以下几个方面：

(1)合同是建设项目管理的核心。任何一个建设项目的实施，都是通过签订一系列的承发包合同来实现的，业主和承包商可以在建设工程合同环境下调控建设项目的运行状态，通过对合同管理目标责任的分解，规范建设项目管理机构的内部职能，紧密围绕合同条款开展项目管理工作。因此，无论是对承包商的管理，还是对项目业主本身的内部管理，建设工程合同始终是建设项目管理的核心。

(2)建设工程合同是承发包双方履行义务、享有权利的法律基础。为保证建设项目的顺利实施，通过明确承发包双方的职责、权利和义务，合理分摊承发包双方的责任风险，建设工程合同通常界定了承发包双方基本的权利义务关系。建设工程合同中明确约定的各项权利和义务是承发包双方的最高行为准则，是双方履行义务、享有权利的法律基础。

(3)建设工程合同是处理建设项目实施过程中各种争执和纠纷的法律依据。建设项目由于建设周期长、合同金额大、参建单位众多和项目之间接口复杂等特点，在合同履行过程中，业主与承包商之间、不同承包商之间、承包商与分包商之间以及业主与材料供应商之间不可避免地产生各种争执和纠纷。而调节这些争执和纠纷的主要尺度和依据应是承发包双方在合同中事先做出的各种约定和承诺。所以，建设工程合同是处理建设项目实施过程中各种争执和纠纷的法律依据。

课题 5.2 建设工程合同法律关系

任何一份合同都在一定的法律条件下起作用，受到该法律的保护与制约，该法律即被称为合同的法律基础或法律背景。

5.2.1 我国建设工程合同的法律体系

在我国，所有国内工程合同都必须以我国的法律作为基础，这是一个完整的法律体系，它不仅包括法律，还包括各种行政法规；不仅包括建筑(设)领域的，还包括其他领域的法律和法规，如《中华人民共和国税法》《中华人民共和国会计法》《中华人民共和国仲裁法》《中华人民共和国公司法》等。它有如下几个层次：

(1)法律。指由全国人民代表大会及其常务委员会审议通过并颁布的法律，如《中华人民共和国宪法》《中华人民共和国民法通则》《中华人民共和国民事诉讼法》《中华人民共和国合同法》《中华人民共和国仲裁法》《中华人民共和国文物保护法》《中华人民共和国土地管理法》《中华人民共和国建筑法》等。

(2)行政法规。指由国务院依据法律制定和颁布的法规，如《建设工程安全生产管理条例》《建设项目环境保护管理条例》《建设工程质量管理条例》等。

(3)行政性规章。指由住房和城乡建设部或(和)国务院其他主管部门依据法律制定和颁布的各项规章,如《房屋建筑和市政基础设施工程施工招标投标管理办法》《建筑企业资质管理条例》《房屋建筑工程保修办法》等。

(4)地方性法规和地方部门规章。它是法律和行政法规的细化、具体化,如地方的建设市场管理办法、招标投标管理办法等。

下层次(如地方、地方部门)的法规和规章不能违反上层次的法律和行政法规,而行政法规也不能违反法律,上下形成一个统一的法律体系。在不矛盾、不抵触的情况下,在上述体系中,对于一个具体的合同和具体的问题,通常是特殊、详细、具体的规定优先。

5.2.2 合同法律关系

5.2.2.1 法律事实的概念和分类

法律事实是指法律规范所确认的并能引起法律关系产生、变更与消灭的客观情况。这些客观情况多种多样,既可以发生在自然界,也可以发生在人类社会,但不是所有的客观情况都是法律事实,只有能够引起法律关系产生、变更与消灭的客观情况才是法律事实。合同法律关系的产生、变更与消灭必须具备一定的法律事实。法律事实是多种多样的,但主要可以归纳为行为和事件两大类。

(1)行为。指法律关系主体有意识的活动而形成的客观事实。行为包括合法行为和违法行为。合法行为包括经济合法行为、经济司法行为、经济行政行为,比如合同法律关系主体之间签订合同的行为;违法行为包括一般违法行为和严重违法行为。

(2)事件。指不以当事人的意志为转移的客观情况。事件可以分为自然事件、社会事件和意外事件。

5.2.2.2 合同法律关系的概念和构成要素

合同法律关系是指由合同法律规范调整的当事人在民事流转过程中形成的权利义务关系。合同法律关系由法律关系主体、法律关系客体、法律关系内容三个要素构成。

1. 合同法律关系的主体

合同法律关系的主体是指参加合同法律关系,且依法享有权利和承担义务的当事人。任何一项合同法律关系都由两个或两个以上的主体构成,相对而言,一方为权利主体,另一方为义务主体,通常又称为权义主体。合同法律关系的主体包括自然人、法人和其他组织。

(1)自然人。是指基于出生而成为民事法律关系主体的有生命的人。自然人作为合同法律关系的主体应当具有相应的民事权利能力和民事行为能力。

(2)法人。是指具有民事权利能力和民事行为能力,且依法独立享有民事权利和承担民事义务的组织。法人应当具备以下条件:①依法成立;②有必要的财产和经费;③有独立的财产或独立经营管理的财产和活动经费;④有自己的名称、组织机构、固定场所和规章制度。

2. 合同法律关系的客体

合同法律关系的客体是指参加合同法律关系的主体享有的权利和承担的义务所共同

指向的对象。如果没有客体,主体就无目标,所以在法学上把客体又叫标的。合同法律关系的客体包括物、行为和智力成果。

(1)物。是指可为人们控制,具有使用价值和价值的生产资料和消费资料。物可以分为动产和不动产、流通物和限制流通物、特定物和种类物、主物和从物等,其中还应包括货币和有价证券。

(2)行为。是指人的有意识的活动,主要表现为完成工作的行为和提供劳务的行为,比如建设工程的施工、一些产品的加工制作、运输行为、保管行为等。

(3)智力成果。是指通过人的脑力劳动所创造的知识财富,比如专利权、商标专用权、著作权、工业设计权等。

3. 合同法律关系的内容

合同法律关系的内容是指合同约定或法律规定的主体享有的权利和承担的义务。合同法律关系的内容是连接主体和客体的纽带,也是不可缺少的要素之一。

5.2.2.3 合同法律关系的产生、变更与消灭

(1)合同法律关系的产生。指由于一定的客观事实的存在,在合同法律关系主体之间形成一定的权利义务关系,比如建设单位与建筑施工企业之间签订建设工程施工合同,就会形成合同法律关系。

(2)合同法律关系的变更。指合同法律关系形成后,由于一定的客观事实出现而引起合同法律关系的主体、客体、内容的变化,比如主体数目的增减、客体的扩大和缩小、主体权利义务的改变等。

(3)合同法律关系的消灭。指合同法律关系主体之间的权利和义务不复存在。合同法律关系的消灭包括自然消灭、双方协商一致而提前消灭、不可抗力引起的消灭、当事人违约引起的消灭等。

课题 5.3 建设工程合同法律制度

5.3.1 合同与合同法

5.3.1.1 合同的概念

合同即契约,是平等主体的自然人、法人、其他组织之间设立、变更、终止民事权利义务关系的协议。合同作为协议,其本质是一种合意,是两个意思表示一致的民事法律行为。民法中的合同有广义和狭义之分。广义的合同是指两个以上的民事主体之间设立、变更、终止民事权利义务关系的协议;狭义的合同是指债权合同,即两个以上的民事主体之间,设立、变更、终止债权债务关系的协议。广义的合同除民法中债权合同之外,还包括物权合同、身份合同,以及行政法中的行政合同和劳动法中的劳动合同等。《中华人民共和国合同法》(简称《合同法》)中所称的合同,是指狭义上的合同。

5.3.1.2 合同法的概念

合同法是调整平等主体的自然人、法人、其他组织之间在设立、变更、终止合同时所发生的社会关系的法律规范总称。合同法是规范我国社会主义市场交易的基本法律,是民

商法的重要组成部分。

1999 年 3 月 15 日,第九届全国人大第二次会议通过了《中华人民共和国合同法》,于 1999 年 10 月 1 日起施行,原有的三部合同法,即《中华人民共和国经济合同法》《中华人民共和国技术合同法》《中华人民共和国涉外经济合同法》同时废止。

5.3.1.3 《合同法》的内容

《合同法》分总则、分则和附则三部分,共 23 章 428 条。总则规定合同法的原则以及共同适用的规定,由 8 章组成,分别为一般规定、合同的订立、合同的效力、合同的履行、合同的变更和转让、合同的权利义务终止、违约责任、其他规定。分则规定了对合同法所制定的 15 门类列名合同的特殊规定,共由 15 章组成,分别为买卖合同,供用电、水、气、热力合同,赠与合同,借款合同,租赁合同,融资租赁合同,承揽合同,建设工程合同,运输合同,技术合同,保管合同,仓储合同,委托合同,行纪合同,居间合同。

5.3.1.4 《合同法》的基本原则

《合同法》的原则,是指合同法总的指导思想和贯穿于整个合同法律制度和规范之中的基本准则。《合同法》作为我国民法的组成部分,民法的基本原则,如当事人法律地位平等原则、自愿原则、公平原则、互利有偿原则、民事权益受法律保护原则、社会公德原则等都适用于合同法,这里我们仅介绍体现合同法精神的几个原则。

(1)合同自由原则。即只有在双方当事人经过协商,意思表示完全一致时,合同才能成立。

(2)诚实、信用原则。是指当事人在从事交易时应诚实守信,以善意方式取得权利和履行义务,不得滥用权利和损害他人及社会的利益。

(3)合同的法律原则。就《合同法》而言,是指当事人在订立和履行合同时应遵守法律和行政法规。遵守法律和不得损害社会公共利益是《合同法》的重要基本原则。

(4)鼓励交易原则。即鼓励合法正当的交易。如果当事人之间的合同订立和履行符合法律及行政法规的规定,则当事人各方的行为应当受到鼓励和法律的保护。

5.3.2 合同的订立与效力

5.3.2.1 合同的订立

1. 合同当事人的资格

合同当事人可以是自然人、法人或其他组织,他们应分别具有法律所赋予的相应的民事权利能力和民事行为能力(参见《合同法》第九条)。民事权利能力是法律赋予民事主体享有民事权利和承担民事义务的资格。民事行为能力是实施法律行为的资格。对于自然人来说,行为能力主要指人的认知能力。法律根据自然人不同的认知能力,将自然人分为完全民事行为能力人、限制民事行为能力人和无民事行为能力人。自然人订立合同一般应具有完全民事行为能力。限制民事行为能力人只能订立与其年龄、智力、精神状况相适应的合同,订立的合同须经其法定代理人追认。无民事行为能力人不能订立合同。

2. 合同的形式

合同可以是书面形式、口头形式或其他形式。

(1)书面形式。是指以文字等有形表现方式所订立合同的形式。《合同法》规定:法律、行政法规规定采用书面形式的,应当采用书面形式。

(2)口头形式。是指当事人以对话方式达成的一种协议。以电话交谈方式订立的协议属于口头形式的合同,其录音可作为口头形式的证据。

(3)其他形式。是指书面和口头两种形式以外的合同形式,如视听、默示、公告等。

3. 合同的内容

合同的内容即合同的条款,是当事人双方经协商后就某一目的所确定的各自的权利和义务。合同的内容由当事人确定,一般包括以下条款:

(1)当事人的名称或者姓名和住所。是有关合同主体的一项内容,即各方当事人的基本情况。

(2)标的。是合同当事人双方权利义务共同指向的对象,即合同法律关系的客体。

(3)数量。是衡量标的的尺度,是决定合同双方权利义务大小的依据。

(4)质量。是标的的内在素质和外观形态的综合指标,是决定产品和劳务价格的重要依据,在合同中应明确规定。

(5)价款或者报酬。是取得标的物或接受劳务的一方以货币向对方支付的代价。标的为货物时,称其为价款;标的为劳务时,称其为报酬。

(6)履行期限、地点和方式。履行期限是指合同当事人双方履行义务的时间范围,是衡量合同是否按时履行、承担义务一方是否要承担相应的违约责任的标准。履行地点是指合同当事人双方完成合同规定义务的地方和场所,包括标的的交付、提取地点,服务、劳务或工程项目建设地点,价款或报酬的结算地点等。履行方式是指合同当事人双方完成合同义务的方法和途径,如标的物的交付或完成工作的方法,价款、酬金的支付方法等,一般根据合同的类别而定。如买卖合同中的交货次数、交货方式、验收方法及付款方式等。

(7)违约责任。是指当事人不履行或不完全履行合同时所应承担的法律责任。

(8)解决争议的方法。是指当事人双方约定的解决合同纠纷的方式或方法。解决争议的方法主要是提起仲裁或诉讼。

4. 合同示范文本与格式条款

(1)合同示范文本。是有关部门或机构事先拟定的、含有合同主要条款的、供合同订立人参照选用的合同文本样式。

(2)合同格式条款。是合同当事人一方为了重复使用而预先拟定的,并在合同订立时未与另一方协商的合同条款。格式条款又称为标准条款。合同当事人可以在合同中部分采用格式条款,也可全部采用格式条款。

5. 合同订立的方式

合同订立的方式是指当事人各方就合同的主要条款达成合意的方式或方法。《合同法》规定:当事人订立合同,采取要约、承诺方式。

1)要约

要约是当事人一方向另一方作出的以一定条件订立合同的意思表示。提出要约的一方称为要约人,另一方称为受要约人,简称受约人。要约要产生法律效力,应当具备以下条件:①要约是特定的合同当事人向相对人所作的意思表示;②要约应具有明确的订立合同的意思表示,经受要约人承诺,要约人即受该意思表示的约束;③要约应具有明确具体的内容,即其内容应具备合同成立的必要条款,不能含糊不清,以致受要约人不能完整理解要约的主要含义,无法作出相应的承诺。

如果当事人一方的意思表示不是向特定的相对人表达订约愿望,或是缺少合同成立的必要条款,则不能视为要约,而属于要约邀请。要约邀请是当事人一方希望他人向自己发出要约的意思表示,要约到达受要约人时即生效。要约可以撤回,要约的撤回是指在要约发生法律效力之前,要约人取消要约或阻止要约生效的行为。要约可以撤销,要约的撤销旨在要约生效后,要约人依法取消要约,使其丧失法律效力的行为。但有下列情形之一的,要约不得撤销:①要约人确定了承诺期限或者以其他形式明示要约不可撤销;②受要约人有理由认为要约是不可撤销的,并已经为履行合同做了准备工作。

《合同法》还规定,有下列情形之一的,要约失效:①拒绝要约的通知到达要约人;②要约人依法撤销要约;③承诺期限届满,受要约人未作出承诺;④受要约人对要约的内容作出实质性变更。要约失效就是要约丧失其法律约束力。要约失效后,要约人不再承担必须接受承诺的义务,受要约人也失去了作出承诺的机会。

2)承诺

承诺是指受要约人同意要约的意思表示。要约一经承诺并送达要约人,合同便告成立。由于承诺的生效即意味着合同的成立,所以有效的承诺必须符合一定的条件,才能产生法律效力。必要条件是:①承诺必须由受要约人或经其授权的代理人向要约人作出;②承诺的内容应当与要约的内容一致;③承诺应当在要约确定的期限内到达要约人。

承诺可以撤回,撤回承诺的通知应当在承诺到达要约人之前或者与承诺同时到达要约人。由此可以推断,承诺的撤回一般只适用于书面形式的承诺,对于口头形式的承诺,一般一经发出即到达要约人,不存在撤回的时间可能。对于电子数据方式的承诺,一经发出,即刻到达对方的电子信箱,同样也不存在撤回的时间可能。

承诺应当以通知的方式进行,但根据交易习惯或者要约表明可以通过行为作出承诺的除外。承诺通知到达要约人时生效,同时表明合同成立。

6. 合同的成立

1)合同成立的概念

合同的成立是指合同双方或多方当事人已就合同的主要条款达成合意而被法律认为合同客观存在。合同的成立与合同的订立既有联系又有区别。合同的订立是合同成立的前提,合同的成立是合同订立的结果。合同的成立并不意味着合同已生效,但又是合同生效的前提,成立的合同只有具备了生效的条件才能产生法律效力。

2)合同成立的时间

合同成立的时间是当事人之间最终达成协议使合同产生并存在的时间。在大多数情况下,合同成立的时间也就是合同生效的时间。因此,合同成立之时往往也是当事人受合同约束的开始。合同成立的时间因合同的类别不同而有不同的规定:①不要式合同又属诺成合同,有效承诺的通知到达要约人的时间为合同成立时间;②不要式合同又属实践合同,标的物的交付时间为合同成立时间;③要式合同,履行完法定或约定手续的时间为合同成立时间;④特殊要求的合同,如依照法律、法规的规定应当经过有关部门批准或履行其他手续的合同,当获得批准或手续完毕时,合同成立。

3）合同成立的地点

合同成立的地点是当事人之间最终达成协议使合同产生并存在的地点。合同成立的地点如同合同成立的时间一样，因合同的类别不同而有不同的规定：①实践合同交付标的物的地点为合同成立的地点；②诺成合同承诺生效的地点即为合同成立的地点。但是，下列情形除外：①当事人采用合同书形式订立合同的，双方当事人签字或者盖章的地点为合同成立的地点；②当事人采用数据电文形式订立合同的，收件人的主营业地为合同成立地点，没有主营业地的，其经常居住地为合同成立地点。当事人另有约定的，从其约定。

7. 缔约过失责任

1）缔约过失责任的概念

缔约过失责任是指当事人一方在订立合同的过程中，因故意或过失违反合同义务而给对方造成损失时，应向对方承担的赔偿责任。缔约过失责任是在合同成立前的订立过程中产生的法律责任，是基于诚实信用原则而产生的。缔约过失责任是一种损害赔偿责任，责任承担者依据等价有偿原则赔偿对方因信赖合同成立而遭受的损失。

2）缔约过失责任的成立要件

缔约过失责任的成立条件主要有：①当事人一方主观上有过错，这种过错包括故意或过失，表现为违背诚实信用原则；②一方的缔约过错行为造成了对方的财产损失，并且这种损失与过错行为有直接的因果关系。

5.3.2.2 合同的效力

1. 合同效力的概念

合同的效力又称合同的法律效力，是指已成立的合同将对合同当事人乃至第三人产生的法律约束力。依法成立的合同，对当事人具有法律约束力。当事人应当按照约定履行自己的义务，不得擅自变更或者解除合同。依法成立的合同受法律保护。

2. 合同的生效

合同的生效是指已经成立的合同开始在当事人之间具有法律效力。

合同生效的一般要件包括：①当事人具有相应的订立合同的能力；②当事人意思表示真实；③不违反法律、行政法规的强制性规定或者社会公共利益。

合同生效或失效的时间规定如下：①依法成立的合同，自成立时生效。②法律、行政法规规定应办理批准、登记等手续生效的，依照其规定。③附生效条件的合同，自条件成就时生效；附解除条件的合同，自条件成就时失效。④附生效期限的合同，自期限届满时生效；附终止期限的合同，自期限届满时失效。

3. 无效合同

无效合同是指虽已成立，但因欠缺法定有效要件，在法律上确定的自始不发生法律效力的合同。《合同法》规定有下列情形之一的合同无效：①一方以欺诈、胁迫手段订立合同，损害国家利益；②恶意串通，损害国家、集体或第三人利益；③以合法形式掩盖非法目的；④损害社会公共利益；⑤违反法律、行政法规的强制性规定。

4. 可撤销或可变更合同

可撤销或可变更合同是指已经成立，但欠缺法定的有效要件，可由当事人一方申请取消其法律效力或变更其内容的合同。可撤销或可变更合同具有如下特征：①当事人的意思表示不真实;②一方当事人可请求人民法院或仲裁机构予以撤销或变更;③若合同既可以撤销也可以只变更内容,如当事人请求变更,则人民法院或仲裁机构不得撤销合同;④可撤销合同在未撤销之前是有效的,一旦被撤销,则自始无效。

《合同法》规定,有下列情形的合同属于可撤销或可变更合同:①因重大误解订立的合同;②在订立合同时显失公平;③一方以欺诈、胁迫的手段或者乘人之危,使对方在违背真实意思的情况下订立的合同。

享有撤销权的一方当事人,发生下列情形的,其撤销权灭失:①自知道或者应当知道撤销事由之日起一年内没有行使撤销权的;②知道撤销事由后明确表示或者以自己的行为放弃撤销权的。

5. 无效、被撤销合同的法律后果

(1)无效或被撤销的合同自始没有法律约束力。合同部分无效不影响其他部分效力的,其他部分仍然有效。

(2)合同无效、被撤销或者终止,不影响合同中独立存在的有关解决争议的条款的效力。

(3)对于合同中涉及的财产可采取如下方式处理:①返还原物;②赔偿损失;③收归国有或返还集体。

5.3.3 合同的履行

5.3.3.1 合同履行的概念和原则

合同的履行是指合同生效后,当事人双方按照合同约定的标的、数量、质量、价款、履行期限、履行地点和履行方式等,完成各自应承担的全部义务的行为。合同的履行应遵循诚实信用原则全面履行约定的义务。当事人在遵循诚实信用原则履行合同的过程中应尽的基本义务有:

(1)通知。即当事人任何一方在合同的履行过程中应当及时通知对方工作的进展和情况的变化以及对方所需要的有关信息,不欺诈,不隐瞒。

(2)协助。相互协助有利于双方顺利履行合同,当事人双方应尽力为对方履行合同创造必要的条件。

(3)保密。当事人在履约的过程中获知对方的商务、技术、经营等秘密信息时,应当主动予以保密,不得擅自泄露或自己非法使用。

5.3.3.2 合同履行中的若干规则

1. 合同约定不明确时的履行规则

合同生效后,当事人就质量、价款、履行地点等内容约定有遗漏或不明确的,可以通过双方协商补充协议加以明确。如不能达成补充协议的,可按照合同的有关条款或交易习惯确定,或者根据法律的特别规定解决。按以上两种方式仍不能解决的,《合同法》规定了下列处理原则:

(1)质量要求不明确的,按照国家标准、行业标准履行;没有国家标准、行业标准的,按照通常标准或者符合合同目的的特定标准履行。

(2)价值或者报酬不明确的,按照订立合同时履行地的市场价格履行;依法应当执行政府定价或者政府指导价的，按照规定履行。

(3)履行地点不明确的，给付货币的，在接受货币一方所在地履行；交付不动产的，在不动产所在地履行；其他标的，在履行义务一方所在地履行。

(4)履行期限不明确的，债务人可以随时履行，债权人也可以随时要求履行，但应当给对方必要的准备时间。

(5)履行方式不明确的，按照有利于实现合同目的的方式履行。

(6)履行费用的负担不明确的，由履行义务一方负担。

2. 价格发生变动时的履行规则

执行政府定价或者政府指导价的，在合同约定的交付期限内政府价格调整时，按照交付时的价格计价。逾期交付标的物的，遇价格上涨时，按照原价格执行；价格下降时，按照新价格执行。逾期提取标的物或者逾期付款的，遇价格上涨时，按照新价格执行；价格下降时，按照原价格执行。

3. 有关第三人的履行规则

一般情况下，合同义务应当由当事人亲自履行。但在不影响当事人合法权益的情况下，当事人可约定由第三人来履行。具体有如下两种情况：

(1)由债务人向第三人履行债务。当事人约定由债务人向第三人履行债务的，债务人未向第三人履行债务或者履行债务不符合约定，应当向债权人承担违约责任。

(2)由第三人向债权人履行债务。当事人约定由第三人向债权人履行债务的，第三人不履行债务或者履行债务不符合约定，债务人应当向债权人承担违约责任。这种情况下，合同当事人的关系未发生变化，而且也应该取得债权人同意方能实行。

4. 提前履行、部分履行的规则

债权人可以拒绝债务人提前履行债务，但提前履行不损害债权人利益的除外。债务人提前履行债务给债权人增加的费用，由债务人负担。债权人可以拒绝债务人部分履行债务，但部分履行不损害债权人利益的除外。债务人部分履行债务给债权人增加的费用，由债务人负担。

5. 当事人发生变动时的履行规则

(1)债权人分立、合并或者变更住所，如没有通知债务人，致使履行债务发生困难的，债务人可以中止履行或者将标的物提存。

(2)合同生效后，当事人不得因姓名、名称的变更，或者法定代表人、负责人、承办人的变动而不履行合同义务。

5.3.3.3 合同履行中的抗辩权

1. 抗辩权的概念

在双方合同中，当事人一方依法拒绝对方要求或者否认对方权利主张的权利称为抗辩权。当事人一方行使抗辩权，是在对方不履行应尽义务的情况下，为保护自己的合法利益，中止履行本方义务的行为，是守约方在决定单方终止合同前可以行使的一种保护自身权益的权利。中止履行时合同仍然有效，若对方纠正了违约行为，行使抗辩权的一方应自觉恢复义务的继续履行。但若对方放任违约造成的影响进一步扩大，或无力继续履行合同义务，行使抗辩权的一方就可以采取单方终止合同的行动。

2. 抗辩权的类别

1)同时履行抗辩权

《合同法》规定:当事人互负债务,没有先后履行顺序的,应当同时履行,一方在对方履行之前有权拒绝其履行要求;一方在对方履行债务不符合约定时,有权拒绝其相应的履行要求。由此,同时履行抗辩权是当事人双方同时享有的权利。

2)异时履行抗辩权

当合同约定一方先履行义务是另一方履行义务的先决条件时,可能发生异时履行抗辩权,按照约定履行的先后次序又可以分为两类:第一类是后履行一方享有抗辩权。《合同法》规定:当事人互负债务,有先后履行顺序,先履行一方未履行的,后履行一方有权拒绝其履行要求。先履行一方履行债务不符合约定的,后履行一方有权拒绝其相应的履行要求。第二类是先履行一方享有的抗辩权,也称不安抗辩权。这是指应当先履行义务的一方掌握了后履行的一方丧失或者可能丧失履行义务能力的确切证据时,暂时停止履行其义务的行为。

先履行义务一方行使抗辩权应及时通知对方,中止履行合同。当对方恢复履行义务能力或提供适当担保时,应当恢复履行义务。若对方在合理期限内未能恢复履行能力,也未提供适当担保,则行使抗辩权一方可以解除合同。当事人不得滥用不安抗辩权,造成违约的,应当承担违约责任。

5.3.4 合同的变更、转让与终止

5.3.4.1 合同的变更

合同的变更即合同内容的变更,是指在合同依法成立以后至未履行或者未完全履行之前,当事人经过协议对合同的内容进行修改和补充。

合同变更的内容包括:标的物的数量增减、品质的改变和规格的更改等;履行条件的变更,比如履行期限的变更、履行方式的变更、履行地的变更、结算方式的变更;附条件及附期限合同中条件及期限的变更;合同担保的变更;其他内容的变更等。

合同除经当事人协商一致可以变更外,当事人还可因合同无效、重大误解、显失公平等而要求变更。其中,当事人协商一致的合同变更无须通过人民法院。

5.3.4.2 合同的转让

合同的转让是指当事人一方依法将其合同的权利和义务的全部或者部分转让给第三人的法律行为。

《合同法》对合同权利和义务的转让具体规定如下:

(1)债权人可以将合同的权利全部或部分转让给第三人,但有下列情形之一的不得转让:①根据合同性质不得转让;②按照当事人的约定不得转让;③依照法律规定不得转让。

(2)债权人转让权利的,应当通知债务人。未经通知,该转让对债务人不发生效力。债务人转让权利的通知不得撤销,但经受让人同意的可以撤销。

(3)债务人将合同的义务全部或者部分转让给第三人的,应当经债权人同意。

(4)当事人一方经对方同意,可以将自己在合同中的权利和义务一并转让给第三人。

(5)法律、行政法规规定转让权利或义务应当办理批准、登记手续的,依照其规定。

5.3.4.3 合同的终止

1. 合同终止的概念

合同终止即合同权利义务的终止,是指合同当事人之间的债权债务关系归于消灭而不复存在。合同终止可能是当事人双方均履行完约定义务后的正常终止,也可能是双方约定的义务未履行完成时,由于某一事件的发生而被迫中止。

2. 合同终止的原因

有下列情形之一的,合同的权利义务即可终止:

(1)债务已按照约定履行。

(2)合同解除。是指在合同有效成立后,没有履行或者没有履行完毕之前,当事人双方通过协议或者一方行使解除权,使合同关系提前消灭的行为。合同解除分为约定解除和法定解除。约定解除是当事人通过行使约定的解除权或者双方协商决定而进行的合同解除。法定解除是解除条件直接由法律规定的合同解除。当法律规定的解除条件具备时,当事人可以解除合同。合同解除后,尚未履行的,终止履行。已经履行的,根据履行情况和合同性质,当事人可以要求恢复原状或采取其他补救措施,并有权要求赔偿损失。

(3)债务的抵销。是指两人互负给对方种类相同的债务时,双方各以其债权充当债务之清偿,而使双方的债务在对等数额内相互消灭的行为。债务抵销包括法定抵销和合意抵销两种。

(4)债务的提存。是指债务人由于债权人的原因难以履行债务时,将该标的物交给提存机关而终止合同关系的一项制度。债务人将标的物提存后,即发生债务消灭、合同关系消灭的后果,提存是合同消灭的原因。

(5)债务的免除。是债权人以消灭债权为目的而放弃债权的单方法律行为。因债权人抛弃债权,债务人的债务得以免除,合同关系归于消灭,因而免除是合同终止的一种方法。

(6)债务的混同。债权和债务同归于一人的,合同的权利义务终止,但涉及第三人利益的除外。

5.3.5 合同的违约责任

5.3.5.1 违约责任的概念

违约责任是指当事人任何一方不能履行或者履行合同不符合约定而应当承担的法律责任。违约行为的表现形式包括不履行和不适当履行。不履行是指当事人不能履行或者拒绝履行合同义务;不适当履行则包括不履行以外的其他所有违约情况。

5.3.5.2 承担违约责任的条件和原则

1. 承担违约责任的条件

当事人承担违约责任的条件,是指当事人承担违约责任应当具备的要件。过错责任条件要求违约人承担违约责任的前提是违约人必须有过错;而严格责任条件不要求以违约人有过错为承担违约责任的前提,只要违约人有违约行为,即当事人不履行合同或者履行合同不符合约定条件,就应当承担违约责任。但对缔约过失、无效合同和可撤销合同依然适用过错条件。

2. 承担违约责任的原则

《合同法》规定的承担违约责任是以补偿性为原则的。补偿性是指违约责任旨在弥补或者补偿因违约行为造成的损失。

5.3.5.3 承担违约责任的方式

1. 继续履行

继续履行是指违反合同的当事人不论是否承担了赔偿金或者违约责任,都必须根据对方要求,在自己能够履行的条件下,对合同未履行的部分继续履行。

当事人一方不履行非金钱债务或者履行非金钱债务不符合约定的,对方也可以要求继续履行。但有下列情形之一的除外:①法律上或者实际上不能履行;②债务的标的不适于强制履行或者履行费用过高;③债权人在合理期限内未要求履行。

2. 采取补救措施

补救措施主要是指《中华人民共和国民法通则》和《合同法》中所确定的,在当事人违反合同的事实发生后,为防止损失发生或者扩大,而由违反合同一方依照法律规定或者约定采取的修理、更换、更新制作、退货、减少价格或者报酬等措施,以给权利人弥补或者挽回损失的责任形式。采取补救措施的责任形式,主要发生在质量不符合约定的情况下。

3. 赔偿损失

当事人一方不履行合同义务或者履行合同义务不符合约定,给对方造成损失的,应当赔偿对方的损失。损失赔偿额应当相当于因违反所造成的损失,包括合同履行后可以获得的利益,但不得超过违反合同一方订立合同时预见或应当预见的因违反合同所能造成的损失。这种方式是承担违约责任的主要方式。

4. 支付违约金

当事人可以约定一方违约时应当根据违约情况向对方支付一定数额的违约金,也可以约定因违约产生的损失的赔偿办法。

5. 定金罚则

当事人可以约定一方向对方给付定金作为债权的担保。债务人履行债务后定金应当抵作价款或收回。给付定金的一方不履行约定债务的,无权要求返还定金,收受定金的一方不履行约定债务的,应当双倍返还定金。

当事人既约定违约金,又约定定金的,一方违约时,对方可以选择适用违约金或定金条款。但是,这两种违约责任不能同时使用。

5.3.6 合同争议的防范及处理

5.3.6.1 合同解释

1. 合同解释的概念

合同解释是指为了合理地确定合同当事人的权利义务,对合同内容及其相关资料的含义所作的理解、分析和说明。合同解释可划分为广义的解释和狭义的解释。广义的合同解释,是指任何人都可以对合同的内容及其相关资料的含义进行理解、分析和说明。狭义的合同解释是指受理合同纠纷案件的人民法院或者仲裁机构对合同内容及相关资料的含义所作的具有法律效力的分析和说明。

2. 合同争议产生的原因

合同应当是合同当事人双方完全一致的意思表示。但是,在实际操作中,由于各方面的原因,如当事人的经验不足、素质不高、出于疏忽或是故意,对合同应当包括的条款未作明确规定,或者对有关条款用词不够准确,从而产生争议或者纠纷。产生这种问题的主要原因如下:

(1)使用语言文字不规范。

(2)合同内容中使用的语言文字与其内心的真实意思不一致,甚至出现相悖的情况,即内心想的意思和形成文字的意思相悖,致使合同出现理解上的歧义。

(3)不符合法律规定的要求,需要依法对此内容进行解释,以便修订合同。

(4)合同欠缺某些条款,使当事人的权利义务关系不明确。

(5)当事人事后为了不履行合同,对合同条款作出不同的理解。

一旦在合同履行过程中,产生上述问题,合同当事人双方往往就可能会对合同文件的理解出现偏差,从而导致双方当事人产生合同争议。因此,如何对内容表达不清楚的合同进行正确的解释就显得尤为重要。

3. 合同的解释方法

当事人对合同条款的理解有争议的,应当按照合同所使用的词句、合同的有关条款、合同的目的、交易习惯以及诚实信用原则,确定该条款的真实意思。合同文本用两种以上文字订立并约定具有同等效力的,对各文本使用的词句推定具有相同含义。各文本使用的词句不一致的,应当根据合同的目的予以解释。合同的解释方法主要有以下几种。

1)词句解释

词句解释时首先应当确定当事人双方的共同意图,据此确定合同条款的含义。其规则如下:①排他规则。如果合同中明确提及属于某一特定事项的某些部分而未提及该事项的其他部分,则可以推定为其他部分已经被排除在外。②对合同条款起草人不利规则。虽然合同是经过双方当事人平等协商而做出的一致的意思表示,但是在实际操作过程中,合同往往是由当事人一方提供的,提供方可以根据自己的意愿对合同提出要求。这样,他对合同条款的理解应该更为全面。如果因合同的词义而产生争议,则起草人应当承担由于选用词句的含义不清而带来的风险。③主张合同有效的解释优先规则。双方当事人订立合同的根本目的就是能正确完整地享有合同权利,履行合同义务,即希望合同最终能够得以实现。如果在合同履行过程中,双方产生争议,其中有一种解释可以从中推断出若按照此解释合同仍然可以继续履行,而从其他各种对合同的解释中可以推断出合同将归于无效而不能履行,此时应当按照主张合同仍然有效的方法来对合同进行解释。

2)整体解释

整体解释即当双方当事人对合同产生争议时,应当从合同整体出发,联系合同条款上下文,从总体上对合同条款进行解释,而不能断章取义,割裂合同条款之间的联系来进行片面解释。其原则如下:①同类相容规则。即如果有两项以上的条款都包含同样的语句,而前面的条款又对此赋予特定的含义,则可以推断其他条款所表达的含义和前面一样。②非格式条款优先于格式条款规则。即当格式合同与非格式合同并存时,如果格式合同中的某些条款与非格式合同的相互矛盾,应当按照非格式条款的规定执行。

3)合同目的解释

合同目的解释即肯定符合合同目的的理解,排除不符合合同目的的解释。

4)交易习惯解释

交易习惯解释即按照该国家、该地区、该行业所采用的惯例进行解释。

5)诚实信用原则解释

诚实信用原则是合同订立和合同履行的最根本的原则,因此无论对合同的争议采用何种方法进行解释,都不能违反诚实信用原则。

4. 合同解释的效力

合同解释的效力是指合同解释所产生的法律后果。广义的合同解释,任何人都可以进行,但是不一定产生相应的法律后果。狭义的合同解释,是由人民法院或者仲裁机构进行的,解释的结果就会产生相应法律上的后果。

5.3.6.2 合同纠纷的处理方式与原则

1. 合同纠纷的处理方式

合同纠纷是指在合同履行中双方当事人对权利和义务所发生的争执,或称争议。合同在履行过程中,合同纠纷的处理方式有和解、调解、仲裁、诉讼等四种。当事人可以通过和解或者调解解决合同争议。当事人不愿意通过和解、调解解决或者调解不成的,可以通过仲裁协议向仲裁机构申请仲裁。当事人没有订立仲裁协议或者仲裁协议无效的,可以向人民法院起诉。

1)和解

合同纠纷的协商又称和解,是指合同当事人在履行合同过程中,对所产生的合同纠纷互相主动接触,充分商议,取得一致意见,从而正确解决合同纠纷的一种方法。

2)调解

调解是指在第三者参加下,由第三者出面,认真查明事实,分清责任,通过说服调解,从而促使双方互相谅解,在双方当事人同意的条件下,达成解决合同纠纷协议的一种方法。

调解合同纠纷主要有以下四种方式:①当事人上级主管机关的调解;②律师事务所调解;③工商行政管理部门调解;④人民法院调解。工程承包合同实行监理制度后,监理工程师也有权进行合同的调解。

3)仲裁

仲裁亦称公断,是第三者就某一争议居中裁断的过程。合同的仲裁,是指合同双方当事人之间因合同发生争议经双方协商不成,调解又达不成一致时,根据当事人双方的协议或申请,由仲裁委员会对合同争执所进行的裁决。

仲裁程序通常如下:①申请和受理仲裁。由当事人一方或双方按双方的仲裁协议向仲裁委员会提出仲裁申请。仲裁委员会受理仲裁申请后应通知申请人和被申请人,被申请人在规定时间内提交答辩书。②成立仲裁庭。按规定仲裁庭可由 3 名或 1 名仲裁员组成。③开庭和裁决。仲裁按仲裁规则进行。当事人可以提供证据,仲裁庭可以进行调查、收集证据,可以进行专门鉴定。当事人申请仲裁后,仍可以自行和解,达成和解协议;也可放弃、修改、变更仲裁要求。④执行。裁决作出后,当事人应当履行裁决;如果当事人不履行,另一方可以依照民事诉讼法规定向人民法院申请执行。

4)诉讼

诉讼是指合同当事人依法请求人民法院行使审判权,审判双方之间发生的合同争议,作出有国家强制保证实现其合法权益,从而解决纠纷的审判活动。诉讼是运用司法程序解决争执,由人民法院受理并行使审判权,对合同双方的争执作出强制性判断。

2. 合同纠纷的处理原则

合同纠纷处理方式有和解、调解、仲裁、诉讼等四种,到底采用哪种方式,可由当事人自行选择,但在实践中,不论采用哪种方式都要以"弄清事实,分清是非,明确责任,适用条款"为前提并坚持以下原则。

(1)协商为主的原则。即合同纠纷发生以后,要立足于双方通过协商解决。协商解决合同纠纷,符合当事人双方的经济利益,有利于维护各自的合法权益。

(2)调解优先的原则。这主要指合同纠纷无法协商解决时,无论是仲裁机构还是人民法院,都应该先行调解,通过调解让双方自愿达成协议,只有在调解不能解决双方的纠纷时,才采用仲裁或诉讼方式。

5.3.7 合同的公证与鉴证

5.3.7.1 合同的公证

1. 合同公证的概念和原则

合同公证是指国家公证机关根据当事人双方的申请,依法对合同的真实性与合法性进行审查并予以确认的一种法律制度。我国的公证机关是公证处,经省、自治区、直辖市司法行政机关批准设立。

合同公证一般实行自愿公证原则。

2. 合同的公证程序

(1)当事人申请公证。

(2)公证员应当对合同进行全面审查,既要审查合同的真实性和合法性,也要审查当事人的身份和行使权利、履行义务的能力。

(3)公证员对申请公证的合同,经过审查认为符合公证原则后,应当制作公证书发给当事人。

(4)对于追偿债款、物品的债权文书,经公证处公证后,该文书具有强制执行的效力。一方当事人不按文书规定履行时,对方当事人可以向有管辖权的基层人民法院申请执行。

5.3.7.2 合同的鉴证

1. 合同鉴证的概念和原则

合同鉴证是指合同管理机关根据当事人双方的申请对其所签订的合同进行审查证明其真实性和合法性,并督促当事人双方认真履行的法律制度。我国的合同鉴证实行的是自愿原则,合同鉴证根据双方当事人的申请办理。

2. 合同鉴证的管辖和鉴证审查的内容

合同鉴证应当审查以下主要内容:

(1)不真实、不合法的合同。

(2)有足以影响合同效力的缺陷且当事人拒绝更正的。

(3)当事人提供的申请材料不齐全,经告知补正而没有补正的。

(4)不能即时鉴证,而当事人又不能等待的。

(5)其他依法不能鉴证的。

3. 合同鉴证的作用

(1)经过鉴证审查,可以使合同的内容符合国家的法律、行政法规的规定,有利于纠正违法合同。

(2)经过鉴证审查,可以使合同的内容更加完备,预防和减少合同纠纷。

(3)经过鉴证审查,便于合同管理机关了解情况,督促当事人认真履行合同,提高履约率。

5.3.7.3 合同公证与鉴证的相同点与区别

1. 合同公证与鉴证的相同点

合同公证与鉴证,除另有规定外,都实行自愿申请原则;合同鉴证与公证的内容和范围相同;合同鉴证与公证的目的都是证明合同的合法性与真实性。

2. 合同公证与鉴证的区别

(1)合同公证与鉴证的性质不同。合同鉴证是工商行政管理机关依据《合同鉴证办法》行使的行政管理行为;而合同公证则是司法行政管理机关领导下的公证机关依据《中华人民共和国公证暂行条例》行使公证权所作出的司法行政行为。

(2)合同公证与鉴证的效力不同。经过公证的合同,其法律效力高于经过鉴证的合同。

(3)法律效力的适用范围不同。公证作为司法行政行为,按照国家惯例,在我国域内和域外都有法律效力;而鉴证作为行政管理行为,其效力只限于我国国内。

小 结

合同管理是对建设工程项目中相关合同的策划、签订、履行、变更、索赔和争议解决的管理。建设工程合同是承发包双方为实现建设工程目标,明确相互责任、权利、义务关系的协议。合同是承包人进行工程建设,发包人支付价款,控制工程项目质量、进度、投资,进而保证工程建设活动顺利进行的重要法律文件。

合同法律关系是指由合同法律规范调整的当事人在民事流转过程中形成的权利义务关系,合同法律关系由法律关系主体、客体、内容三个要素构成。合同法律关系的主体是指参加合同法律关系,依法享有权利和承担义务的当事人,包括自然人、法人和其他组织。合同法律关系的客体是指参加合同法律关系的主体享有的权利和承担的义务所共同指向的对象,包括物、行为和智力成果。合同法律关系的内容是指合同约定或法律规定的主体享有的权利和承担的义务,合同法律关系的内容是连接主体和客体的纽带。法律事实是指法律规范所确认的并能引起法律关系产生、变更与消灭的客观情况,法律事实多种多样,但主要可以归纳为行为和事件两大类。行为是指法律关系主体有意识的活动而形成的客观事实。事件是指不以当事人的意志为转移的客观情况,事件分为自然事件、社会事件和意外事件。合同法律关系的产生是指由于一定的客观事实的存在,在合同法律关系主体之间形成一定的权利义务关系。合同法律关系的变更是指合同法律关系形成后,由于一定的客观事实出现而引起合同法律关系的主体、客体、内容的变化。合同法律关系的消灭是指合同法律关系主体之间的权利和义务不复存在。

合同(契约)是平等主体的自然人、法人、其他组织之间设立、变更、终止民事权利义务关系的协议。合同法是调整平等主体的自然人、法人、其他组织之间在设立、变更、终止合同时所发生的社会关系的法律规范总称。《合同法》的原则是指合同法总的指导思想和贯穿于整个合同法律制度和规范之中的基本准则,包括:①合同自由原则;②诚实、信用原则;③合同的法律原则;④鼓励交易原则。合同当事人可以是自然人、法人或其他组织,他们应分别具有法律所赋予的相应的民事权利能力和民事行为能力。合同分为书面形式合同、口头形式合同或其他形式合同。合同的内容(合同的条款)是指当事人双方经协商后就某一目的所确定的各自的权利和义务,合同的内容由当事人确定,一般包括以下条款:当事人的名称或者姓名和住所,标的,数量,质量,价款或者报酬,履行期限、地点和方式,违约责任,解决争议的方法。

合同订立的方式是指当事人各方就合同的主要条款达成合意的方式或方法,当事人订立合同,可采用要约、承诺方式。合同的成立是指合同双方或多方当事人已就合同的主要条款达成合意而被法律认为合同客观存在,合同成立的时间是当事人之间最终达成协议使合同产生并存在的时间,合同成立的地点是当事人之间最终达成协议使合同产生并存在的地点。缔约过失责任是指当事人一方在订立合同的过程中,因故意或过失违反合同义务而给对方造成损失时,应向对方承担的赔偿责任。合同的效力(合同的法律效力)是指已成立的合同将对合同当事人乃至第三人产生的法律约束力。合同的生效是指已经成立的合同开始在当事人之间具有法律效力。无效合同是指虽已成立,但因欠缺法定有效要件,在法律上确定的自始不发生法律效力的合同。可撤销或可变更合同是指已经成立,但欠缺法定的有效要件,可由当事人一方申请取消其法律效力或变更其内容的合同。合同的履行是指合同生效后,当事人双方按照合同约定的标的、数量、质量、价款、履行期限、履行地点和履行方式等,完成各自应承担的全部义务的行为。合同的履行应遵循诚实信用原则全面履行约定的义务。抗辩权是指在双方合同中,当事人一方依法拒绝对方要求或者否认对方权利主张的权利。合同的变更(合同内容的变更)是指在合同依法成立以后至未履行或者未完全履行之前,当事人经过协议对合同的内容进行修改和补充。合同的转让是指当事人一方依法将其合同的权利和义务的全部或者部分转让给第三人的法律行为。合同终止(合同权利义务的终止)是指合同当事人之间的债权债务关系归于消灭而不复存在。违约责任是指当事人任何一方不能履行或者履行合同不符合约定而应当承担的法律责任。合同解释是指为了合理地确定合同当事人的权利义务,对合同内容及其相关资料的含义所作的理解、分析和说明。合同纠纷是指在合同履行中双方当事人对权利和义务所发生的争执。合同在履行过程中,合同纠纷的处理方式有和解、调解、仲裁、诉讼等四种。合同公证是指国家公证机关根据当事人双方的申请,依法对合同的真实性与合法性进行审查并予以确认的一种法律制度,合同公证实行自愿公证原则。合同鉴证是指合同管理机关根据当事人双方的申请对其所签订的合同进行审查证明其真实性和合法性,并督促当事人双方认真履行的法律制度。

习　题

1. **名词解释**

①合同管理;②合同法律关系;③法律事实;④建设工程合同;⑤合同法律关系主体;⑥合同法律关系客体;⑦要约;⑧承诺;⑨合同变更;⑩合同终止;⑪合同效力;⑫合同订立;⑬合同转让;⑭合同公证;⑮合同鉴证。

2. **单选题**

(1)(　　)是合同当事人双方权利义务共同指向的对象,即合同法律关系的客体。

A. 货物　　B. 标的　　C. 质量　　D. 数量

(2)发布招标公告是一种(　　)。

A. 要约　　B. 承诺　　C. 要约邀请　　D. 合同

(3)合同订立过程中,承诺自(　　)时生效。

A. 发出　　B. 要约人了解其内容　　C. 合同生效　　D. 到达要约人

(4)在诉讼时效期间的最后6个月中,因不可抗力或者其他障碍不能行使请求权的,诉讼时效(　　)。

A. 终止　　B. 中止　　C. 中断　　D. 继续计算

(5)可撤销的建设工程施工合同,当事人应当请求(　　)撤销。

A. 建设行政主管部门　　B. 人民法院　　C. 监理单位　　D. 设计单位

3. **多选题**

(1)诉讼时效终止的事由包括(　　)。

A. 权利人提起请求

B. 提起诉讼

C. 因不可抗力不能行使请求权

D. 权利人死亡尚未找到继承人不能行使请求权

E. 义务人同意履行义务

(2)代理的种类包括(　　)。

A. 委托代理

B. 法定代理

C. 无权代理

D. 指定代理

E. 超越权限代理

(3)合同的内容一般包括(　　)条款。

A. 当事人的名称或者姓名和住所

B. 标的

C. 数量

D. 质量

E. 合同签订地点及公证人员姓名

(4)无效合同的法律责任包括(　　)。

A. 返还财产

B. 赔偿损失

C. 继续履行

D. 追缴财产

E. 暂不履行

(5)下列有关格式条款的表述中,错误的有(　　)。

A. 格式条款是经双方协商采用的标准合同条款

B. 提供格式条款方设置排除对方主要权利的条款无效

C. 当格式条款与非格式条款不一致时,应采用格式条款

D. 如果对争议条款有两种解释,应作出有利于提供格式条款方的解释

E. 如果对争议条款有两种解释,应作出不利于提供格式条款方的解释

4. 简答题

(1)合同管理在工程建设中有何作用?

(2)《合同法》的基本原则是什么?

(3)合同当事人的资格条件是什么?

(4)合同的形式有哪些?

(5)合同的内容一般包括哪些条款?

(6)合同订立的方式有哪些?

(7)合同成立的时间和合同成立的地点如何规定?

(8)缔约过失责任的成立要件有哪些?

(9)合同生效的一般要件有哪些?

(10)无效合同、可撤销或可变更合同具有哪些特征? 无效、被撤销合同的法律后果有哪些?

(11)合同的履行应遵循什么原则? 当事人在履行合同的过程中应尽的基本义务有哪些?

(12)合同变更的内容包括哪些?

(13)《合同法》对合同权利和义务的转让具体有哪些规定?

(14)合同终止的原因、承担违约责任的方式有哪些?

(15)合同纠纷的处理方式、处理原则是什么?

(16)简述合同的公证程序。

5. 案例分析

甲公司(承租方)与乙公司(出租方)于2004年1月2日签订《房屋租赁合同》,约定租赁用途为餐饮、住宿,租期10年,年租金70万元。付款方式:首次付款70万元,开业前再付70万元,两年后,一年一交,先交款后使用。合同规定乙方于合同签订后三个月内完成房屋配套工程、天然气管道工程及消防工程。

合同签订后，甲方依约将第一年租金支付乙方，但乙方却未按合同约定期限完成房屋配套、天然气管道输入，消防也没有达到要求，直到2005年4月14日，乙方才完成上述合同义务。

2005年4月15日，乙方向甲方发出催款通知书，要求甲方支付第二年租金。同时，乙方同意在第二年租金中扣除让出的三个月租金(即违约赔偿)。

甲方不同意上述要求，认为乙方迟延履行达一年之久，只扣除三个月租金不足以补偿自己的损失。于是明确提出书面要求：要求乙方扣除十个月房租，该房租可以由乙方返还甲方后，甲方再向乙方支付第二年租金，也可以从第二年房租中抵扣，否则甲方不支付乙方第二年房租。双方由此对支付第二年房租形成争议。

问题：甲方是否享有先履行抗辩权?

模块6　建设工程合同

【知识要点】　建设工程合同、监理合同、勘察设计合同、承揽合同、分包合同的基本概念；建设工程合同的特征及主要合同关系；监理合同的组成、特征及双方的权利和义务；勘察设计合同主要条款、双方权利及责任；物资采购合同的形式、履行及违约责任；承揽合同的履行；分包合同的形式、组成及履行。

【教学目标】　掌握建设工程合同的概念、特征及主要合同关系，建设工程监理合同的特征及双方权利和义务；熟悉建设工程勘察、设计合同双方的权利及责任，分包合同形式、履行；了解建设工程承揽合同。通过本模块学习，使学生初步具备拟定相关合同条款的能力。

课题6.1　建设工程合同体系

6.1.1　建设工程合同的概念和特征

6.1.1.1　建设工程合同的基本概念

建设工程合同是承包人进行工程建设，发包人支付价款的合同。建设工程合同包括工程勘察、设计、施工合同。

建设工程合同是建设工程的发包人为完成工程建设的任务，与承包人订立的合同，承包人应按照发包人的要求完成工程建设，发包人按照合同要求接受该建设工程并支付价款。承包人是指在建设工程合同中负责工程的勘察、设计、施工任务的一方当事人，承包人最主要的义务是进行工程建设，即进行工程的勘察、设计、施工等工作。发包人是指在建设工程合同中委托承包人进行工程的勘察、设计、施工任务的建设单位（或业主、项目法人），发包人最主要的义务是向承包人支付相应的价款。

建设工程合同是一类特殊的承揽合同，又称基本建设工程承揽合同。由于建设工程是一项耗资巨大、回收期长、安全性强、涉及面广的重大固定资产投资活动，所以《合同法》将建设工程合同从加工承揽合同中分离出来，列为独立的模块。

6.1.1.2　建设工程合同的特征

1. 建设工程合同主体的严格性

由于建设工程涉及人们的生命安全和国家重大财产的安全，所以国家严格规定了从事建设工程行业的从业资格。建设工程合同的主体一般只能是法人。《中华人民共和国建筑法》第十三条规定：从事建筑活动的施工企业、勘察单位、设计单位和工程监理单位，按照其拥有的注册资本、专业技术人员、技术装备和已完成的建筑工程业绩等资质条件，划分为不同的资质等级，经资质审查合格，取得相应等级的资质证书后，方可在其资质等级许可证的范围内从事建筑活动。因此，发包人、承包人必须具备一定的资格，否则，建设工程合同可能因主体不合格而导致无效。发包人对需要建设的工程,应经过计划管理部门审批,落实投资计划,并且应当具备相应的协调能力。承包人是有资格从事工程建设的企业,而且应当具备相应的勘察、设计、施工等资质,没有资格证书的,一律不得擅自从事工程勘察、设计业务;资质等级低的,不能越级承包工程。

2. 建设工程合同标的的特殊性

建设工程合同的标的是各类建筑产品,建筑产品是不动产。承包人所完成的工作成果不仅不可动,而且须长期存在并发挥作用,这就决定了每项工程的合同标的都是特殊的,相互间不可替代。另外,建筑产品的类别庞杂,其外观、结构、使用功能都各不相同,这就要求每一个建筑产品都需单独设计和施工,建筑产品单体性生产也决定了建设工程合同标的的特殊性。

3. 建设工程合同制订的计划性和程序性

由于工程建设对于国家经济发展、公民工作生活有重大影响,所以国家对建设工程的投资和程序有严格的管理程序,建设工程合同的订立和履行也必须遵守国家关于基本建设程序的规定。国家重大建设工程合同,应当按照国家规定的程序和国家批准的投资计划、可行性研究报告等文件订立。

4. 建设工程合同的要式性

建设工程合同,履行期限长,工作环节多,涉及面广,双方权利、义务应通过书面合同形式予以确定,不采用书面形式订立的建设工程合同不能有效成立。建设工程合同应当采用书面形式。

6.1.2 建设工程合同的主要合同关系

在工程建设过程中,涉及许多领域纷繁复杂的各种不同事务,是一个极为复杂的社会生产过程,分别经历了可行性研究、勘察、设计、工程施工和组织运行等阶段。一个建设工程,从土建、水电、暖通等专业设计和施工活动,到各种建筑材料、机械设备、资金和劳动力的供应,方方面面,缺一不可。在当前社会化大生产和专业化分工的社会背景下,一个工程中,相关的合同文件可能有几份、几十份,甚至上千份,它们之间形成各式各样的经济关系。工程中维系这些经济关系的纽带就是合同,所以产生了一系列各式各样相关联的合同关系。工程项目的建设过程实质上又是一系列经济合同的签订和履行过程,而在这一系列建设工程合同关系中,最主要的就是建设单位和承包商两方面。

6.1.2.1 建设单位的主要合同关系

建设单位作为工程建设的投资方,是工程的所有者,他可能是政府、企业、几个企业的组合、政府与企业的组合(如合资项目、BOT 项目的业主)等。业主投资一个项目,通常委派代理人(或代表)以业主的身份对工程进行经营管理。

建设单位在进行投资建设前,首先会确定出工程项目的整体目标,如建设单位根据自身需求,是准备建设民用建筑,或是桥涵隧道,或是水利工程,这个目标是所有相关工程合同的核心。要实现工程目标,建设单位必须将建设工程的勘察、设计、工程施工、设备和材料供应等工作委托出去,势必与相关单位签订合同。

(1)咨询(监理)合同。是业主与咨询(监理)公司签订的合同。咨询(监理)公司负责工程的可行性研究、设计监理、招标和施工阶段监理等某一项或几项工作。

(2)勘察、设计合同。是业主与勘察、设计单位签订的合同。勘察、设计单位负责工程的地质勘察和技术设计工作。

(3)物资采购合同。当由业主负责提供工程材料和设备时,业主与有关材料和设备供应单位签订物资采购合同。

(4)建设工程施工合同。为保证工程顺利建成,业主与工程承包商需签订建设工程施工合同。一个或几个承包商分别承包土建、安装、装饰、通信等工程施工。

(5)贷款合同。贷款合同是业主与金融机构签订的合同。金融机构向业主提供资金保证,按照资金来源的不同,可能有贷款合同、合资合同或 BOT 合同等。

6.1.2.2 承包商的主要合同关系

承包商是工程施工的具体实施者,是工程承包合同的执行者。承包商通过投标接受业主的委托,签订工程总承包合同。承包商要完成承包合同的责任,包括由工程量所确定的工程范围的施工、竣工和保修,为完成这些工程提供劳动力、施工设备、材料,有时也包括技术设计。任何承包商也不可能具备所有专业工程的施工能力、材料和设备的生产及供应能力,因此可以将部分工程或工作委托出去。所以,承包商常常又有自己复杂的合同关系。

(1)分包合同。对于一些大的工程,承包商常常必须与其他承包商合作才能完成总承包合同责任。承包商把从业主那里承接到的工程中的某些分项工程或工作分包给另一承包商来完成,则要与其签订分包合同。

承包商在承包合同下可能订立许多分包合同,而分包商仅完成总承包商分包给自己的工程,向总承包商负责,与业主无合同关系。总承包商仍向业主担负全部工程责任,负责工程的管理和所属各分包商工作之间的协调,以及各分包商之间合同责任界限的划分,同时承担由于协调失误造成损失的责任,向业主承担工程风险。在投标书中,承包商必须附上拟定的分包商的名单,供业主审查。如果在工程施工中重新委托分包商,必须经过监理工程师的批准。

(2)物资采购合同。承包商为工程所进行的必要的材料与设备的采购和供应,必须与供应商签订供应合同。

(3)运输合同。运输合同是承包商为解决材料和设备的运输问题而与运输单位签订的合同。

(4)租赁合同。在建设工程中,承包商需要许多施工设备、运输设备、周转材料。当有些设备、周转材料在现场使用率较低,或自己购置需要大量资金投入而自己又不具备这个经济实力时,可以采用租赁方式,与租赁单位签订租赁合同。

(5)劳务供应合同。建筑产品往往要花费大量的人力、物力和财力。承包商不可能全部采用固定工人来完成该项工程,为了满足任务的临时需要,往往要与劳务供应商签订劳务供应合同,由劳务供应商向工程提供劳务。

(6)保险合同。承包商按施工合同要求对工程进行保险,与保险公司签订保险合同。

上述承包商的这些合同都与工程承包合同相关,都是为了履行承包合同而签订的。此外,在许多大型工程中,尤其是在业主要求总承包的工程中,承包商经常是几个企业的联营,即联营承包(最常见的是设备供应商、土建承包商、安装承包商、勘察设计单位的联合投标),这时承包商之间还需订立联营合同。

6.1.3 建设工程合同体系

在建设工程实践中,对一个工程项目所签订的不同层次、不同种类的合同进行组合分析,可得到该工程的合同体系,如图 6-1 所示。在该合同体系中,所有合同都是为了完成业主的项目目标,都必须围绕这个目标签订和实施,这些合同之间都存在着复杂的内部联系,构成了该工程的合同网络。其中,工程承包合同是最普遍、最有代表性,也是最复杂的合同类型,在工程项目的合同体系中处于主导地位,是整个项目合同管理的重点。无论是业主、监理工程师还是承包人都将它作为合同管理的主要对象。

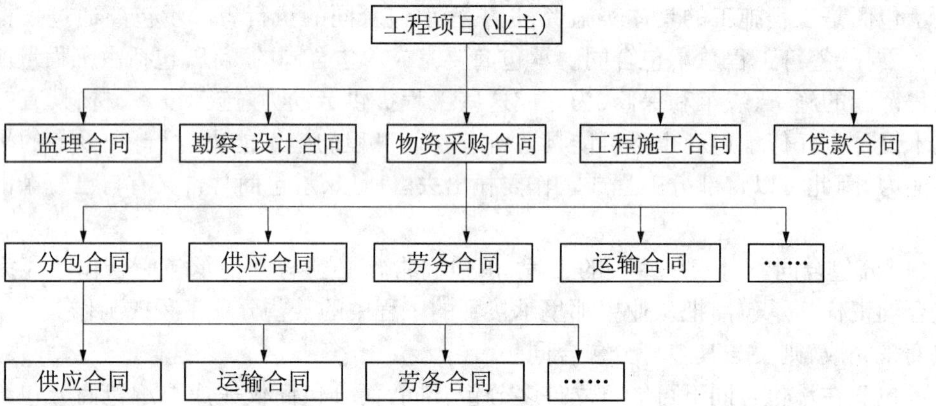

图 6-1 建设工程合同体系

课题 6.2 建设工程监理合同

6.2.1 建设工程委托监理合同的概念和特征

6.2.1.1 建设工程委托监理合同的概念

建设工程委托监理合同(监理合同)是指工程建设单位聘请监理单位代其对工程项目进行管理,明确双方权利、义务、法律责任等内容的协议。监理单位受建设单位委托,依据国家法律、行政法规以及相关设计文件和建设工程合同,对工程承包单位在工程质量、工程施工进度和建设资金投入使用等方面实施监督。建设单位及其合法继承人称委托人、监理单位及其合法继承人称监理人,他们是合同的主体。

中华人民共和国住房和城乡建设部、中华人民共和国国家工商行政管理总局于 2012 年 3 月 27 日颁布了《建设工程监理合同(示范文本)》(GF－2012－0202),该文本由建设工程委托监理合同、标准条件和专用条件组成。

(1)监理合同。建设工程委托监理合同是建设单位对监理单位的一个总委托协议书,是纲领性文件。合同中当事人双方确定委托监理工程概况(如工程名称、地点、规模和总投资等),并对合同签订、生效、完成时双方愿意履行约定的各项义务予以承诺和约定。该合同是一份标准的格式文件,经当事人双方填写具体规定的内容并签字盖章后才可以产生法律效力。

(2)标准条件。标准条件涵盖了合同中所用词语定义,适用范围和法规,签约双方的义务、权利和责任,合同生效、变更与终止,监理报酬,争议解决以及其他一些情况。标准条件是监理合同的通用文本,适用于各类工程建设监理委托,是所有签约工程都应遵守的基本条件。

(3)专用条件。由于标准条件适用于各类工程建设监理委托,因此其中的某些条款规定得较笼统,在需要签订具体工程项目的监理合同时,在专用条件中会就地域特点、专业特点和委托监理项目的特点,对标准条件中的某些条款进行补充。若标准条件中规定的部分内容双方认为不合适,也可以协议修正。专用条件不能单独使用,它必须与标准条件结合在一起才能使用。

6.2.1.2 建设工程委托监理合同的特征

(1)监理合同的当事人双方应当是具有民事权利能力和民事行为能力、取得法人资格的企事业单位或其他社会组织,个人在法律允许范围内也可以成为合同当事人。

(2)委托人必须是由国家批准的建设项目,落实投资计划的企事业单位、其他社会组织及个人。

(3)监理人必须是依法成立的具有法人资格的监理单位,并且所承担的工程监理业务应与单位资质相符合。

(4)委托监理合同的标的是服务。工程建设实施阶段所签订的其他合同,如勘察设计合同、施工承包合同、物资采购合同、加工承揽合同的标的是产生新的物质或信息成果,而监理合同的标的是服务,即监理工程师凭据自己的知识、经验、技能受业主委托为其所签订的其他合同的履行实施监督和管理。

6.2.2 合同主体双方的主要权利和义务

双方签订合同的根本目的是实现合同标的,明确双方的权利和义务。为了使合同更加清晰明确、便于掌握,在《建设工程委托监理合同(示范文本)》(GF-2000-0202)的标准条件中,明确给出监理人义务、委托人义务、监理人权利和委托人权利的相关内容。

6.2.2.1 委托人的权利和义务

1. 委托人的权利

(1)委托人有选定工程总承包人,以及与其订立合同的权利。

(2)委托人有对工程规模、设计标准、规划设计、生产工艺设计和设计使用功能要求的认定权,以及对工程设计变更的审批权。

(3)监理人调换总监理工程师须事先经委托人同意。

(4)委托人有权要求监理人提交监理工作月报及监理业务范围内的专项报告。

(5)当委托人发现监理人员不按监理合同履行监理职责,或与承包人串通给委托人或工程造成损失的,委托人有权要求监理人更换监理人员,直到终止合同并要求监理人承担相应的赔偿责任或连带赔偿责任。

2. 委托人的义务

(1)委托人在监理人开展监理业务之前应向监理人支付预付款。

(2)委托人应当负责工程建设的所有外部关系的协调,为监理工作提供外部条件。根据需要,如将部分或全部协调工作委托监理人承担,则应在专用条件中明确委托的工作和相应的报酬。

(3)委托人应当在双方约定的时间内免费向监理人提供与工程有关的为监理工作所需要的工程资料。

(4)委托人应当在专用条件约定的时间内就监理人书面提交并要求做出决定的一切事宜给予书面决定。

(5)委托人应当授权一名熟悉工程情况、能在规定时间内做出决定的常驻代表(在专用条件中约定)负责与监理人联系。委托人更换常驻代表,要提前通知监理人。

(6)委托人应当将授予监理人的监理权利,以及监理人主要成员的职能分工、监理权限及时书面通知已选定的承包合同的承包人,并在与第三人签订的合同中予以明确。

(7)委托人应在不影响监理人开展监理工作的时间内提供如下资料:①与本工程合作的原材料、构配件、机械设备等生产厂家名录;②与本工程有关的协作单位、配合单位的名录。

(8)委托人应免费向监理人提供办公用房、通信设施、监理人员工地住房及合同专用条件约定的设施,对监理人自备的设施给予合理的经济补偿。

(9)根据情况需要,如果双方约定,由委托人免费向监理人提供其他人员,应在监理合同专用条件中予以明确。

6.2.2.2　**监理人的权利和义务**

1. 监理人的权利

监理人在委托人委托的工程范围内,享有以下权利:

(1)选择工程总承包人的建议权。

(2)选择工程分包人的认可权。

(3)对工程建设有关事项包括工程规模、设计标准、规划设计、生产工艺设计和使用功能要求,向委托人的建议权。

(4)对工程设计中的技术问题,按照安全和优化的原则,向设计人提出建议;如果拟提出的建议可能会提高工程造价,或延长工期,应当事先征得委托人的同意。当发现工程设计不符合国家颁布的建设工程质量标准或设计合同约定的质量标准时,监理人应当书面报告委托人并要求设计人更正。

(5)审批工程施工组织设计和技术方案,按照保质量、保工期和降低成本的原则,向承包人提出建议,并向委托人提出书面报告。

(6)主持工程建设有关协作单位的组织协调,重要协调事项应当事先向委托人报告。

(7)征得委托人同意,监理人有权发布开工令、停工令、复工令,但应当事先向委托人报告。如在紧急情况下未能事先报告,则应在24小时内向委托人做出书面报告。

(8)工程上使用的材料和施工质量的检验权。对于不符合设计要求和合同约定及国家质量标准的材料、构配件、设备,有权通知承包人停止使用;对于不符合规范和质量标准的工序、分部分项工程和不安全施工作业,有权通知承包人停工整改、返工。承包人得到监理机构下达复工令后才能复工。

(9)工程施工进度的检查、监督权,以及工程实际竣工日期提前或超过工程施工合同规定的竣工期限的签认权。

(10)在工程施工合同约定的工程价格范围内,工程款支付的审核和签认权,以及工程结算的复核确认权与否决权。未经总监理工程师签字确认,委托人不支付工程款。

监理人在委托人授权下,可对任何承包人合同规定的义务提出变更。如果因此严重影响了工程费用、质量或进度,则这种变更须经委托人事先批准。在紧急情况下未能事先报委托人批准时,监理人所做的变更也应尽快通知委托人。在监理过程中如发现工程承包人员工作不力,监理机构可要求承包人调换有关人员。

在委托的工程范围内,委托人或承包人对对方的任何意见和要求(包括索赔要求),均必须首先向监理机构提出,由监理机构研究处置意见,再同双方协商确定。当委托人和承包人发生争议时,监理机构应根据自己的职能,以独立的身份判断,公正地进行调解。当双方的争议由政府建设行政主管部门调解或仲裁机关仲裁时,应当提供作证的事实材料。

2. 监理人的义务

(1)监理人按合同约定派出监理工作需要的监理机构及监理人员,向委托人报送委派的总监理工程师及其监理机构主要成员名单、监理规划,完成监理合同专用条件中约定的监理工程范围内的监理业务。在履行合同义务期间,应按合同约定定期向委托人报告监理工作。

(2)监理人在履行本合同的义务期间应积极认真工作,为委托人提供与其水平相适应的咨询意见,公正维护各方面的合法权益。

(3)监理人使用委托人提供的设施和物品属委托人的财产,在监理工作完成或中止时,应将其设施和剩余的物品按合同约定的时间和方式移交给委托人。

(4)在合同期内或合同终止后,未征得有关方同意,不得泄露与本工程、本合同业务有关的保密资料。

6.2.3 建设工程监理合同的履行

建设监理合同当事人应当严格按照合同的约定履行各自的义务。当然,最主要的是,监理单位应当完成监理工作,业主应当按照约定支付监理酬金。

6.2.3.1 监理单位完成的监理工作

工程建设监理工作包括工程监理的正常工作、附加工作和额外工作。

建设工程合同的标的是服务,是监理人为委托人提供的监理服务。工程建设监理的主要内容是控制工程建设的投资、建设工期和工程质量,进行工程建设合同管理,协调有关单位间的工作关系。按照这一规定,委托人委托监理业务范围非常广泛,从工程建设各阶段来说可以包括项目前期立项咨询到设计阶段、实施阶段、保修阶段的监理。在每一阶段,又可以进行投资、质量、工期的三大控制,以及信息、合同两项管理。

(1)正常工作。工程监理的正常工作是指双方在专用条件内约定,委托人委托的监理工作范围和内容。

(2)附加工作。工程监理的附加工作是指委托人委托监理范围以外,通过双方书面协议另外增加的工作内容;由于委托人或承包人原因,监理工作受到阻碍或延误,因增加工作量或持续时间而增加的工作。

(3)额外工作。工程监理的额外工作是指正常工作和附加工作以外或非监理人自己的原因而暂停或终止监理业务产生的善后工作及恢复监理业务工作。

6.2.3.2 监理酬金的支付

合同双方当事人可以在专用条件中约定以下内容:①监理酬金的计取方法;②支付监理酬金的时间和数额;③支付监理酬金所采用的货币币种、汇率。

如果业主在规定支付期限内未支付监理酬金,自规定支付之日起,应当向监理单位补偿应付的酬金利息。利息额按规定支付期限最后一日银行贷款利率乘以拖欠酬金时间计算。

6.2.3.3 违约责任

任何一方对另一方负有责任时,赔偿原则如下:

(1)赔偿应限于由于违约所造成的,可以合理预见的损失和损害的数额。

(2)在任何情况下,赔偿的累计数额不应超过专用条件中规定的最大赔偿限额;在监理单位一方,其赔偿总额不应超出监理酬金总额(除去税金)。

(3)如果任何一方与第三方共同对另一方负有责任,则负有责任一方所应付的赔偿比例应限于由其违约所应负责的那部分比例。

监理工作的责任期即监理合同的有效期。监理单位在责任期内,如果因过失而造成了经济损失,要负监理失职责任。在监理过程中,如果完成全部议定监理任务因工程进展的推迟或延误而超过议定的日期,双方应进一步商定相应延长的责任期,监理单位不对责任期以外发生的任何事件所引起的损失或损害负责,也不对第三方违反合同规定的质量要求和竣工时限承担责任。

课题 6.3 建设工程勘察、设计合同

6.3.1 建设工程勘察、设计合同的基本概念及主要条款

6.3.1.1 建设工程勘察、设计合同的基本概念

建设工程勘察、设计合同简称勘察、设计合同,它是勘察合同与设计合同的统称。建设工程勘察、设计合同指发包人与承包人为完成勘察、设计任务,明确双方权利、义务的协议。建设单位或建设项目总承包单位为发包人。持有国家认可的勘察、设计证书,具备经有关部门核准的资质等级的勘察、设计单位为承包人。根据建设工程勘察、设计合同,承包人应完成委托方委托的勘察、设计任务,发包人接受符合合同要求的勘察、设计成果并支付报酬。

6.3.1.2 建设工程勘察、设计合同的主要条款

为了规范勘察、设计合同,《合同法》第二百七十四条规定:勘察、设计合同的内容包

括提交有关基础资料和文件(包括概(预)算)的期限、质量要求、费用以及其他协作条件等条款。建设工程勘察、设计合同应当具备的主要条款如下:

(1)工程名称、工程地点、工程规模、合同编号、证书等级及合同签订日期。建设工程勘察、设计合同应当具备一般合同的条款,如发包人、承包人的名称和住所、标的、质量、价款、履行方式、地点、期限、违约责任、解决争议的方法等。由于建设工程勘察、设计合同标的的特殊性,法律还对建设工程勘察、设计合同中某些内容作出特别规定,成为建设工程勘察、设计合同中不可缺少的条款。

(2)发包人提交有关基础资料和文件(包括概(预)算)的期限。为使工程勘察、设计工作顺利进行,发包人应向承包人提供相关资料和文件,且勘察人或设计人须在规定期限内完成并向发包人提交工作成果,如超过规定期限应当承担违约责任。

勘察或设计基础资料是指勘察、设计单位进行勘察、设计工作所依据的基础文件和情况。勘察基础资料包括可行性报告,工程需要勘察的地点、内容,勘察技术要求及附图等。设计的基础资料包括工程的选址报告等勘察资料以及原料(或者经过批准的资源报告)、燃料、水、电、运输等方面的协议文件,需要经过科研取得的技术资料。提交勘察、设计文件也是勘察人、设计人的基本义务。勘察文件一般包括对工程选址的测量数据、地质数据和水文数据等。设计文件主要包括建设工程设计图纸及说明、材料设备清单和工程的概(预)算等。

(3)勘察、设计的质量要求。主要是指发包人对勘察、设计工作提出的标准和要求。勘察人、设计人应当按照勘察设计规范和合同约定的质量要求进行勘察、设计工作,按时提交符合质量要求的勘察、设计成果。勘察、设计质量要求是确定勘察人、设计人工作责任的重要依据。

(4)勘察、设计费用。是发包人对承包人完成勘察、设计工作的报酬。支付勘察、设计费是发包人在勘察、设计合同中的主要义务,因此在勘察、设计费用条款中应当明确勘察、设计费用的数额或计算方法以及勘察、设计费用支付的方式、地点和时间等内容。

(5)双方其他协作条件。是指双方当事人为了保证勘察、设计工作的顺利完成所应当履行的相互协助的义务。发包人的主要协作义务是在勘察、设计人员入场工作时,为勘察、设计人员提供必要的工作条件和生活条件,以保证其正常开展工作。勘察人、设计人的主要协作义务是配合工程建设的施工,解决施工中的有关勘察、设计问题,设计人要负责设计变更和修改预算,参加试车考核和工程验收等。对于大中型工业项目和复杂的民用工程应当派人现场设计,并参加隐蔽工程的验收等。

6.3.2 建设工程勘察、设计合同的履行

建设工程勘察、设计合同的履行主要表现在费用的支付和双方责任两方面。

6.3.2.1 费用标准及支付方式

1. 勘察费及支付方式

勘察费按国家规定的现行收费标准计取,或以预算包干、中标价加签证、实际完成工作量结算等方式计取收费。若国家规定的收费标准中没有规定的收费项目,由发包人、勘察人另行议定。勘察合同生效后3日内,发包方向勘察人支付预算勘察费总额的20%作

为定金,之后按合同约定,随工程进度分批拨付费用。全部勘察工作结束后,承包人按合同规定时间向发包人提交勘察报告书和图纸,发包人收取资料后,在规定期限内按实际勘察工程量付清勘察费。

2. 设计费及支付方式

设计费一般根据不同建设规模和工程内容的繁简程度制定不同的收费定额或计价规范,再根据定额或计价规范来计算收取的费用。与勘察费一样,设计费也是在设计合同生效后3日内,发包方向设计人支付预算设计费总额的20%作为定金,之后按合同约定分批拨付费用。

根据国家有关规定,发包人和承包人应在合同中明确勘察、设计费的额度和支付期限。发包人不履行合同的,无权要求返还定金;勘察、设计人不履行合同的,应当双倍返还定金。

6.3.2.2 双方责任

1. 勘察合同双方责任

发包人责任:①发包人应在规定的时间内向承包人提供资料文件,并对其完整性、正确性以及时限性负责;②若在勘察工作范围内没有资料、图纸,发包人应负责清查地下埋藏物,如因未提供上述资料、图纸,或提供的资料、图纸不可靠,致使勘察人在勘察工作过程中发生人身伤害或造成经济损失,由发包人承担相应责任;③发包人应及时为勘察人提供并解决勘察现场的工作条件和出现的问题,如落实土地征用、青苗树木赔偿、拆除地上地下障碍物、处理施工扰民及影响施工正常进行的有关问题、平整场地、修好通行道路、接通电源水源等,并承担其费用;④由于发包人原因造成勘察人停工、窝工,除工期顺延外,发包人应支付停工、窝工费;⑤发包人应保护勘察人提交的成果资料(如投标书、勘察方案、文件、资料图纸、数据等),未经勘察人同意,发包人不得复制、不得泄露、不得擅自修改、传送或向第三人转让或用于合同外的项目,否则发包人应负法律责任。

勘察人责任:①勘察人应按国家相关技术规范、标准和合同约定的技术要求进行工程勘察,按合同规定的时间提交质量合格的勘察成果资料,并对其负责;②由于勘察人提供的勘察成果资料质量不合格,勘察人应负责无偿给予补充完善使其达到质量合格;③在现场工作的勘察人员,应遵守发包人的安全保卫及其他有关的规章制度,承担其有关资料保密义务。

2. 设计合同双方责任

发包人责任:①发包人应在规定的时间内向设计人提供资料文件,并对其完整性、正确性以及时限性负责,发包人不得要求设计人违反国家有关标准进行设计;②发包人变更委托设计项目、规模、条件或因提交的资料错误,或所提交资料有较大修改,以致设计人设计需返工时,双方除需另行协商签订补充协议或另订合同、重新明确有关条款外,发包人应按设计人所耗工作量向设计人增付设计费;③发包人应为派赴现场处理有关设计问题的工作人员提供必要的工作、生活及交通等方便条件;④发包人应保护设计人提交的设计资料(如投标书、勘察方案、文件、资料图纸、数据、计算软件和专利技术等),未经设计人同意,发包人对设计人交付的设计资料不得复制、不得泄露、不得擅自修改、不得传送或向第三人转让或用于合同外的项目,否则发包人应负法律责任。

设计人责任:①设计人应按国家相关技术规范、标准和发包人提出的设计要求进行工程设计,按合同规定的时间提交质量合格的设计成果资料,并对其负责。②设计人交付规定设计资料及文件后,按规定参加有关的设计审查,并根据审查结论负责对不超过原定范围的内容做必要调整补充。设计人按合同规定时限交付设计资料和文件,若本年内项目开始施工,设计人负责向发包人及施工单位进行设计交底、处理有关设计问题和参加竣工验收;若在一年内项目尚未开始施工,设计人仍负责上述工作,应按所需工作量向发包人适当收取咨询服务费,费用额度由双方确定。③设计人应保护发包人的设计产权,不得向第三人泄露、转让发包人提交的产品图纸等技术经济资料。如发生以上情况并给发包人造成经济损失,发包人有权向设计人索赔。

6.3.3 勘察、设计合同的违约责任

6.3.3.1 发包人的违约责任

(1)在合同履行期间,发包人要求终止或解除合同,承包人(勘察人、设计人)未开始工作的,不退还发包人已付定金。已开始勘察、设计工作的,发包人应根据已进行的实际工作量,不足一半时,按该阶段勘察、设计费的一半支付;超过一半时,按该阶段勘察、设计费的全部支付。

(2)发包人应按合同规定的金额和时间向设计人支付勘察、设计费,逾期应承担支付金额的逾期违约金。逾期超过30日以上时,勘察人、设计人有权暂停进行下阶段工作。

6.3.3.2 承包人(勘察人、设计人)的违约责任

对于承包人而言,必须保证建设工程勘察、设计的质量,这是勘察人和设计人所需承担责任的关键所在。《合同法》第二百八十条规定:勘察、设计的质量不符合要求或者未按照期限提交勘察、设计文件,拖延工期,造成发包人损失的,勘察人、设计人应当继续完善勘察、设计,减收或者免收勘察、设计费并赔偿损失。由此可见,勘察人、设计人承担违约责任的方式包括:

(1)承包人有继续完善合同约定的义务。在发生上述违约行为后,双方当事人应当重新约定勘察、设计完成和提交的时间,勘察人、设计人仍应继续完善或完成勘察、设计任务,而不得拒绝完成工作任务。

(2)对承包人减收或免收勘察、设计费。在发生上述违约行为后,勘察人、设计人应当根据违约程度的大小,减收或者免收勘察、设计费用。

(3)承包人向发包人赔偿损失。若因勘察人、设计人的违约行为造成发包人经济损失,勘察人、设计人除减收或免收勘察费、设计费外,还应当赔偿发包人的经济损失。

课题6.4 建设工程物资采购合同

6.4.1 建设工程物资采购合同的基本概念

建设工程物资采购合同是指出卖人(即卖方)与买受人(即买方)为实现建设工程物资买卖,所确立的设立、变更、终止相互权利与义务关系的协议。建设工程物资采购合同

是一种物资交易的买卖合同,不过它是以建设物资为交易标的的特殊买卖合同。建设工程物资采购合同的主体是出卖人与买受人。出卖人是物资供应方,一般为物资供应部门或建筑材料和设备的生产厂家;买受人是物资采购方,为建设单位或建筑承包企业。

6.4.2 材料采购合同、设备采购合同

建设工程物资采购合同,一般分为材料采购合同和设备采购合同。建筑材料和设备的供应须经过订货、生产(加工)、运输、储存、使用(安装)等各个环节,是一个非常复杂的过程。材料采购合同和设备采购合同是连接生产、流通和使用的纽带。

6.4.2.1 材料采购合同

材料采购合同的主要内容有标的、数量、包装、运输方式、价格、结算、违约责任和特殊条款等。

1. 材料采购方式

材料采购方式主要有三种:①公开招标方式。买方提出招标文件,详细说明供应条件、品种、数量、质量要求、供应地点等,由供应方报价,经过竞争签订供应合同。这种方式适用于大批量采购。②“询价 - 报价”方式。买方按要求向几个供应商发出询价函,由供应商给出回复。买方经过对比分析,选择一个符合要求、资信好、价格合理的供应商签订合同。③直接采购方式。买方直接向供方采购,双方商谈价格,签订供应合同。零星材料(品种多、价格低)多以直接采购形式购买,不需签订书面的供应合同。

2. 材料采购合同的履行

材料采购合同订立后,应依《合同法》的规定予以全面地、实际地履行。

(1)按约定的标的履行。买方交付的货物必须与合同规定的名称、品种、规格、型号相一致,除非采购方同意,不允许以其他货物代替合同中规定的货物,也不允许以支付违约金或赔偿金的方式代替履行合同。

(2)按合同规定的期限、地点交付货物。交付货物的日期应在合同规定的交付期限内,实际交付的日期早于或迟于合同规定的交付期限,即视为同意延期交货。提前交付,买方可拒绝接受。逾期交付的,应当承担逾期交付的责任。

(3)按合同规定的数量和质量交付货物。对于交付货物的数量应当场检验,清点账目后,由双方当事人签字。对于质量的检验,外在质量可当场检验,内在质量需做物理或化学试验,试验的结果为验收的依据。卖方在交货时,应将产品合格证随同产品交买方据以验收。材料的检验,对买方来说既是一项权利也是一项义务,买方在收到标的物时,应当在约定的检验期间内检验,没有约定检验期间的,应当及时检验。当事人约定检验期间的,买方应当在检验期间内将标的物的数量或者质量不符合约定的情形通知卖方。买方怠于通知的,视为标的物的数量或者质量符合约定。

3. 违约责任

卖方不能交货的,应向买方支付违约金;卖方所交货物与合同规定不符的,应根据情况由卖方负责包换、包退、包赔,由此造成的买方损失,卖方承担不能按合同规定期限交货的责任或提前交货的责任。买方中途退货,应向卖方支付违约金;逾期付款,应按中国人民银行关于延期付款的规定向卖方支付逾期付款违约金。

6.4.2.2 设备采购合同

成套设备供应合同的一般条款主要包括:产品(成套设备)的名称、品种、型号、规格、等级、技术标准或技术性能指标,数量和计量单位;包装标准及包装物的供应与回收的规定;交货单位、交货方式、运输方式、到货地点、交(提)货单位,交(提)货期限,验收方法,产品价格,结算方式、开户银行、账户名称、账号、结算单位;违约责任等。

1. 设备采购方式

建设工程设备采购方式主要有三种:①委托承包。由设备成套公司根据发包单位提供的成套设备清单进行承包供应,并收取设备价格一定百分比的成套业务费。②按设备包干。根据发包单位提出的设备清单及双方核定的设备预算总价,由设备成套公司承包供应。③招标投标。发包单位对需要的成套设备进行招标,设备成套公司参加投标,按照中标结果承包供应。除上述三种方式外,设备成套公司还可以根据项目建设单位的要求以及自身能力,联合科研单位、设计单位、制造厂家和设备安装企业等,对设备进行从工艺、产品设计到现场设备安装、调试总承包。

2. 设备供应合同的履行

设备供应合同供方的责任有:①组织有关生产企业到现场进行技术服务,处理有关设备技术方面的问题。②供方应了解、掌握工程建设进度和设备到货、安装进度,协助联系设备的交货、到货等工作,按施工现场设备安装的需要保证供应。③参与大型、专用、关键设备的开箱验收工作,配合建设单位或安装单位处理在接运、检验过程中发现的设备质量和缺损件等问题,明确设备质量问题的责任。④及时向有关主管单位报告重大设备质量问题,以及项目现场未能解决的其他问题。当出现重大意见分歧或争执,而施工单位或建设单位坚持处理时,应及时写出备忘录备查。⑤参加工程的竣工验收,处理在工程验收中发现的有关设备的质量问题。⑥监督和了解生产企业派驻现场的技术服务人员的工作情况,并对他们的工作进行指导和协调。⑦做好现场服务工作日记,及时记录日常服务工作情况及现场发生的设备质量问题和处理结果,定期向有关单位抄送报表、汇报工作情况,做好现场工作总结。⑧成套设备生产企业应按照现场服务组的要求,及时派出技术人员到现场,并在现场服务组的统一领导下开展技术服务工作;同时对本厂供应的产品的技术、质量、数量、交货期、价格等全面负责。配套设备的技术、质量等问题也应由成套设备生产企业统一负责联系和处理解决。此外,该企业还要及时答复或解决现场服务组提出的有关设备的技术、质量、缺损件等问题。

设备供应合同需方的责任有:①建设单位应向供方提供设备详细的技术设计资料和施工要求;②应配合供方做好设备的计划接运(收)工作,协助驻现场的技术服务组开展工作;③按合同要求参与并监督现场的设备供应、验收、安装、试车等工作;④组织各有关方面进行工程验收,提出验收报告。

课题 6.5 建设工程其他合同

工程建设是一项复杂的社会生产工程,牵涉到不同领域,形成各种各样的合同关系。除建设工程监理委托合同,建设工程勘察、设计合同,物资采购合同以及后面讲到的建筑工程施工合同外,还会涉及承揽合同、工程保险合同、工程担保合同、货物运输合同、加工合同、租赁合同等其他合同。这些合同关系共同构成了一个完整的建设工程合同体系。

6.5.1 承揽合同

6.5.1.1 承揽合同的基本概念及特征

承揽合同是承揽人按照定做人的要求完成工作,交付工作成果,定做人给付报酬的合同。承揽合同的内容包括承揽的标的、数量、质量、报酬、承揽方式、材料的提供、履行。

承揽合同具有以下特征:①承揽合同的标的是按照定做人的要求完成的工作成果。②工作成果不仅要体现定做人的要求,而且要有相应的物质形态。加工定做要有符合定做人要求的物品,修理、复制要有符合定做人要求的修复完好的物品。③承担合同是诺成合同、双务合同、有偿合同。

6.5.1.2 承揽合同的履行

1. 承揽人的履行

根据《合同法》规定,承揽人应当以自己的设备、技术和劳力完成主要工作,但当事人另有约定的除外。若承揽人将其承揽的主要工作交由第三人完成,须经定做人同意,未经定做人同意的,定做人可以要求解除合同。此外,承揽人可以将其承揽的辅助工作交由第三人完成,且应当就该第三人完成的工作成果向定做人负责。

对于材料的提供,如果承揽人提供材料,承揽人应当按照约定选用材料,并接受定做人检验。如果定做人提供材料,承揽人应当对定做人提供的材料及时检验,发现不符合约定时,及时通知定做人更换、补齐或者采取其他补救措施。承揽人不能擅自更换定做人提供的材料,也不能更换不需要修理的零部件。

承揽人在工作期间,应当接受定做人必要的监督检验。承揽人完成工作后,应当向定做人交付工作成果,并提交必要的技术资料和有关质量证明。承揽人交付的工作成果不符合质量要求的,须按照定做人的要求承担修理、重做、减少报酬、赔偿损失等违约责任。

2. 定做人的履行

在整个工作期间,承揽工作需要定做人协助的,定做人有协助的义务。定做人不履行协助义务致使承揽工作不能完成的,承揽人可以催告定做人在合理期限内履行义务,并可以顺延履行期限;定做人逾期不履行的,承揽人可以解除合同。

定做人中途变更承揽工作的要求,造成承揽人损失的,应当赔偿损失,而且定做人不得因监督检验妨碍承揽人的正常工作。定做人可以随时解除承揽合同,但如果造成承揽人损失的应当予以赔偿。

定做人应当按照约定的期限支付报酬。定做人未向承揽人支付报酬或者材料费等价款的,承揽人对完成的工作成果享有留置权。

6.5.2 建设工程施工分包合同

6.5.2.1 建设工程施工专业分包合同

《建设工程施工专业分包合同(示范文本)》(GF-2015-0213)是在《建设工程施工合同(示范文本)》(GF-2013-0201)执行后制定的,两个文本依照的法律法规和遵循的原则是一样的。文本结构与词语含义及表述、顺序也基本相同,后者以前者的基本框架为基础。

专业分包合同包括协议书、通用条款和专用条款三部分,专用条款与通用条款条目相对应,是通用条款在具体工程上的落实。协议书中合同双方为承包人和分包人。

组成专业分包合同的文件及优先解释顺序如下:①本合同协议书;②中标通知书(存在时);③分包商的投标函及报价书;④除总包合同工程价款外的总包合同文件;⑤本合同专用条款;⑥本合同通用条款;⑦本合同工程建设标准、图纸;⑧合同履行过程中,承包人和分包商协商一致的其他书面文件。

专业分包合同是以发包人与承包人已经签订施工总承包合同为前提条件的,承包人对发包人负责,分包人对承包人负责,分包人履行总包合同中与分包工程有关的承包人的所有义务,并与承包人承担履行分包工程合同以及确保分包工程质量的连带责任。因此,分包人应全面了解总包合同除价格内容外各项规定,以便明确己方的责任范围。根据分包人与发包人的关系条款规定,分包人须服从承包人转发的发包人或工程师与分包工程有关的指令。未经承包人允许,分包人不得以任何理由与发包人或工程师发生直接工作联系,分包人不得直接致函发包人或工程师,也不得直接接受发包人或工程师的指令。如分包人与发包人或工程师发生直接工作联系,将被视为违约,并承担违约责任。

与施工合同工程分包条款相比较,分包人没有将工程分包的权利,仅可经承包人同意进行劳务分包。分包人应对再分包的劳务作业质量等相关事宜进行督促和检查,并承担相关连带责任。

6.5.2.2　建设工程施工劳务分包合同

《建设工程施工劳务分包合同(示范文本)》(GF－2015－0214)和施工专业分包合同一样,是为配合工程施工合同而制定的分包合同。劳务分包合同是以发包人与工程承包人已经签订施工总承包合同或专业承(分)包合同为前提条件的,依照法律法规与遵循原则同前两个合同文本。由于劳务分包合同所含的工作规模小,合同总价低,涉及的技术规范和法律概念在前两个合同文本中已有明确规定,所以本合同文本较之更简单、更明了。

劳务分包合同文本采用了较简化的表达方式,将协议书、通用条款和专用条款合为一体,国家对双方当事人的行为规范要求分条款表明,双方将协商好的量化意见填在相应条款的空格中即可。组成施工劳务分包合同的文件及解释顺序如下:①本合同;②本合同附件;③本工程施工总承包合同;④本工程施工专业承(分)包合同。

劳务分包人对劳务分包范围内的工程质量向工程承包人负责,组织具有相应资格证书的熟练工人投入工作。未经工程承包人授权或允许,不得擅自与发包人及有关部门建立工作联系。劳务分包人须服从工程承包人转发的发包人及工程师指令。

劳务报酬可按以下三种方式计算:①固定劳务报酬(含管理费);②约定不同工种劳务的计时单价(含管理费),按确认的工时计算;③约定不同工作成果的计件单价(含管理费),按确认的工程量计算。

劳务分包人不得将劳务分包合同中的劳务作业转包或再次分包给他人,否则劳务分包人将依法承担责任。

小　结

建设工程合同是建设工程的发包人为完成工程建设的任务，与承包人订立的合同，承包人应按照发包人的要求完成工程建设，发包人按照合同要求接受该建设工程并支付价款。建设工程合同包括工程监理合同，勘察、设计合同，物资采购合同，施工合同等。

建设工程合同具有以下特征：建设工程合同主体的严格性、建设工程合同标的的特殊性、建设工程合同制订的计划性和程序性以及建设工程合同的要式性等。

建设工程委托监理合同（监理合同）是指工程建设单位聘请监理单位代其对工程项目进行管理，明确双方权利、义务、法律责任等内容的协议。在《建设工程委托监理合同（示范文本）》（GF－2000－0202）的标准条件中，明确给出监理人义务、委托人义务、监理人权利和委托人权利的相关内容。

建设工程勘察、设计合同（勘察、设计合同）是勘察合同与设计合同的统称。建设工程勘察、设计合同指发包人与承包人为完成勘察、设计任务，明确双方权利与义务的协议。

建设工程物资采购合同是指出卖人与买受人为实现建设工程物资买卖，所确立的设立、变更、终止相互权利与义务关系的协议。

承揽合同是承揽人按照定做人的要求完成工作，交付工作成果，定做人给付报酬的合同。承揽包括加工、定做、修理、复制、测试、检验等工作。

建设工程施工分包合同包括专业分包合同和劳务分包合同，是以发包人与承包人签订的建设工程施工合同为前提的，承包人对发包人负责，分包人对承包人负责。

习　题

1. 名词解释

①建设工程合同；②监理合同；③物资采购合同；④承揽合同；⑤分包合同。

2. 单选题

(1)根据设计合同规定，办理各设计阶段设计文件的审批工作应由(　　)负责。

A. 发包人　　B. 承包人　　C. 监理人　　D. 总监理工程师

(2)依据监理合同的规定，(　　)不属于委托人的责任。

A. 委托人选定的质量检测机构试验数据错误

B. 因非监理人原因使监理人受到损失

C. 委托人向监理人提出的赔偿要求不能成立

D. 监理人的过失导致合同终止

(3)监理单位需要调换监理机构的总监理工程师人选时，(　　)。

A. 通知发包人后即可调换　　B. 无须通知发包人可自行调换

C. 取得发包人书面同意后才能调换　　D. 合同签订后不允许调换

(4)根据材料采购合同的规定，材料在运输的过程中发生的问题，由(　　)承担。

A. 运输部门　　B. 采购方　　C. 供货方　　D. 合同约定的责任方

(5)依据材料采购合同的规定,采购方要求中途退货,应向供货方按(　　)支付违约金。

A. 全部货款总额　　B. 合同约定的方法

C. 退货部分货款总额　　D. 当事人协商

3. **多选题**

(1)根据勘察合同的规定,发包人应为勘察人提供的现场工作条件包括(　　)。

A. 落实土地征用、青苗补偿

B. 项目的可行性研究报告

C. 处理施工扰民问题

D. 平整施工现场

E. 提供便利的交通与通信条件

(2)在设计合同的执行过程中,委托方因故要求中途停止设计时需(　　)。

A. 书面通知设计人

B. 按实际完成工程量支付设计费

C. 结束合同关系

D. 请求仲裁

E. 支付违约金

(3)在工程委托监理合同履行中,下列关于违约责任的说法中正确的有(　　)。

A. 委托人违约应承担违约责任

B. 监理人因过失承担的赔偿额按实际损失计算

C. 监理人因过失承担的赔偿额以扣除税金的监理酬金为限

D. 监理人对责任期以外发生的任何事情引起的损失不负责任

E. 监理人对第三方违反合同规定的质量要求不承担责任

(4)工程设计合同示范文本中,发包人委托的设计任务可以包括(　　)。

A. 项目建议书

B. 初步设计

C. 技术设计

D. 产品设计

E. 施工图设计

(5)发包人采购的建筑材料,按规定通知承包人共同验收,而届时承包人未派人参加,则(　　)。

A. 材料不需验收直接交给承包人保管

B. 工程单独验收

C. 验收后交给承包人保管

D. 若发生损坏或丢失由发包人负责

E. 若发生损坏或丢失由承包人负责

4. **简答题**

(1)建设工程合同有哪些特征?

(2)简述建设工程合同的主要合同关系。

(3)建设工程委托监理合同有哪些特征?

(4)简述建设工程委托监理合同主体双方的主要权利和义务。

(5)建设工程勘察、设计合同的履行主要表现在哪些方面?

(6)简述建设工程勘察、设计合同的违约责任。

(7)承揽合同的履行主要表现在哪些方面?

(8)材料采购合同和设备采购合同的履行主要表现在哪些方面?

5. 案例分析

(1)某房地产开发公司投资开发建设某住宅小区,与某工程咨询监理公司签订了委托监理合同。在监理职责条款中,合同约定:乙方(监理公司)负责甲方(房地产开发公司)小区工程设计阶段和施工阶段的监理业务。该房地产开发企业应于监理业务结束之日起5天内支付最后20%的监理费用。小区工程竣工1周后,监理公司要求房地产开发公司支付剩余的20%监理费,房地产开发公司以双方有口头约定,监理公司监理职责应履行至工程保修期满为由,拒绝支付,监理公司索款未果,诉至法院。法院判决双方口头商定的监理职责延至保修期满的内容不构成委托监理合同的内容,房地产开发企业到期未支付最后一笔监理费,构成违约,应承担违约责任,支付监理公司剩余20%监理费及延期付款利息。

问题:

结合本模块学习内容,你认为法院针对该案的判决正确吗?

(2)甲公司与乙勘察设计单位签订了一份勘察设计合同,合同约定:乙单位为甲公司筹建中的商业大厦进行勘察、设计,按照国家颁布的收费标准支付勘察设计费;乙单位应按甲公司的设计标准、技术规范等提出勘察设计要求,进行测量和工程地质、水文地质等勘察设计工作,并在合同约定时间之前向甲公司提交勘察成果和设计文件。合同还约定了双方的违约责任、争议的解决方式。甲公司同时与丙建筑公司签订了建设工程承包合同,在合同中规定了开工日期。但是,不料后来乙单位迟迟不能提交出勘察设计文件。丙建筑公司按建设工程承包合同的约定做好了开工准备,如期进驻施工场地。在甲公司的再三催促下,乙单位迟延36天提交勘察设计文件。此时,丙公司已窝工18天。在施工期间,丙公司又发现设计图纸中的多处错误,不得不停工等候甲公司请乙单位对设计图纸进行修改。丙公司由于窝工、停工要求甲公司赔偿损失,否则不再继续施工。甲公司将乙单位起诉到法院,要求乙单位赔偿损失。

问题:

结合本模块学习内容,你认为法院应该如何判决?

模块7　建设工程施工合同

【知识要点】　建设工程施工合同的概念及订立；建设工程施工合同承发包双方的权利和义务；建设工程施工合同质量、进度及投资控制条款。

【教学目标】　掌握建设工程施工合同的概念及施工合同中承发包双方的一般权利和义务；熟悉建设工程施工合同示范文本中与工程质量、投资、进度等有关条款；了解建设工程施工合同的作用及订立原则。通过本模块学习，使学生能够运用建设工程合同示范文本，编制较为简单的施工合同文件，并能依据合同文件进行工程质量、进度、投资方面的管理。

课题7.1　建设工程施工合同订立

7.1.1　建设工程施工合同的概念及作用

7.1.1.1　建设工程施工合同的概念

建设工程施工合同即建筑安装工程承包合同，是指建设单位（发包人）与施工单位（承包人）之间，为完成商定的建设工程项目的建设任务而签订的明确双方权利和义务关系的协议。依照建设工程施工合同，承包方应完成一定的建筑、安装工程任务，发包人应提供必要的施工条件并支付工程价款。

建设工程施工合同是建设工程合同中最重要的一种，是工程建设质量控制、进度控制、投资控制的主要依据。其订立与管理的依据是《中华人民共和国合同法》《中华人民共和国建筑法》以及其他有关法律、行政法规。在市场经济条件下，建设市场主体之间相互的权利义务关系主要是通过合同确立的，因此在建设领域加强对施工合同的管理具有十分重要的意义。

建设工程施工合同的当事人是发包人和承包人，双方是平等的民事主体。承发包双方签订施工合同，必须具备相应的资质条件和履行施工合同的能力。对合同范围内的工程实施建设时，发包人必须具备组织协调能力，承包人必须具备有关部门核定的资质等级并持有营业执照等证明文件。

施工单位应建立施工合同管理制度，设立专职机构或人员负责施工合同的管理工作。施工合同管理应包括施工合同的订立、履行、变更、违约、索赔、争议、终止及评价。

7.1.1.2　建设工程施工合同的作用

(1)明确了在施工阶段发包人和承包人的权利和义务。建设工程施工合同一经签订，即具有法律效力。施工合同明确了发包人和承包人在工程施工中的权利和义务，是双方在履行合同中的行为准则，双方都应以建设工程施工合同作为行为的依据。双方应当认真履行各自的义务，任何一方无权随意变更或解除建设工程施工合同，任何一方违反合同规定的内容，都必须承担相应的法律责任。如果不订立建设工程施工合同，将无法规范双方的行为，也无法明确各自在施工中所享受的权利和承担的义务。

(2)有利于建筑市场的培育和发展。在市场经济条件下，合同是维系市场运转的主要方式，因此培育和发展建筑市场，首先要培育合同意识。推行建筑监督制度、实行招标投标制度等，都是以签订建设工程施工合同为基础的，不建立建设工程施工合同管理制度，建筑市场的培育和发展将无从谈起。

(3)施工合同是施工阶段实行监理的依据。目前，我国大多数工程都实行了建设工程监理，监理单位受发包人的委托，对承包人的施工质量、施工进度、工程投资和安全生产进行监督，监理单位对承包人的监督应依据发包人和承包人签订的施工合同进行。

7.1.2 建设工程施工合同的订立

7.1.2.1 施工合同订立应具备的条件

(1)初步设计已经批准。

(2)工程项目已经列入政府批准的年度建设计划。

(3)有能够满足施工需要的设计文件和有关技术资料。

(4)建设工程的建设资金和主要建筑材料、设备来源已经落实。

(5)实行招标投标的工程，中标通知书已经下发。

7.1.2.2 施工合同订立的基本原则

根据《合同法》的规定，施工合同订立应符合以下原则：

(1)遵守国家法律、法规和国家计划原则。订立施工合同，必须遵守国家法律、法规，也应遵守国家的固定资产投资计划和其他计划（如贷款计划等），具体合同订立时，不论是合同的内容、程序还是形式都不得违法。除必须遵守国家法律、法规外，考虑到建设工程施工对经济发展、社会生活有多方面的影响，国家还对建设工程施工制定了许多强制性的管理规定，施工合同当事人订立合同时也都必须遵守。

(2)平等、自愿、公平的原则。签订施工合同的双方当事人具有平等的法律地位，任何一方都不得强迫对方接受不平等的合同条件，合同内容应当是双方当事人的真实意思表示。合同的内容应当是公平的，不能单纯损害一方的利益。对于显失公平的合同，当事人一方有权申请人民法院或者仲裁机构予以变更或者撤销。

(3)诚实信用原则。诚实信用原则要求合同的双方当事人订立施工合同时要诚实，不得有欺诈行为。合同当事人应当如实将自身和工程的情况介绍给对方。在履行合同时，合同当事人要守信用，严格履行合同。

(4)等价有偿原则。等价有偿原则要求合同双方当事人在订立和履行合同时，应该遵循社会主义市场经济的基本规律，等价有偿地进行交易。

(5)不损害社会公众利益和扰乱社会经济秩序原则。合同双方当事人在订立、履行合同时，不能扰乱社会经济秩序，不能损害社会公众利益。

7.1.2.3 施工合同订立的程序

《合同法》规定，合同的订立必须经过要约和承诺两个阶段，其订立程序因发包的性质不同分为招标发包和直接发包。这两种方式实际上都包含要约和承诺的过程。所谓要约，是希望与他人订立合同的意思表示；所谓承诺，是受要约人接受要约的意思表示。如果没有特殊情况,建设工程的施工都应通过招标投标确定施工企业。工程招标投标过程中,投标人根据发包人提供的招标文件在约定的报送期内发出的投标文件即为要约,招标人通过评标向投标人发出中标通知书即为承诺。

中标通知书发出后,承包方和发包方就完成了合同缔结过程,中标的施工企业应当与建设单位及时签订合同。依据《中华人民共和国招标投标法》和《工程建设施工招标投标管理办法》的规定,中标通知书发出30天内,中标单位应与建设单位依据招标文件、投标书等签订工程承发包合同(施工合同)。投标书中已确定的合同条款在签订时不得更改,合同价应与中标价相一致。如果中标的施工企业拒绝与建设单位签订工程承包合同,则投标保函出具者应当承担相应的保证责任,建设行政主管部门或其授权机构还可以给予一定的行政处罚。

对于属直接发包的工程建设项目,其施工单位由发包人选定后,双方依据选定过程中双方的约定及最后的商定,签订施工合同。

7.1.2.4 施工合同的主要内容

施工合同的主要内容包括工程范围、建设工期、中间交工工程的开工和竣工时间、工程质量、工程造价、技术资料交付时间、材料和设备供应责任、拨款和结算、竣工验收、质量保修范围和质量保证期、双方相互协作等条款。

7.1.3 《建设工程施工合同(示范文本)》(GF-2013-0201)简介

根据有关工程建设的法律、法规,结合我国工程建设施工的实际情况,并借鉴了国际上广泛使用的FIDIC土木工程施工合同条件,为规范建筑市场秩序,维护建设工程施工合同当事人的合法权益,住房和城乡建设部、国家工商总局于2013年4月3日发布了《建设工程施工合同(示范文本)》(GF-2013-0201)(自2013年7月1日实施)。该文本是各类公用建筑、民用建筑、工业厂房、交通设施及线路管道的施工和设备安装的合同样本。

7.1.3.1 《建设工程施工合同(示范文本)》(GF-2013-0201)组成

《建设工程施工合同(示范文本)》(GF-2013-0201)由协议书、通用条款、专用条款三部分组成,并附有三个附件:承包人承揽工程项目一览表、发包人供应材料设备一览表、工程质量保修书。

1. 协议书

协议书是《建设工程施工合同(示范文本)》(GF-2013-0201)中总纲性的文件,它规定了合同当事人双方最主要的权利、义务,规定了组成合同的文件及合同当事人对履行合同义务的承诺,并且合同双方当事人要在这份文件上签字盖章,因此具有很高的法律效力。协议书主要包括以下十个方面的内容:①工程概况。主要包括工程名称、工程地点、工程内容、工程立项批准文号、资金来源等。②工程承包范围。③合同工期。包括开工日期、竣工日期、合同工期总日历天数。④质量标准。⑤价款(分别用大、小写表示)。⑥组成合同的文件。⑦本协议书中有关词语含义与合同示范文本通用条款中分别赋予它们的定义相同。⑧承包人向发包人承诺按照合同约定进行施工、竣工并在质量保修期内承担工程质量保修责任。⑨发包人向承包人按照合同约定的期限和方式支付合同价款及其他应当支付的款项。⑩合同生效。包括合同订立时间(年、月、日)、合同订立地点、本合同双方约定的生效时间。

2. 通用条款

通用条款是根据《中华人民共和国合同法》《中华人民共和国建筑法》等法律、法规对承发包双方的权利、义务作出的规定，除双方协商一致对其中的某些条款作出修改、补充或取消外，其余条款双方都必须履行。它是将建设工程施工合同中有共性的一些内容抽取出来编写的一份完整的合同文件。通用条款具有很强的通用性，基本适用于各类建设工程。通用条款共有11部分47条。11部分的内容是：①词语定义及合同文件；②双方一般的权利和义务；③施工组织设计和工期；④质量与检验；⑤安全施工；⑥合同价款与支付；⑦材料设备供应；⑧工程变更；⑨竣工验收与结算；⑩违约、索赔和争议；⑪其他。

3. 专用条款

专用条款是建设工程特殊性的体现。由于考虑到建设工程的内容各不相同，工期、造价也随之变动，承包人、发包人各自的能力、施工现场的环境也不相同，通用条款不能完全适用于各个具体工程，因此配以专用条款对其作必要的限定、释义和补充，使通用条款和专用条款共同成为双方统一意愿的体现。专用条款的条款号与通用条款相一致，其内容主要是用空格来表示，由当事人根据工程的具体情况予以明确。

4. 附件

《建设工程施工合同（示范文本）》（GF-2013-0201）的附件是对施工合同当事人的权利、义务的进一步明确，并且使得施工合同当事人的有关工作一目了然，便于执行和管理。

7.1.3.2　施工合同文件的组成及解释顺序

《建设工程施工合同（示范文本）》（GF-2013-0201）规定了施工合同文件的组成及解释顺序。组成建设工程施工合同的文本包括：①施工合同协议书；②中标通知书；③投标书及其附件；④施工合同专用条款；⑤施工合同通用条款；⑥标准、规范及有关技术文件；⑦图纸；⑧工程量清单；⑨工程报价单或预算书。

双方有关工程的洽商、变更等书面协议或文件均视为施工合同的组成部分。上述合同文件应能够互相解释、互相说明。当合同文件中出现不一致时，上面的顺序就是合同的优先解释顺序。在不违反法律、法规的前提下，当事人可以通过协商变更施工合同的内容。这些变更的协议或文件效力高于其他合同文件，且签署在后的协议或文件效力高于签署在先的协议和文件。当合同文件出现含糊不清或者当事人有不同理解时，按照合同争议的解决方式处理。

课题7.2　建设工程施工合同承发包人权利和义务

7.2.1　发包人工作

发包人根据专用条款约定的内容和时间完成以下工作：

（1）负责土地征用、拆迁补偿、平整施工场地等工作，使施工场地具备施工条件，并在开工后继续解决以上事项的遗留问题。

(2)将施工所需水、电、通信线路从施工场地外部接至专用条款约定地点,并保证施工期间的需要。

(3)开通施工场地与城乡公共道路的通道,以及专用条款约定的施工场地内的交通干道,满足施工运输的需要,保证施工期间的畅通。

(4)向承包人提供施工场地的工程地质和地下管线资料,对资料的真实、准确性负责。

(5)办理施工许可证及其他施工所需证件、批件和临时用地、停水、停电、中断道路交通、爆破作业以及可能损坏道路、管线、电力、通信等公共设施法律、法规规定的申请批准手续(证明承包人自身资质的证件除外)。

(6)确定水准点与坐标控制点,以书面形式交给承包人,并进行现场交验。

(7)组织承包人和设计单位进行图纸会审和设计交底。

(8)协调处理施工现场周围地下管线和邻近建筑物、构筑物(包括文物保护建筑)、古树名木的保护工作,并承担有关费用。

(9)发包人应做的其他工作,双方在专用条款内约定。

发包人可以将上述部分工作委托承包人办理,双方在专用条款内约定,其费用由发包人承担。发包人未能按合同约定完成以上义务,导致工期延误或给承包人造成损失的,应赔偿承包人有关损失,顺延延误的工期。

7.2.2 承包人工作

承包人按专用条款约定的内容和时间完成以下工作:

(1)根据发包人委托,在其设计资质允许的范围内,完成施工图设计或与工程配套的设计,经工程师确认后使用,发包人承担由此发生的费用。

(2)向工程师提供年、季、月度工程进度计划及相应进度统计报表。

(3)根据工程需要,提供和维修非夜间施工使用的照明、围栏设施,并负责安全保卫。

(4)按专用条款约定的数量和要求,向发包人提供在施工现场办公和生活的房屋及设施,发包人承担发生的费用。

(5)遵守政府有关主管部门对施工场地交通、施工噪声以及环境保护和安全生产等的管理规定,按规定办理有关手续,并以书面形式通知发包人,发包人承担由此发生的费用,因承包人责任造成的罚款除外。

(6)已竣工工程未交付发包方之前,承包人按专用条款约定负责已完工程的成品保护工作,保护期间发生损坏,承包人自费予以修复;要求承包人采取特殊措施保护的工程部位和相应的追加合同价款,双方在专用条款内约定。

(7)按专用条款约定做好施工现场地下管线和邻近建筑物、构筑物(包括文物保护建筑)、古树名木的保护工作。

(8)保证施工场地清洁,符合环境卫生管理的有关规定,交工前清理现场,达到专用条款约定的要求,承担因自身原因违反有关规定造成的损失和罚款。

(9)承包人应做的其他工作,双方在专用条款内约定。

承包人未能履行上述各项义务,造成发包人损失的,应对发包人的损失给予赔偿。

7.2.3 工程师及其职权

7.2.3.1 工程师的产生和易人

工程师包括监理单位委派的总监理工程师或者发包人指定的履行合同的负责人两种情况。

1. 发包人委托监理

发包人可以委托监理单位,全部或者部分负责合同的履行。国家推行工程监理制度,对于国家规定实行强制监理的工程施工,发包人必须委托监理;对于国家未规定实施强制监理的工程施工,发包人也可以委托监理。工程施工监理应当依照法律、行政法规及有关的技术标准、设计文件和建设工程施工合同,对承包人在施工质量、建设工期和建设资金使用等方面,代表发包人实施监督。发包人应当将委托的监理单位名称、工程师的姓名、监理内容及监理权限以书面形式通知承包人。除合同内有明确约定或经发包人同意外,负责监理的工程师无权解除承包人的任何义务。

监理单位委派的总监理工程师在施工合同中称为工程师。总监理工程师是经监理单位法定代表人授权,派驻施工现场监理组织的总负责人,行使监理合同赋予监理单位的权利和义务,全面负责受委托工程的建设监理工作。监理单位委派的总监理工程师姓名、职务、职责应当向发包人报送,在施工合同专用条款中应当写明总监理工程师的姓名、职务、职责。

2. 发包人派驻代表

发包人派驻施工场地履行合同的代表在施工合同中也称工程师。发包人代表是经发包人单位法定代表人授权,派驻施工现场的负责人,其姓名、职务、职责在专用条款内约定,但职责不得与监理单位委派的总监理工程师职责相互交叉。双方职责发生交叉或不明确时,由发包人明确双方职责,并以书面形式通知承包人。目前,许多工程发包人同时委托监理和派驻代表,两者职责发生交叉后,给工程施工的管理带来了困难,发包人应避免这种情况的出现,一旦出现,应尽早解决。

3. 工程师易人

工程师易人,发包人应至少于易人前 7 天以书面形式通知承包人,后任继续履行合同文件约定的前任的权利和义务,不得更改前任作出的书面承诺。

7.2.3.2 工程师的职责

工程师按约定履行职责。发包人对工程师行使的权力范围一般都有一定的限制,如对委托监理的工程师要求其在行使认可索赔权时,若索赔额超过一定限度,则必须先征得发包人的批准。工程师的具体职责如下:

(1)工程师委派具体管理人员。在施工过程中,不可能所有的监督和管理工作都由工程师亲自完成。工程师可委派具体管理人员,行使自己的部分权力和职责,并可在认为必要时撤回委派,委派和撤回均应提前 7 天以书面形式通知承包人,负责监理的工程师还应将委派和撤回通知发包人。委派书和撤回通知作为合同附件。工程师代表在工程师授权范围内向承包人发出的任何书面形式的函件,与工程师发出的函件效力相同。

(2)工程师发布指令、通知。工程师的指令、通知由其本人签字后,以书面形式交给项目经理,项目经理在回执上签署姓名和收到时间后生效。确有必要时,工程师可发出口头指令,并在48小时内给予书面确认,承包人对工程师的指令应予执行。工程师不能及时给予书面确认,承包人应于工程师发出口头指令后7天内提出书面确认要求。工程师在承包人提出确认要求后48小时内不予答复的,应视为承包人要求已被确认。

承包人认为工程师指令不合理,应在收到指令后24小时内提出书面报告,工程师在收到承包人报告后24小时内作出修改指令或继续执行原指令的决定,并以书面形式通知承包人。紧急情况下,工程师要求承包人立即执行的指令或承包人虽有异议,但工程师决定仍继续执行的指令,承包人应予执行。因指令错误发生的追加合同价款和给承包人造成的损失由发包人承担,延误的工期相应顺延。

对于工程师代表在其权限范围内发出的指令和通知,视为工程师发出的指令和通知(上述规定同样适用于由工程师代表发出的指令)。但工程师代表发出指令失误时,工程师可以纠正。除工程师和工程师代表外,发包人驻工地的其他人员均无权向承包人发出任何指令。

(3)工程师应当及时履行自己的职责。工程师应按合同约定,及时向承包人提供所需指令,批准并履行约定的其他义务,否则承包人在约定时间后24小时内将具体要求、需要的理由和延误的后果通知工程师,工程师收到通知后48小时内不予答复,发包人应承担延误造成的追加合同价款,并赔偿承包人有关损失,顺延延误的工期。

7.2.4 项目经理及其职责

7.2.4.1 项目经理的产生

项目经理是由承包人单位法定代表人授权的,派驻施工场地的承包人的总负责人,他代表承包人负责工程施工的组织、实施。承包人施工质量、进度管理方面的好坏与承包方代表的水平、能力、工作热情有很大的关系,一般都应当在投标书中明确项目经理,并作为评标的一项内容。项目经理的姓名、职务在专用条款内约定。项目经理一旦确定后,则不能随意易人。我国现行规定要求项目经理必须具有注册建造师执业资格。

项目经理易人,承包人应至少于易人前7天以书面形式通知发包人,应征得发包人同意。后任继续履行合同文件约定的前任的权利和义务,不得更改前任作出的书面承诺。

发包人可以与承包人协商,建议调换其认为不称职的项目经理。

7.2.4.2 项目经理的职责

(1)代表承包人向发包人提出要求和通知。项目经理有权代表承包人向发包人提出要求和通知。承包人的要求和通知,以书面形式由项目经理签字后送交工程师,工程师在回执上签署姓名和收到时间后生效。

(2)组织施工。项目经理按发包人认可的施工组织设计(或施工方案)和依据合同发出的指令、要求组织施工。在情况紧急且无法与工程师联系时,应当采取保证人员生命和工程财产安全的紧急措施,并在采取措施后48小时内向工程师送交报告。如果责任在发包人和第三人,由发包人承担由此发生的追加合同价款,相应顺延工期;如果责任在承包人,由承包人承担费用,不顺延工期。

课题 7.3 建设工程施工合同质量控制

工程施工质量控制是合同履行中的重要环节，施工合同的质量控制涉及许多方面的因素，任何一个方面的缺陷和疏漏都会使工程质量无法达到预期的标准。

7.3.1 标准、规范和图纸

7.3.1.1 合同适用的标准、规范

按照《中华人民共和国标准化法》的规定，为保障人体健康、人身财产安全的标准属于强制性标准。建设工程施工的技术要求和方法即为强制性标准，施工合同当事人必须执行。《中华人民共和国建筑法》也规定，建筑工程施工的质量必须符合国家有关建筑工程安全标准的要求。因此，施工中必须使用国家标准、规范；没有国家标准、规范但有行业标准、规范的，使用行业标准、规范；没有国家和行业标准、规范的，适用工程所在地的地方性标准、规范。双方应当在专用条款中约定适用标准、规范的名称。发包人应当按照专用条款约定的时间向承包人提供一式两份约定的标准、规范。

国内没有相应的标准、规范时，可以由合同当事人约定工程适用的标准。首先，应由发包人按照约定的时间向承包人提出施工技术要求，承包人按照约定的时间和要求提出施工工艺，经发包人认可后执行；若发包人要求工程使用国外标准、规范，则发包人应当负责提供中文译本。因购买、翻译和制定标准、规范或制定施工工艺的费用，由发包人承担。

7.3.1.2 图纸

建设工程施工应当按照图纸进行。在施工合同管理中的图纸是指由发包人提供或者由承包人提供经工程师批准、满足承包人施工需要的所有图纸（包括配套说明和有关资料）。按时、按质、按量提供施工所需图纸，也是保证工程施工质量的重要方面。

1. 发包人提供图纸

在我国目前的建设工程管理体制中，施工中所需图纸主要由发包人提供（发包人通过设计合同委托设计单位设计）。在对图纸的管理中，发包人应当完成以下工作：①发包人应当按照专用条款约定的日期和套数，向承包人提供图纸；②承包人如果需要增加图纸套数，发包人应当代为复制，发包人代为复制意味着发包人应当对图纸的正确性负责；③如果对图纸有保密要求的，应当承担保密措施费用。

对于发包人提供的图纸，承包人应当完成以下工作：①在施工现场保留一套完整图纸，供工程师及其有关人员进行工程检查时使用；②如果专用条款对图纸提出保密要求的，承包人应当在约定的保密期限内承担保密义务；③承包人如果需要增加图纸套数，复制费用由承包人承担。

使用国外或者境外图纸，不能满足施工需要时，双方在专用条款内约定复制、重新绘制、翻译、购买标准图纸等责任及费用承担。

工程师在对图纸进行管理时，重点是按照合同约定按时向承包人提供图纸，同时，根据图纸检查承包人的工程施工。

2. 承包人提供图纸

有些工程，施工图纸的设计或者与工程配套的设计有可能由承包人完成。如果合同中有这样的约定，则承包人应当在其设计资质允许的范围内，按工程师的要求完成这些设计，经工程师确认后使用，发生的费用由发包人承担。在这种情况下，工程师对图纸的管理重点是审查承包人的设计。

7.3.2 材料设备供应的质量控制

工程建设的材料设备供应的质量控制，是整个工程质量控制的基础。建筑材料、构配件生产及设备供应单位对其生产或者供应的产品质量负责，而材料设备的需方则应根据买卖合同的规定进行质量验收。

7.3.2.1 材料设备的质量及其他要求

1. 材料生产和设备供应单位应具备的条件

建筑材料、构配件生产及设备供应单位必须具备相应的生产条件、技术装备和质量保证体系，具备必要的检测人员和设备，把好产品看样、订货、储存、运输和核验的质量关。

2. 材料设备的质量要求

(1)符合国家或者行业现行有关技术标准规定的合格标准和设计要求。

(2)符合在建筑材料、构配件及设备或其包装上注明采用的标准，符合以建筑材料、构配件及设备说明、实物样品等方式表明的质量状况。

3. 材料设备或者其包装上标识要求

(1)有产品质量检验合格证明。

(2)有中文标明的产品名称、生产厂家、厂名和厂址。

(3)产品包装和商标样式符合国家有关规定和标准要求。

(4)设备应有产品详细的使用说明书，电气设备还应附有线路图。

(5)实施生产许可证或使用产品质量认证标志的产品，应有许可证或质量认证的编号、批准日期和有效期限。

7.3.2.2 发包人供应材料设备时的质量控制

1. 双方约定发包人供应材料设备的一览表

对于由发包人供应的材料设备，双方应当约定发包人供应材料设备的一览表，作为合同附件。一览表的内容应当包括材料设备种类、规格、型号、数量、单价、质量等级、提供的时间和地点。发包人按照一览表的约定提供材料设备。

2. 发包人供应材料设备的验收

发包人应当向承包人提供其供应材料设备的产品合格证明，并对这些材料设备的质量负责。发包人应在其所供应的材料设备到货前 24 小时，以书面形式通知承包人，由承包人派人与发包人共同清点。

3. 材料设备验收后的保管

发包人供应的材料设备经双方共同验收后由承包人妥善保管，发包人支付相应的保管费用。因承包人的原因发生损坏丢失，由承包人负责赔偿。发包人不按规定通知承包人验收，发生的损坏丢失由发包人负责。

4. 发包人供应的材料设备与约定不符时的处理

发包人供应的材料设备与约定不符时，应当由发包人承担有关责任，具体按照下列情况进行处理：①材料设备单价与合同约定不符时，由发包人承担所有差价。②材料设备种类、规格、型号、数量、质量等级与合同约定不符时，承包人可以拒绝接收保管，由发包人运出施工场地并重新采购。③发包人供应材料的规格、型号与合同约定不符时，承包人可以代为调剂串换，发包人承担相应的费用。④到货地点与合同约定不符时，发包人负责运至合同约定的地点。⑤供应数量少于合同约定的数量时，发包人将数量补齐；多于合同约定的数量时，发包人负责将多出部分运出施工场地。⑥到货时间早于合同约定时间，由发包人承担因此发生的保管费用；到货时间迟于合同约定的供应时间，由发包人承担相应的追加合同价款；发生延误，相应顺延工期，发包人赔偿由此给承包人造成的损失。

5. 发包人供应材料设备使用前的检验或试验

发包人供应的材料设备进入施工现场后需要在使用前检验或者试验的，由承包人负责，费用由发包人负责。即使在承包人检验通过之后，如果又发现材料设备有质量问题的，发包人仍应承担重新采购及拆除重建的追加合同价款，并相应顺延由此延误的工期。

7.3.2.3 承包人采购材料设备的质量控制

对于合同约定由承包人采购的材料设备，应当由承包人选择生产厂家或者供应商，发包人不得指定生产厂家或者供应商。

1. 承包人采购材料设备的验收

承包人根据专用条款的约定及设计和有关标准要求采购工程需要的材料设备，并提供产品合格证明。承包人在材料设备到货前 24 小时通知工程师验收。这是工程师的一项重要职责，工程师应当严格按照合同约定及有关标准进行验收。

2. 承包人采购的材料设备与要求不符时的处理

承包人采购的材料设备与设计或者标准要求不符时，工程师可以拒绝验收，由承包人按照工程师要求的时间运出施工场地，重新采购符合要求的产品，并承担由此发生的费用，由此延误的工期不予顺延。

工程师发现材料设备不符合设计或者标准要求时，应要求承包方负责修复、拆除或者重新采购，并承担发生的费用，由此造成的工期延误不予顺延。

3. 承包人使用代用材料的规定

承包人需要使用代用材料时，须经工程师认可后方可使用，由此增减的合同价款由双方以书面形式议定。

4. 承包人采购材料设备在使用前的检验或试验

承包人采购的材料设备在使用前，承包人应按工程师的要求进行检验或试验，不合格的不得使用，检验或试验费用由承包人承担。

7.3.3 工程验收的质量控制

建设工程验收是一项以确认工程是否符合施工合同规定为目的的行为，是质量控制的重要环节。

7.3.3.1 **工程质量标准**

工程质量应当达到协议书约定的质量标准,质量标准的评定以国家或者专业的质量检验评定标准为依据。发包人对部分或者全部工程质量有特殊要求的,应支付由此增加的追加合同价款,对工期有影响的应给予相应的工期顺延。达不到约定标准的工程部分,工程师一经发现,可要求承包人返工,承包人应当按照工程师的要求返工,直到符合约定标准。因承包人的原因达不到约定标准,由承包人承担返工费用,工期不予顺延。因发包人的原因达不到约定标准,由发包人承担返工的追加合同价款,工期相应顺延。因双方原因达不到约定标准,责任由双方分别承担。双方对工程质量有争议时,由专用条款约定的工程质量监督部门鉴定,所需费用及因此造成的损失,由责任方承担。双方均有责任,由双方根据其责任大小分别承担。

7.3.3.2 **施工过程中的检查和返工**

在工程施工过程中,工程师及其委派人员对工程的检查检验是他们的一项日常性工作和重要职能。承包人应认真按照标准、规范和设计要求以及工程师依据合同发出的指令施工,随时接受工程师及其委派人员的检查检验,并为检查检验提供便利条件。工程质量达不到约定标准的部分,工程师一经发现,可要求承包人拆除和重新施工,承包人应按工程师及其委派人员的要求拆除和重新施工,并承担由于自身原因导致拆除和重新施工的费用,工期不予顺延。检查检验合格后,又发现因承包人引起的质量问题,由承包人承担责任,赔偿发包人的直接损失,工期不应顺延。

检查检验不应影响施工正常进行,如影响施工正常进行,检查检验不合格时,影响正常施工的费用由承包人承担。除此之外影响正常施工的追加合同价款由发包人承担,相应顺延工期。因工程师指令失误和其他非承包人原因发生的追加合同价款,由发包人承担。

7.3.3.3 **隐蔽工程和中间验收**

由于隐蔽工程在施工中一旦完成隐蔽,很难再对其进行质量检查,因此必须在隐蔽前进行检查验收。对于中间验收,合同双方应在专用条款中约定需要进行中间验收的单项工程和部位的名称、验收的时间和要求,以及发包人应提供的便利条件。

工程具体隐蔽条件和达到专用条款约定的中间验收部位,承包人进行自检,并在隐蔽和中间验收前 48 小时以书面形式通知工程师验收。通知包括隐蔽和中间验收内容、验收时间和地点。承包人准备验收记录,验收合格,工程师在验收记录上签字后,承包人可进行隐蔽和继续施工;验收不合格,承包人在工程师限定的时间内修改后重新验收。

工程质量符合标准、规范和设计图纸等的要求,验收 24 小时后,工程师不在验收记录上签字,视为工程师已经批准,承包人可进行隐蔽或者继续施工。

7.3.3.4 **重新检验**

工程师不能按时参加验收,须在开始验收前 24 小时向承包人提出书面延期要求,延期不能超过 48 小时。工程师未能按以上时间提出延期要求,不参加验收,承包人可自行组织验收,工程师应承认验收记录。

无论工程师是否参加验收,当其提出对已经隐蔽的工程重新检验的要求时,承包人应按要求进行剥露或开孔,并在检验后重新覆盖或者修复。检验合格,发包人承担由此发生的全部追加合同价款，赔偿承包人损失，并相应顺延工期；检验不合格，承包人承担发生的全部费用，工期不予顺延。

7.3.3.5 **试车**

1. 试车的组织责任

对于设备安装工程，应当组织试车。试车内容应与承包人承包的安装工作范围相一致。

(1)单机无负荷试车。设备安装工程具备单机无负荷试车条件，由承包人组织试车。只有单机试运转达到规定要求后，才能进行联试。承包人应在试车前48小时书面通知工程师。通知包括试车内容、时间、地点。承包人准备试车记录，发包人根据承包人要求为试车提供必要条件。试车通过，工程师在试车记录上签字。

(2)联动无负荷试车。设备安装工程具备无负荷联动试车条件，由发包人组织试车，并在试车前48小时书面通知承包人。通知内容包括试车内容、时间、地点和对承包人的要求，承包人按要求做好准备工作和试车记录。试车通过，双方在试车记录上签字。

(3)投料试车。投料试车应当在工程竣工验收后由发包人全部负责。如果发包人要求承包方配合或在工程竣工验收前进行，则应当征得承包人同意，另行签订补充协议。

2. 试车的双方责任

(1)由于设计原因试车达不到验收要求，发包人应要求设计单位修改设计，承包人按修改后的设计重新安装。发包人承担修改设计、拆除及重新安装全部费用，并追加合同价款，工期相应顺延。

(2)由于设备制造原因试车达不到验收要求，由该设备采购一方负责重新购置和修理，承包方负责拆除和重新安装。设备由承包人采购的，由承包人承担修理或重新购置、拆除及重新安装的费用，工期不予顺延；设备由发包人采购的，发包人承担上述各项追加合同价款，工期相应顺延。

(3)由于承包人施工原因试车达不到验收要求，承包人按工程师要求重新安装和试车，承担重新安装和试车的费用，工期不予顺延。

(4)试车费用除已包括在合同价款之内或者专用条款另有约定外，均由发包人承担。

(5)工程师未在规定时间内提出修改意见，或试车合格而不在试车记录上签字，试车结束24小时后，记录自行生效，承包人可继续施工或办理竣工手续。

3. 工程师要求延期试车

工程师不能按时参加试车，须在开始试车前24小时向承包人提出书面延期要求，延期不能超过48小时。工程师未能按以上时间提出延期要求，不参加试车，承包人可自行组织试车，发包人应当承认试车记录。

7.3.3.6 **竣工验收**

竣工验收是全面考核建设工作、检查是否符合设计要求和工程质量的重要环节。

1. 竣工验收工程的基本要求

(1)完成工程设计和合同中规定的各项工作内容，达到国家规定的竣工条件。

(2)工程质量应符合国家现行有关法律、法规、技术标准、设计文件及合同规定的要求，并经质量监督机构核定为合格。

(3)工程所用的设备和主要建筑材料、构件应具有产品质量出厂检验合格证明和技术标准规定必要的进场试验报告。

(4)具有完整的工程技术档案和竣工图,已办理工程竣工交付使用的有关手续。

(5)已签署工程保修证书。

2. 竣工验收中承发包双方的具体工作程序和责任

工程具备竣工验收条件,承包人按国家工程竣工验收有关规定,向发包人提供完整竣工资料及竣工验收报告。双方约定由承包人提供竣工图,应当在专用条款内约定提供的日期和份数。

发包人收到竣工验收报告后 28 天内组织有关部门验收,并在验收后 14 天内给予认可或提出修改意见,承包人按要求修改。由于承包人原因,工程质量达不到约定的质量标准,承包人承担违约责任。

因特殊原因,发包人要求部分单位工程或者工程部位须甩项竣工时,双方另行签订甩项竣工协议,明确各方责任和工程价款的支付办法。

建设工程未经验收或验收不合格,不得交付使用。发包人强行使用的,由此发生的质量问题及其他问题,由发包人承担责任。但在这种情况下发包人主要是对强行使用直接产生的质量问题及其他问题承担责任,不能免除承包人对工程的保修等责任。

7.3.4 质量保修

建设工程办理交工验收手续后,在规定的期限内,因勘察、设计、施工、材料等原因造成的质量缺陷,应当由施工单位负责维修。所谓质量缺陷,是指工程不符合国家或行业现行的有关技术标准、设计文件以及合同中对质量的要求。

7.3.4.1 质量保修书的内容

承包人应当在工程竣工验收之前,与发包人签订质量保修书,作为合同附件。质量保修书的主要内容包括:①质量保修项目内容及范围;②质量保证期;③质量保修责任;④质量保修金的支付方法。

7.3.4.2 工程质量保修范围和内容

质量保修范围包括地基基础工程、主体结构工程、屋面防水工程和双方约定的其他土建工程,以及电气管线、上下水管线的安装工程,供热、供冷系统工程项目。工程质量保修范围是国家强制性的规定,合同当事人不能约定减少国家规定的工程质量保修范围。工程质量保修的内容由当事人在合同中约定。

7.3.4.3 质量保证期

质量保证期从工程竣工验收合格之日算起。分单项竣工验收的工程,按单项工程分别计算质量保证期。合同双方可以根据国家有关规定,结合具体工程约定质量保证期,但双方的约定不得低于国家规定的最低质量保证期。《建设工程质量管理条例》和《房屋建筑工程质量保修办法》对正常使用条件下建设工程的最低保修期限分别进行了规定。

7.3.4.4 质量保修责任

1. 保修工作程序

建设工程在保修范围和保修期限内发生质量问题时,发包人或房屋建筑所有人向施工承包人发出保修通知。承包人接到保修通知后，应在保修书约定的时间内及时到现场核查情况，履行保修义务。发生涉及结构安全或严重影响使用功能的紧急抢修事故时，应在接到保修通知后立即到达现场抢修。

若发生涉及结构安全的质量缺陷，发包人或房屋建筑所有人应当立即向当地建设行政主管部门报告，并采取相应的安全防范措施。原设计单位或具有相应资质等级的设计单位提出保修方案后，施工承包人实施保修，由原工程质量监督机构负责对保修的监督。

保修完成后，发包人或房屋建筑所有人组织验收。涉及结构安全的质量保修，还应当报当地建设行政主管部门备案。

2. 保修责任

(1)在工程质量保修书中应当明确建设工程的保修范围、保修期限和保修责任。如果因使用不当或者第三方造成的质量缺陷，以及不可抗力造成的质量缺陷，则不属于保修范围。保修费用由质量缺陷的责任方承担。

(2)若承包人不按工程质量保修书约定履行保修义务或拖延履行保修义务，经发包人申告后，由建设行政主管部门责令改正，并处以10万元以上20万元以下的罚款。发包人也有权另行委托其他单位保修，由承包人承担相应责任。

(3)保修期限内因工程质量缺陷造成工程所有人、使用人或第三方人身、财产损害时，受损害方可向发包人提出赔偿要求。发包人赔偿后向造成工程质量缺陷的责任方追偿。

(4)因保修不及时造成新的人身、财产损害，由造成拖延的责任方承担赔偿责任。

(5)建设工程超过合理使用年限后，承包人不再承担保修的义务和责任。若需要继续使用，则产权所有人应当委托具有相应资质等级的勘察、设计单位进行鉴定。根据鉴定结果采取相应的加固、维修等措施后，重新界定使用期限。

【案例7-1】 2004年中建系统某公司与上海某公司就某商业大厦的建设签订协议，并由某境外建筑设计公司担任建筑设计与管理工作。2005年11月，该商业大厦工程完工后进行验收，虽然该工程通过了当地质量监督部门的验收，但发包人发现多项缺陷部位和需要整改项目，因此没有直接核发工程竣工证明，而是要求承包商予以修缮和尽快完工。此后，2006年3月12日，建筑设计公司才向承包商发出"实际竣工证明书"，确认实际竣工日期是2005年11月16日，保修期为一年，至2006年11月15日。同时指出，未完善的项目应按期进行修缮，未调试的系统自系统测试通过之日起计算保修期。

2006年5月，发包人与承包人达成"最终结算书"，确认工程总价款，发包人未按期履约。2006年12月20日，承包人以欠付工程款为由向法院起诉，发包人则以承包人质量缺陷造成的违约损失、租金损失、修复工作的费用以及其他费用提出反诉。本案起诉中的工程欠款，在司法鉴定后双方质证没有分歧，但对本案的反诉则存在较大的争议。

问题：(1)工程约定的保修期是否有效？

(2)保修期内所发生的质量缺陷的责任如何承担？

(3)保修期届满后对于质量缺陷责任如何承担？

案例分析：

(1)工程质量保修期的约定部分有效。《建设工程质量管理条例》第四十条规定："在正常使用条件下,建设工程的最低保修期限为:①基础设施工程、房屋建筑的地基基础工程和主体结构工程,为设计文件规定的该工程的合理使用年限;②屋面防水工程、有防水要求的卫生间、房间和外墙面的防渗漏,为5年;③供热与供冷系统,为2个采暖期、供冷期;④电气管线、给排水管道、设备安装和装修工程,为2年。”争议双方约定建设工程保修期时,只能高于法律规定的标准,不能低于法律规定的标准。对此,本案双方协议没有全部遵守法律规定,对法律有明确规定的保修期的部位,按法律规定的保修期,对法律没有规定保修期的部位,则按双方约定的保修期。设计文件所规定的该工程的合理使用年限一般是指建筑物的设计单位按设计建筑物的地基基础和主体结构形式、施工方式等技术条件确定的保证该建筑物正常使用的最低年限。

(2)保修期内质量缺陷的责任遵循“各负其责”的原则。《建设工程质量管理条例》第三条规定:“建设单位、勘察单位、设计单位、施工单位、工程监理单位依法对建设工程质量负责。”第四十一条规定:“建设工程在保修范围和保修期限内发生质量问题的,施工单位应当履行保修义务,并对造成的损失承担赔偿责任。”所以,对建设工程质量,建设单位、勘察单位、设计单位、施工单位、工程监理单位均有责任。如果保修期内出现工程质量问题,其修缮的义务由施工单位负责。

(3)保修期届满后因工程质量造成损害可提出侵权赔偿的要求。在保修期届满后,才出现质量缺陷是正常的,原因也是多方面的。究其原因可能是由不可抗力(如恶劣的自然气候)所引起的,也可能是非正常使用所引起的,也可能是由于建筑物的自然损耗,当然也可能是施工方、勘察或设计方等引起的。《建设工程质量管理条例》没有对保修期届满后质量缺陷的赔偿责任应如何承担作出相应规定,但是,《中华人民共和国建筑法》第八十条规定:“在建筑物的合理使用寿命内,因建筑工程质量不合格受到损害的,有权向责任者要求赔偿。”根据该条款的规定,不是所有的在保修期后出现的质量缺陷都可以要求赔偿,只是存在“损害”的质量缺陷才可能要求赔偿,即基本侵权责任要求责任人承担赔偿义务。

【阅读材料】

施工企业工程质量管理体系

施工企业的质量管理是工程师进行质量控制的出发点和落脚点,工程师应当协助和监督施工企业建立有效的质量管理体系。工程施工企业的法人代表或项目经理,要对本企业或本工程项目的工程质量负责,并建立有效的质量保证体系,施工企业的总工程师和技术负责人要协助经理管好质量工作。

施工企业应当逐级建立质量责任制。项目经理要对施工现场内所有单位工程的质量负责,生产班组要对分项工程质量负责。现场施工员、工长、质量检验员和关键工种工人必须经过考核取得岗位证书后,方可上岗。企业内各级职能部门必须按企业规定对各自的工作质量负责。

施工企业必须设立质量检查、测试机构,并由法人代表直接领导,企业专职质量检查员应抽调有实践经验和独立工作能力的人员担任。任何人不得设置障碍,干预质量检测人员依法行使职权。工程建筑材料必须送实验室检验,并经实验室主任签字认可后,方可使用。

实行总分包的工程,分包单位要对分包工程的质量负责,总包单位对承包的全部工程质量负责。

国家对从事建筑活动的单位推行质量体系认证制度。施工企业根据自愿原则向国务院产品质量监督管理部门或者其授权的部门认可的认证机构申请质量体系认证。

课题 7.4 建设工程施工合同进度控制

建设工程施工合同进度控制是施工合同管理的重要组成部分,合同当事人应当在合同规定的工期内完成施工任务,发包人应当按时做好准备工作,承包人应当按照施工进度计划组织施工。为此,工程师应当落实进度控制部门的工作人员、具体的控制任务和管理职能分工,同样,承包人也应当落实本部门具体的进度控制人员,编制合理的施工进度计划并控制其执行,即在工程进展全过程中,进行计划进度与实际进度的比较,对出现的偏差及时采取措施。

施工合同的进度控制可以分为施工准备阶段、施工阶段和竣工验收阶段的进度控制。

7.4.1 施工准备阶段的进度控制

施工准备阶段的许多工作都对施工的开始和进度有直接的影响,包括双方对合同工期的约定、承包人提交进度计划、设计图纸的提供、材料设备的采购、延期开工的处理等。

7.4.1.1 合同双方约定合同工期

施工合同工期是指工程施工从开工起到完成施工合同专用条款双方约定的全部内容,工程达到竣工验收标准所经历的时间。合同工期是施工合同的重要内容之一,《建设工程施工合同(示范文本)》(GF - 2013 - 0201)要求双方在协议书中作出明确约定。约定的内容包括开工日期、竣工日期和合同工期的总日历天数。合同工期是按总日历天数计算的,包括法定节假日在内的承包天数。合同当事人应当在开工日期前做好一切开工的准备工作,承包人则应按约定的开工日期开工。

7.4.1.2 承包人提交进度计划

承包人应当在专用条款约定的日期,将施工组织设计和工程进度计划提交工程师。群体工程中采取分阶段进行施工的单项工程,承包人则应按照发包人提供图纸及相关资料的时间,按单项工程编制进度计划,分别向工程师提交。

7.4.1.3 工程师对进度计划予以确认或者提出修改意见

工程师接到承包人提交的进度计划后,应当予以确认或者提出修改意见,时间限制则由双方在专用条款中约定。如果工程师逾期不确认也不提出书面意见,则视为已经同意。

工程师对进度计划予以确认或者提出修改意见,并不免除承包人对施工组织设计和工程进度计划本身的缺陷所应承担的责任。工程师对进度计划予以确认主要是为工程师对进度进行控制提供依据。

7.4.1.4　**延期开工**

1. 承包人要求的延期开工

如果是承包人要求延期开工，则工程师有权批准是否同意延期开工。

承包人应当按协议书约定的开工日期开始施工。承包人不能按时开工，应在不迟于协议书约定的开工日期前7天，以书面形式向工程师提出延期开工的理由和要求。工程师在接到延期开工申请后的48小时内以书面形式答复承包人。工程师在接到延期开工申请后的48小时内不答复，视为同意承包人的要求，工期相应顺延。如果工程师不同意延期要求，工期不予顺延。如果承包人未在规定时间内提出延期开工要求，工期也不予顺延。

2. 发包人原因的延期开工

因发包人的原因不能按照协议书约定的开工日期开工，工程师以书面形式通知承包人后，可推迟开工日期。承包人对延期开工的通知没有否决权，但发包人应当赔偿承包人因此造成的损失，相应顺延工期。

7.4.1.5　**其他准备工作**

在开工前，合同双方还应当做好其他各项准备工作。如发包人应当按照专用条款的规定使施工现场具备施工条件，开通施工现场与公共道路，承包人应当做好施工人员和设备的调配工作。

对于工程师而言，特别需要做好水准点与坐标控制点的交验，按时提供标准、规范。为了能够按时向承包人提供设计图纸，工程师可能还需要做好设计单位的协调工作，按照专用条款的约定组织图纸会审和设计交底。

7.4.2　施工阶段的进度控制

工程开工后，合同履行即进入施工阶段，直至工程竣工。这一阶段进度控制的任务是控制施工任务在协议书规定的合同工期内完成。

7.4.2.1　**监督进度计划的执行**

开工后，承包人必须按照工程师确认的进度计划组织施工，接受工程师对进度的检查、监督。这是工程师进行进度控制的一项日常性工作，检查、监督的依据是已经确认的进度计划。一般情况下，工程师每月检查一次承包人的进度计划执行情况，由承包人提交一份上月进度计划实际执行情况和本月的施工计划。同时，工程师还应进行必要的现场实地检查。

工程实际进度与进度计划不符时，承包人应当按照工程师的要求提出改进措施，经工程师确认后执行。但是，对于因承包人自身的原因造成工程实际进度与经确认的进度计划不符的，所有的后果都应由承包商自行承担，工程师也不对改进措施的效果负责。如果采用改进措施后，经过一段时间工程实际进度赶上了进度计划，则仍可按原进度计划执行。如果采用改进措施一段时间后，工程实际进度仍明显与进度计划不符，则工程师可以要求承包人修改原进度计划，并经工程师确认。但是，这种确认并不是工程师对工程延期的批准，而仅仅是要求承包人在合理的状态下施工。因此，如果修改后的进度计划不能按期完工，承包人仍应承担相应的违约责任。

工程师应当随时了解施工进度计划执行过程中所存在的问题,并帮助承包人予以解决,特别是承包人无力解决的内外关系协调问题。

7.4.2.2 暂停施工

在施工过程中,有些情况会导致暂停施工。暂停施工当然会影响工程进度,作为工程师应当尽量避免暂停施工。暂停施工的原因是多方面的,但归纳起来有以下三个方面。

1. 工程师要求的暂停施工

工程师在主观上是不希望暂停施工的,但有时继续施工会造成更大的损失。工程师在确有必要时,应当以书面形式要求承包人暂停施工,不论暂停施工的责任在发包人还是在承包人。工程师应当在提出暂停施工要求后48小时内提出书面处理意见。承包人应当按照工程师的要求停止施工,并妥善保护已完工工程。承包人实施工程师作出的处理意见后,可提出书面复工要求,工程师应当在48小时内给予答复。工程师未能在规定时间内提出处理意见,或收到承包人复工要求后48小时内未给予答复,承包人可以自行复工。

如果停工责任在发包人,由发包人承担所发生的追加合同价款,赔偿承包商由此造成的损失,相应顺延工期;如果停工责任在承包人,由承包人承担发生的费用,工期不予顺延。因为工程师不及时作出答复,导致承包人无法复工,由发包人承担违约责任。

2. 由于发包人违约,承包人主动暂停施工

当发包人出现某些违约情况时,承包人可以暂停施工,这是承包人保护自己权益的有效措施。如发包人不按合同规定及时向承包人支付工程预付款、发包人不按合同规定及时向承包人支付工程进度款且双方未达成延期付款协议,在承包人发出要求付款通知后仍不付款,经过一定时间后,承包人均可暂停施工。这时,发包人应当承担相应的违约责任。出现这种情况时,工程师应当尽量督促发包人履行合同,以求减少双方的损失。

3. 意外情况导致的暂停施工

在施工过程中出现一些意外情况,如果需要暂停施工,则承包人应暂停施工。在这些情况下,工期是否给予顺延应视风险责任的承担确定。如发现有价值的文物、发生不可抗力事件等,风险责任应当由发包人承担,故应给予承包人工期顺延。

7.4.2.3 设计变更

在施工过程中如果发生设计变更,将对施工进度产生很大的影响。因此,工程师在其可能的范围内应尽量减少设计变更。如果必须对设计进行变更,应当严格按照国家的规定和合同约定的程序进行。

1. 发包人对原设计进行变更

施工中发包人如果需要对原工程设计进行变更,应不迟于变更前14天以书面形式向承包人发出变更通知,变更超过原设计标准或者批准的建设规模时,须经原规划管理部门和其他有关部门审查批准,并由原设计单位提供变更的相应图纸和说明。

2. 承包人要求对原设计进行变更

承包人应当严格按照图纸施工,不得随意变更设计。施工中承包人提出的合理化建议涉及对设计图纸进行变更,须经工程师同意。工程师同意变更后,也须经原规划管理部门和其他有关部门审查批准,并由原设计单位提供变更的相应图纸和说明。承包人未经

工程师同意不得擅自变更设计，否则因擅自变更设计发生的费用和由此导致发包人的直接损失，由承包人承担，延误的工期不予顺延。

3. 设计变更事项

能够构成设计变更的事项包括以下内容：①更改有关部分的标高、基线、位置和尺寸；②增减合同中约定的工程量；③改变有关工程的施工时间和顺序；④其他有关工程变更需要的附加工作。

由于发包人对原设计进行变更，以及经工程师同意的、承包人要求进行的设计变更，导致合同价款的增减及造成的承包人损失，由发包人承担，延误的工期相应顺延。

7.4.2.4 工期延误

承包人应当按照合同约定完成工程施工，如果由于其自身的原因造成工期延误，应当承担违约责任。但是，在有些情况下工期延误后，竣工日期可以相应顺延。

1. 可以顺延的工期延误

因以下原因造成工期延误，经工程师确认，工期相应顺延：①发包人不能按专用条款的约定提供开工条件；②发包人不能按约定日期支付工程预付款、进度款，致使工程不能正常进行；③工程师未按合同约定提供所需指令、批准等，致使施工不能正常进行；④设计变更和工程量增加；⑤一周内非承包人原因停水、停电、停气造成停工累计超过 8 小时；⑥不可抗力；⑦专用条款中约定或工程师同意工期顺延的其他情况。

上述情况工期可顺延的根本原因是这些情况属于发包人违约或者应当由发包人承担的风险。反之，如果造成工期延误的原因是承包人的违约或者应当由承包人承担的风险，则工期不能顺延。

2. 工期顺延的确认程序

发包人在工期可以顺延的情况发生后 14 天内，应将延误的工期向工程师提出书面报告。工程师在收到报告后 14 天内予以确认答复，逾期不予答复，视为报告要求已经被确认。

当然，工程师确认的工期顺延期限应当是事件造成的合理延误，由工程师根据发生事件的具体情况和工期定额、合同等的规定确认。经工程师确认的顺延的工期应纳入合同工期，作为合同工期的一部分。如果承包人不同意工程师的确认结果，则按合同规定的争议解决方式处理。

7.4.3 竣工验收阶段的进度控制

竣工验收，是发包人对工程的全面检验，是保修期外的最后阶段。在竣工验收阶段，工程师进度控制的任务是督促承包人完成工程扫尾工作，协调竣工验收中的各方关系，参加竣工验收。

7.4.3.1 竣工验收的程序

工程应当按期竣工。工程按期竣工有两种情况：承包人按照协议书约定的竣工日期或者工程师同意顺延的工期竣工。工程如果不能按期竣工，承包人应当承担违约责任。

1. 承包人提交竣工验收报告

当工程按合同要求全部完成后，工程具备了竣工验收条件，承包人按国家工程竣工验收的有关规定,向发包人提供完整的竣工资料和竣工验收报告,并按专用条款要求的日期和份数向发包人提交竣工图。

2. 发包人组织验收

发包人在收到竣工验收报告后28天内组织有关部门验收,并在验收14天内给予认可或者提出修改意见。承包人应当按要求进行修改,并承担由自身原因造成修改的费用。竣工日期为承包人送交竣工验收报告日期。需修改后才能达到验收要求的,竣工日期为承包人修改后提请发包方验收日期。

中间交工工程的范围和竣工时间,由双方在专用条款内约定。其验收程序与上述规定相同。

3. 发包人不按时组织验收的后果

发包人收到承包人送交的竣工验收报告后28天内不组织验收,或者在验收后14天内不提出修改意见,则视为竣工验收报告已经被认可。发包人收到承包人送交的竣工验收报告后28天内不组织验收,发包人从第29天起承担工程保管及一切意外责任。

7.4.3.2 发包人要求提前竣工

在施工中,发包人如果要求提前竣工,应当与承包人进行协商,协商一致后应签订提前竣工协议。发包人应为赶工提供方便条件。提前竣工协议应包括以下几方面的内容:①提前的时间;②承包人采取的赶工措施;③发包人为赶工提供的条件;④承包人为保证工程质量采取的措施;⑤提前竣工所需的追加合同价款。

7.4.3.3 甩项工程

因特殊原因,发包人要求部分单位工程或工程部位甩项竣工的,双方应当另行签订甩项竣工协议,明确各方责任和工程价款的支付方法。

课题7.5 建设工程施工合同投资控制

7.5.1 施工合同价款及其调整

7.5.1.1 施工合同价款的约定

施工合同价款是指按有关规定和协议条款约定的各种取费标准计算,用以支付承包方按照合同要求完成工程内容的价款总额。这是合同双方关心的核心问题之一,招标投标等工作主要是围绕合同价款展开的。合同价款应依据中标通知书中的中标价格或非招标工程的工程预算书确定。合同价款在协议书内约定后,任何一方不得擅自改变。合同价款可以按照固定价格合同、可调价格合同、成本加酬金合同三种方式约定。

1. 固定价格合同

固定价格合同是指在约定的风险范围内价款不再调整的合同。这种合同的价款并不是绝对不可调整,而是约定范围内的风险由承包人承担。双方应当在专用条款中约定合同价款包括的风险费用和承担风险的范围。风险范围以外的合同价款调整方法,应当在专用条款内约定。

2. 可调价格合同

可调价格合同是指合同价格可以调整的合同。合同双方应当在专用条款内约定合同价款的调整方法。

3. 成本加酬金合同

成本加酬金合同是由发包人向承包人支付工程项目的实际成本,并按事先约定的某一种方式支付酬金的合同类型。合同价款包括成本和酬金两部分,合同双方应在专用条款内约定成本构成和酬金的计算方法。

7.5.1.2 可调价格合同中合同价款的调整

1. 可调价格合同中价格调整的范围

可调价格合同中价格调整的范围包括:①国家法律、法规和政策变化影响合同价款;②工程造价管理部门公布的价格调整;③一周内非承包人原因停水、停电、停气造成停工累计超过8小时;④双方约定的其他调整或增减。

2. 可调价格合同中价格调整的程序

承包人应当在价款可以调整的情况发生后14天内,将调整原因、金额以书面形式通知工程师,工程师确认后作为追加合同价款,与工程款同期支付。工程师收到承包人通知之后14天内不作答复也不提出修改意见,视为该项调整已经同意。

7.5.2 工程预付款

双方应当在专用条款内约定发包人向承包人预付工程款的时间和数额,开工后按约定的时间和比例逐次扣回。预付时间应不迟于约定的开工日期前7天。发包人不按约定预付,承包人在约定预付时间7天后向发包人发出要求预付的通知,发包人收到通知后仍不能按要求预付,承包人可在发出通知后7天停止施工,发包人应从约定应付之日起向承包方支付应付款的贷款利息,并承担违约责任。

7.5.3 工程款支付

7.5.3.1 工程量的确认

对承包人已完成工程量的核实确认,是发包人支付工程款的前提。其具体的确认程序如下:

(1)承包人向工程师提交已完工程量的报告。承包人应按专用条款约定的时间,向工程师提交已完工程量的报告。该报告应当由“完成工程量报审表”和作为其附件的“完成工程量统计报表”组成。承包人应当写明项目名称、申报工程量及简要说明。

(2)工程师的计量。工程师接到报告后7天内按设计图纸核实已完工程量(简称计量),并在计量前24小时内通知承包人,承包人为计量提供便利条件并派人参加。如果承包人不参加计量,发包人自行进行,计量结果有效,作为工程价款支付的依据。

工程师收到承包人报告后7天内未进行计量,从第8天起,承包人报告中开列的工程量即视为已被确认,作为工程价款支付的依据。工程师不按约定时间通知承包人,使承包人不能参加计量,计量结果无效。

工程师对承包人超出设计图纸范围和(或)因自身原因造成返工的工程量,不予计量。

7.5.3.2　**工程款(进度款)结算方式**

1. 按月结算

按月结算实行旬末或月中预支、月末结算、竣工后清算的办法。跨年度施工的工程，在年终进行工程盘点，办理年度结算。

2. 竣工后一次结算

建设项目或单项工程全部建筑安装工程建设期较短或施工合同价较低的，可以实行工程价款每月月中预支，竣工后一次结算。

3. 分段结算

这种结算方式要求当年开工、当年不能竣工的单项工程或单位工程按照工程形象进度，划分不同阶段进行结算。分段的划分标准，由各部门和省、自治区、直辖市、计划单列市规定，分段结算可以按月预支工程款。

实行竣工后一次结算和分段结算的工程，当年结算的工程应与年度完成工程量一致，年终不另清算。

4. 其他结算方式

结算双方可以约定采用经开户银行同意的其他结算方式。

7.5.3.3　**工程款支付的程序和责任**

发包人应在双方计量确认后 14 天内，向承包人支付工程款(进度款)。同期用于工程上的发包人供应材料设备的价款，以及按约定时间发包人应按比例扣回的预付款，与工程款同期结算。合同价款调整、设计变更调整的合同价款及追加的合同价款，应与工程款同期调整支付。

发包人超过约定的支付时间不支付工程款，承包人可向发包人发出要求付款的通知，发包人在收到承包人通知后仍不能按要求支付，可与承包人协商签订延期付款协议，经承包人同意后可以延期支付。协议须明确延期支付时间和从结束确认计量后第 15 天起计算应付款的贷款利息。发包人不按合同约定支付工程款，双方又未达成延期付款协议，导致施工无法进行，承包人可停止施工，由发包人承担违约责任。

7.5.4　变更价款的确定

7.5.4.1　**变更价款的确定程序**

设计变更发生后，承包人在工程设计变更确定后 14 天内，提出变更工程价款的报告，经工程师确认后调整合同价款。承包人在确定变更后 14 天内不向工程师提出变更工程价款报告时，视为该项设计变更不涉及合同价款的变更。

工程师收到变更工程价款报告之日起 14 天内，予以确认。工程师无正当理由不确认时，自变更价款报告送达之日起 14 天后变更工程价款报告自行生效。

工程师不同意承包人提出的变更价格，按照合同约定的争议解决方式处理。

7.5.4.2　**变更价款的确定方法**

变更合同价款按照下列方法进行：①合同中已有适用于变更工程的价格，按合同已有的价格计算变更合同价款；②合同中只有类似于变更工程的价格，可以参照此价格确定变更价格,变更合同价款;③合同中没有适用或类似于变更工程的价格,由承包人提出适当的变更价格,经工程师确认后执行。

7.5.5 施工中涉及的其他费用

7.5.5.1 安全施工方面的费用

承包人按工程质量、安全及消防管理有关规定组织施工,采取严格的安全防护措施,承担由于自身的安全措施不力造成事故的责任和因此发生的费用。非承包人责任造成安全事故,由责任方承担责任和发生的费用。

发生重大伤亡及其他安全事故,承包人应按有关规定立即上报有关部门并通知工程师,同时按政府有关部门要求处理,发生的费用由事故责任方承担。

发包人应对其在施工场地的工作人员进行安全教育,并对他们的安全负责。

承包人在动力设备、输电线路、地下管道、密封防震车间、易燃易爆地段以及临街交通要道附近施工时,施工开始前应向工程师提出安全保护措施,经工程师认可后实施,防护措施费用由发包人承担。

实施爆破作业,在放射、毒害性环境中施工(含存储、运输)及使用毒害性、腐蚀性物品施工时,承包人应在施工前14天内以书面形式通知工程师,并提出相应的安全保护措施,经工程师认可后实施。安全保护措施费用由发包人承担。

7.5.5.2 专利技术及特殊工艺涉及的费用

发包人要求使用专利技术或特殊工艺,须负责办理相应的申报手续,承担申报、试验、使用等费用。承包人按发包人要求使用,并负责试验等有关工作。承包人提出使用专利技术或特殊工艺,报工程师认可后实施,承包人负责办理申报手续并承担有关费用。擅自使用专利技术侵犯他人专利权,责任者依法承担相应责任。

7.5.5.3 文物和地下障碍物涉及的费用

在施工中发现古墓、古建筑遗址等文物及化石或其他有考古、地质研究等价值的物品时,承包人应立即保护好现场并于4小时内以书面形式通知工程师,工程师应于收到书面通知后24小时内报告当地文物管理部门,并按有关管理部门要求采取妥善保护措施。发包人承担由此发生的费用,延误的工期相应顺延。

施工中发现影响施工的地下障碍物时,承包人应于8小时内以书面形式通知工程师,同时提出处置方案,工程师收到处置方案后8小时内予以认可或提出修正方案。发包人承担由此发生的费用,延误的工期相应顺延。所发现的地下障碍物有归属单位时,发包人报请有关部门协同处置。

7.5.6 竣工结算

7.5.6.1 承包人递交竣工结算报告及违约责任

工程竣工验收报告经发包人认可后,承发包双方应当按协议书约定的合同价款及专用条款约定的合同价款调整方式,进行工程竣工结算。

工程竣工验收报告经发包人认可后28天内,承包人向发包人递交竣工结算报告及完整的结算资料。

工程竣工验收报告经发包人认可后28天内，承包人未能向发包人递交竣工结算报告及完整的结算资料，造成工程竣工结算不能正常进行或工程竣工结算价款不能及时支付，发包人要求交付工程的，承包人应当交付；发包人不要求交付工程的，承包人承担保管责任。

7.5.6.2 发包人的核实和支付

发包人自收到竣工结算报告及结算资料后28天内进行核实，确认后支付工程竣工结算价款。承包人收到竣工结算价款后14天内将竣工工程交付发包人。

7.5.6.3 发包人不支付结算价款的违约责任

发包人收到竣工结算报告及结算资料后28天内无正当理由不支付工程竣工结算价款，从第29天起按承包人同期向银行贷款利率支付拖欠工程价款的利息，并承担违约责任。

发包人收到竣工结算报告及结算资料后28天内不支付工程竣工结算价款，承包人可以催告发包人支付结算价款。发包人在收到竣工结算报告及结算资料后56天内仍不支付的，承包人可以与发包人协议将该工程折价，也可以由承包人申请人民法院将该工程依法拍卖，承包人就该工程折价或者拍卖的价款优先受偿。

7.5.7 质量保修金

7.5.7.1 质量保修金的支付

保修金由承包人向发包人支付，也可由发包人从应付承包人工程款内预留。质量保修金的比例及金额由双方约定，但不应超过施工合同价款的3%。

7.5.7.2 质量保修金的结算与返还

工程的质量保证期满后，发包人应当及时结算和返还（如有剩余）质量保修金。发包人应当在质量保证期满后14天内，将剩余保修金和按约定利率计算的利息返还承包人。

【案例7-2】 某市为发展旅游业，经批准兴建一座三星级大酒店，该项目甲方于1996年10月10日分别与某建筑工程公司（乙方）和某外资装饰工程公司（丙方）签订了主体建筑工程施工合同和装饰工程施工合同。

合同约定主体建筑工程施工于1996年11月10日正式开工，竣工日期为1998年4月25日。因主体工程与装饰工程分别为两个独立的合同，由两承包人承建，为保证工期，当事人约定：主体与装饰施工采取立体交叉作业，即业主完成三层，装饰工程承包者立即进入装饰作业。为保证装饰工程达到三星级水平，业主委托星海监理公司实施装饰工程监理。

在工程施工过程中，甲方要求乙方将竣工日期提前至1998年3月8日，双方协商修订施工方案后达成协议。大酒店于1998年3月10日剪彩开业。

2000年8月1日，乙方因甲方少付工程款上诉法院。诉称：甲方于1998年3月8日签发了竣工验收报告，并已开张营业，至今已达2年有余，但在结算工程款时，甲方本应付工程总价款1 600万元人民币，但只付1 400万元人民币，特请求法庭判决被告支付剩余的200万元及拖期利息。

2000年10月10日庭审中，被告答称：原告主体建筑工程施工质量有问题，如大堂、电梯间门洞、大厅墙面、游泳池等主体施工质量不合格,因此装修商进行返工并提出索赔,经监理工程师签字报业主代表认可,共支付20万美元,折合人民币125万元,此项费用应由原告承担。另还有其他质量问题,共造成客房、机房设备、设施损失人民币75万元。通过分析统计共计损失200万元人民币,应从总工程款中扣除,故支付乙方主体工程款总额1 400万元人民币。原告辩称:被告称工程主体不合格不属实,并向法庭呈交了业主及有关方签字的合格竣工验收报告及业主致乙方的感谢信等证据。被告又辩称:竣工验收报告及感谢信,是在原告法定代表人宴请我方时,提出为了企业晋级的情况下,我方代表签的字。此外,被告代理人又向法庭呈交业主被装饰工程公司提出索赔的20万美元(经监理工程师和业主代表签字)的清单56件。原告再辩称:被告代表发言纯系戏言,怎能以签署竣工验收报告为儿戏,请求法庭以文字为证;被告委托的监理工程师监理的装饰合同,支付给装饰公司的费用凭单,并无我方(乙方)代表的签字认可,因此不承担责任。原告最后请求法庭关注:自签发竣工验收报告后,乙方向甲方多次以书面结算方式提出结算要求。在长达2年多时间里,甲方从未向乙方提出过工程存在质量问题。

问题:

(1)原、被告之间的合同是否有效?

(2)主体工程施工质量不合格时业主应采取哪些正当措施?

(3)装饰合同执行中的索赔是否对乙方具有约束力?怎样才具有约束力?

(4)该项工程竣工结算中,甲方从未提出质量问题,直至乙方于2000年8月1日向人民法院起诉后,甲方在答辩中才提出质量问题,对此是否依法保护?

案例分析:

(1)合同双方当事人符合建设工程施工合同主体资格的要求,并且合同内容合法,所以原、被告之间的合同有效。

(2)根据《建设工程质量管理条例》的规定,业主应及时通知承包人进行修理,承包人在接到修理通知2周内到达现场。若未能按期到达,业主应再次通知承包人,承包人自接到再次通知书1周内仍不能到达的,业主可委托其他单位或人员修理,所需费用由承包人承担。根据《建设工程施工合同(示范文本)》(GF－2013－0201)的规定,业主应在索赔事件发生28天内向承包人发出索赔通知,否则承包人可不接受业主索赔要求。

(3)装饰工程索赔对承包人不具有约束力。因建设工程质量存在缺陷造成损害的诉讼时效为1年,从当事人知道或应当知道权利被侵害时起算。

(4)业主一直未就质量问题提出异议,直至2000年10月10日庭审,超过了1年,所以不予保护,应该支付给乙方剩余的200万元及拖期的利息。

【阅读材料】

建设工程施工合同谈判策略

1. 合同谈判准备

开始谈判之前,一定要做好各方面的谈判准备工作。对于一个工程施工合同而言,一般都具有投资数额大,实施时间长,合同内容涉及技术、经济、管理、法律多领域等特点,因此在开始谈判之前,必须细致地做好以下几方面工作。

1)谈判的组织准备

谈判的组织准备包括谈判组的成员组成和谈判组长的人选。

(1)谈判组成员组成。选择谈判组成员要考虑的问题有:充分发挥每个成员的作用,避免由于人员过多而有些人不能发挥作用或意见不易集中;组长便于在组内协调,每个成员的专业知识面组合在一起能满足谈判要求;国际工程谈判时还要配备业务能力强,特别是外语写作能力强的翻译。谈判组成员以3~5人为宜,在谈判的各个阶段所需人员的知识结构不同,如施工合同前期谈判时技术问题和经济问题较多,需要有工程师和经济师,后期谈判涉及合同条款以及准备合同和备忘录文稿,则需要律师、造价工程师和合同专家参加,谈判组成员要根据谈判需要调换。

(2)谈判组长人选。选择谈判组长最主要的条件是应具有较强的业务能力和应变能力,既要精通专业知识和具有工程经验,还应具有合同经验,对于合同谈判中出现的问题能够及时作出判断,主动找出对策。根据这些要求,谈判组长不一定都要由职位高的人员担任,而可由35~50岁的人员担任。

2)谈判方案准备和思想准备

谈判前要对谈判时自己一方想解决的问题和解决问题的方案做好准备,同时要确定对谈判组长的授权范围,整理出谈判大纲,将希望解决的问题按轻重缓急排队,对要解决的主要问题和次要问题拟定要达到的目标。

谈判组的成员要进行训练,一方面要分析我方和对方的有利、不利条件,制定谈判策略等,另一方面要确定主谈人员、组内成员分工和明确注意事项。

如果是国际工程项目,有翻译参加,则应让翻译参加全部准备工作,了解谈判意图和方案,特别是有关技术问题和合同条款问题,以便做好准备。

3)谈判的资料准备

谈判前要准备好自己一方使用的各种参考资料、准备提交给对方的文件资料以及计划向对方索取的各种文件资料清单。准备提供给对方的资料一定要经谈判组长审查,以防与谈判时的口径不一致,造成被动。如有可能,可以在谈判前向对方索取有关文件和资料,以便分析和准备。

4)谈判的议程安排

谈判的议程安排一般由建设单位一方提出,征求对方意见后再确定,根据拟讨论的问题来安排议程,可以避免遗漏要谈判的重要问题。

议程要松紧适宜,既不能拖得太长,也不宜过于紧张。一般在谈判中后期安排一定的调节性活动,以便缓和气氛,进行必要的请示以及修改合同文稿等。

2. 合同谈判内容

1)工程范围

承包商所承担的工作范围包括施工、设备采购、安装和调试等,在签订合同时要做到明确具体、范围清楚、责任明确,否则将导致报价漏项。

有的合同条件规定“除另有规定外的一切工程”“承包商可以合理推知需要提供的为本工程服务所需的一切辅助工程”等,其中不明确的内容,可作无限制解释的,应该在合同中加以明确,或争取写明“未列入本合同中的工程量表和价格清单的工程内容,不包括在合同总价内”。

对于“可供选择的项目”，应力争在签订合同前明确究竟选择与否。如果确实难以在签订合同时明确，则应当确定一个具体的期限来选定这些项目是否需要施工。应当注意，如果这些项目的确定时间太晚，可能影响材料设备的订货，承包商可能会受到不应有的损失。

对于现场监理工程师的办公建筑、家具设备、车辆和各项服务，如果已包括在投标价格中，而且招标书规定得比较明确和具体，则应当在签订合同时予以审定和确认。

2）合同文件

（1）应由建设单位同意将双方一致同意的修改和补充意见整理为正式的“补遗”或“附录”，并由双方签字作为合同的组成部分。

（2）应当由双方同意将投标前建设单位对各投标人质疑的书面答复和通知，作为合同的组成部分，因为这些答复或通知既是标价计算的依据，也可能是今后索赔的依据。

（3）承包商提供的施工图纸是正式的合同文件内容。不能只认为“建设单位提交的图纸属于合同文件”，应该表明“与合同协议同时由双方签字确认的图纸属于合同文件”，以防止建设单位借补图纸的机会增加工程内容。

（4）对作为付款和结算工程价款的工程量及价格清单，已经核实审定确认，并经双方签字。

（5）尽管采用的是标准合同文本，在签字前都必须全面检查，对于关键词语和数字更应该反复核对，不得有任何差错。必要时，最后的合同文本，包括“补遗”“附录”都应请律师或咨询机构咨询，使其正确无误。对当事人而言，合同文件就是法律文书，应该使用严谨、周密的法律语言，不能使用日常通俗语言或“工程语言”，以防一旦发生争端而影响合同履行。

3）双方的一般义务

（1）关于“工作必须使监理工程师满意”的条款，这是在合同条件中常常见到的。应该载明“使监理工程师满意”只能是施工技术规范和合同条件范围内的满意，而不是其他。合同条件中还常常规定“应该遵守并执行监理工程师的指示”，对此承包商常常书面记录下对该指示的不同意见和理由，以作为日后索赔的依据。

（2）关于履约保证。应该争取建设单位接受由中国银行直接开出的履约保函。有些国家的建设单位一般不接受外国银行开出的履约担保，因此在合同签订前，应与建设单位商选一家既与中国银行有直接往来关系，又能被对方接受的当地银行开具保函，并事先与该当地银行、中国银行协商同意。

（3）关于工程保险。应争取建设单位接受由中国人民保险公司出具的工程保险单，如果建设单位不同意接受，可由一家当地有信誉的保险公司与中国人民保险公司联合出具保险单。

（4）关于工人的伤亡事故保险和其他社会保险，应力争向承包商本国的保险公司投保。有些国家往往有强制性社会保险的规定，对于外籍工人，由于是短期居留性质，应争取免除在当地进行社会保险，否则这笔保险金应计入合同价格之内。

（5）关于不可预见的自然条件和人为障碍问题。一般合同条件中虽有“可取得合理费用”的条款,但由于其措辞含糊,容易在实施中引起争执,必须在合同中明确界定“不可预见的自然条件和人为障碍”的内容。招标文件中提供的气象、地质、水文资料如与实际情况有出入,则应争取列为“非正常气象和水文情况”,增添由建设单位提供额外补偿费用的条款。

4)工程开工和工期

(1)区别工期与合同(终止)期的概念。合同期表明一份合同的有效期,即从合同生效之日至合同终止之日的一段时间,而工期是对承包商完成其工作所规定的时间。在工程承包合同中,通常是施工期虽已结束,但合同期并未终止,因为该工程价款酬金尚未结清,工程缺陷维修期尚未结束,合同仍然有效。

(2)应明确规定保证开工的措施。要保证工程按期竣工,首先要保证按时开工,对于影响建设单位开工的因素应列入合同条件之中,如果由于建设单位的原因导致承包商不能如期开工,则工期应顺延。

(3)必须要求建设单位按时验收工程,以免拖延付款,影响承包人的资金周转和工期。

(4)施工中,如因变更设计造成工程量增加或修改原设计方案,或工程师不能按时验收工程,承包商有权要求延长工期。

(5)考虑到我国公司一般动员准备时间较长,应争取适当延长工程准备时间,并规定工期应由正式开工之日算起。

(6)建设单位向承包商提交的现场应包括施工临时用地,并写明其占用土地的一切补偿费用均由建设单位承担。

(7)应规定现场移交的时间和移交的内容。所谓移交现场,应包括场地测量图纸、文件和各种测量标志的移交。

(8)单项工程较多的工程,应争取分批竣工,并提交工程师验收,发给竣工证明。工程满足全部验收条件而建设单位无故拖延检验时,应规定建设单位向承包商支付工程费用。

(9)承包商应有由于工程变更、恶劣天气影响,或其他由于建设单位的原因要求延长竣工时间的正当权利。

5)劳务

(1)有些合同条件规定:“不管什么原因,建设单位发现施工进度缓慢,不能按期完成工程施工,有权自行增加必要的劳动力以加快工程进度,而支付这些劳动力的费用应当在支付给承包商的工程价款中扣除。”这一条需要承包商注意两点:①如当地有限制外籍劳务的规定,则须同建设单位商定取得入境、临时居住和工作的许可手续,并在合同中明确由建设单位协助取得各种许可手续的责任的规定;②因劳务短缺而延误工期,如果是由于建设单位未能取得劳务入境、居留和工作许可,当地又不能招聘到价格合理的技术较好的劳动力,则应归咎于建设单位的延误,而非承包商造成的延误。因此,应该争取修改这种不分析原因的惩罚性条款。

(2)为提高工效和缩短工期,应争取建设单位同意允许加班,至少对于非隐蔽工程允许加班。由于加班而额外增加的工资可按当地劳工法的规定,由承包商支付。

(3)对于限制外籍劳务的国家，应争取列入"当公开招聘和当地劳务人事部门协助下仍不能获得足够的当地的熟练劳务时，允许外籍劳务入境实施该项目工程"条款。

(4)应当拒绝列入对外籍人员和劳务有侮辱性和歧视性条款，但劳务人员必须遵守法律，尊重当地风俗习惯、禁酒、禁止出售和使用麻醉毒品和武器弹药、不得扰乱社会治安等。

(5)争取列入允许外籍劳务享受其本国节假日的规定。

6)材料和操作工艺

(1)对于报送材料样品给监理工程师或须建设单位审批和认可，应规定答复期限。建设单位或监理工程师在规定答复期限不予答复，即视作"默许"。经"默许"后再提出更换，应该由建设单位承担因工程延误施工期和原报批的材料已订货而造成的损失。

(2)对于应向监理工程师提供的现场测量和试验的仪器设备，应在合同中列出清单，写明型号、规格、数量等。如果超出清单内容，则应由建设单位承担超出的费用。

(3)争取在合同或"补遗"中写明材料化验的权威机构，以防止对化验结果的权威性产生争执。

(4)如果发生材料代用、更换型号及其标准问题，承包商应注意两点：①将这些问题载入合同"补遗"中；②如有可能，可趁建设单位在议标时压价而提出材料代用的意见，更换那些招标文件中规定的因高价而难以采购的材料，用承包商熟悉货源并可获得优惠价格的材料代替。

(5)工序质量检查问题。如果监理工程师延误了上道工序的检查时间，往往使承包商无法按期进行下一道工序，从而使工程进度受到严重影响。因此，应对工序检验制度作出具体规定，不得简单地规定"不得无理拖延"了事。特别是对及时安排检验要有时间限制，超出限制，监理工程师未予检查，则承包商可认为该工序已被接受，可进行下一道工序施工。

7)施工机具、设备和材料进口

(1)承包商应争取用本国的机具、设备和材料去承包涉外工程。许多国家允许承包商从国外运入施工机具、设备和材料为该工程专用，工程结束后再将机具和设备运出国境。如有此规定，应列入合同"补遗"中。

(2)应要求建设单位协助承包商取得施工机具、设备和材料进口许可。

8)工程变更和增加

(1)工程变更应有一个合适的限额，超过限额，承包商有权修改单价。

(2)对于单项工程的大幅度变更，应在工程施工初期提出，并争取规定期限。超过期限大幅度增加单项工程，由建设单位承担材料、工资价格上涨而引起的额外费用；大幅度减少单项工程，建设单位应承担因材料已经订货而造成的损失。

9)不可抗力的特殊风险

不可抗力的特殊风险可参照 FIDIC 条款中的规定。

10)争端、法律依据及其他

(1)应争取用和解和调解的方法解决双方争端。和解灵活性比较大，有利于双方经济关系的进一步发展。如果和解不成，需调解，则争取由中国的涉外调解机构调解；如果调解不成,需仲裁解决,则争取由中国国际经济贸易仲裁委员会仲裁。

(2)合同规定管辖的法律通常是当地法律,因此应对当地有关法律有相当的了解。

(3)应注意税收条款。在投标之前应对当地税收进行调查,将可能发生的各种税收计入报价中,并应在合同中规定:对合同价格确定以后由于当地法令变更而导致税收或其他费用的增加,应由建设单位按票据进行补偿。

11)付款

承包商最为关心的问题就是付款问题。根据经验,建设单位和承包商发生的争议,多数集中在付款问题上,付款问题可归纳为3个方面,即价格问题、货币问题、支付问题。

(1)价格问题。国际承包工程的合同计价方式有3类:①固定总价合同。承包商应争取订立增价条款,保证在特殊情况下,允许对合同价格进行自动调整,这样就将全部或部分成本增高的风险转移至建设单位承担。②固定单价合同。合同总价的风险将由建设单位和承包商共同承担,其中由于工程数量方面的变更而引起的预算价格的超出,将由建设单位负担,而单位工程价格中的成本增加,则由承包商承担。固定单价合同也可带有增价条款。③成本加酬金合同。成本提高的风险由建设单位承担,但是承包商一定要在合同中明确哪些费用列为成本,哪些费用列为酬金。

(2)货币问题。主要是货币兑换限制、货币汇率浮动、货币支付问题。货币支付条款主要有:固定货币支付条款,即合同中规定支付货币的种类和各种货币的数额,今后按此付款则不受货币价值浮动的影响;选择性货币条款,即可在几种不同的货币中选择支付,并在合同中用不同的货币标明价格,这种方式也不受货币价值浮动的影响,但关键在于选择权属于谁的问题,承包商应争取主动权。

(3)支付问题。主要有时间、支付方式和支付保证金等问题。在支付时间上,承包商越早得到付款越好。支付的方式有预付款、工程进度付款、最终付款和退还保证金。对于承包商来说,一定要争取到预付款,而且预付款偿还时,以按预付款与合同总价的同一比例每次在工程进度款中扣除为好。对于工程进度付款,应争取不仅包括当月已完成的工程价款,还包括运到现场合格材料与设备的费用。最终付款意味着工程的竣工,承包商有权取得全部工程的合同价款中一切尚未付清的款项。承包商应争取将工程竣工结算和保修责任予以区分,可以用一份保修工程的银行担保函来担保自己的保修责任,并争取早日得到全部工程价款。关于退还保证金的问题,承包商争取降低扣留金额的数额,使之不超过合同总价的5%,并争取工程竣工验收合格后全部退还,或者用保修保函代替扣留的应付工程款。

12)工程质量保修

(1)应当明确工程质量保修范围和内容、保修期限、保修责任、保修金的支付和保修金的返还,并由双方共同签署工程质量保修书。

(2)一般工程保修期届满应退还保修金。承包商应争取以保修保函替代工程价款的保证金。因为保修保函具有保函有效期的规定,可以保障承包商在保修期满时自行撤销其保修责任。

总之,需要谈判的内容非常多,而且双方均以维护自身利益为核心进行谈判,使得谈判更加复杂化、艰难化,因此需要精明强干的投标班子或者谈判班子施行仔细、具体的谋划。

3. 合同审查

1）合同审查的目的

承包商在获得建设单位的招标文件后，应立即指令工程造价和合同管理者对招标文件中的合同文本进行审查。审查的主要目的如下：

（1）将合同文本“解剖”开来，使它“透明”和易于理解，使承包商和合同主谈人对合同有一个全面的了解。这个工作非常需要，因为合同条文常常不易读懂，连贯性差，对某一问题可能会在几个文件或条款中予以定义或说明，所以首先必须将它归纳完整，进行结构分析。

（2）检查合同内容上的完整性，用标准的合同结构对照该合同文本，即可发现它缺少哪些必需条款。

（3）分析评价每一合同条文执行的法律后果，以及将给承包商带来的风险，为合同谈判和签订提供决策依据。

（4）通过审查还可以发现以下问题：①合同条款之间的矛盾性，即不同条款对同一具体问题规定或要求不一致；②对承包商不利，甚至有害的条款，如过于苛刻、责权利不平衡、单方面约束性条款；③隐含着较大风险的条款；④内容含糊、概念不清或自己未能完全理解的条款。上述条款均应向建设单位提出，要求解释和澄清。

对于一些重大工程或合同关系和合同文本很复杂的工程，合同审查的结果应经律师或合同法律专家校对评价，或在他们的直接指导下进行审查，这会减少合同中的风险，减少合同谈判和签订中的失误。

2）合同审查表

合同审查是通过合同审查表进行的，要达到合同审查的目的，审查表至少应具备以下功能：①完整的审查项目和审查内容，通过审查表可直接检查合同条文的完整性；②对应审查项目的具体条款和具体合同内容；③对合同内容的分析评价，即合同中有什么样的问题和风险；④针对分析出来的问题提出建议或对策。

4. 合同谈判技巧

1）合同谈判的目的

（1）建设单位参加谈判的目的。①通过谈判了解投标者报价的构成，进一步审核和压低报价；②进一步了解和审查投标者的施工规划和各项技术措施是否合理，以及负责项目实施的班子力量是否足够雄厚，能否保证工程的质量和进度；③根据参加谈判的投标者的建议和要求，也可听取其他投标者的建议，对设计方案、图纸、技术规范进行某些修改后，估计可能对工程报价和工程质量产生的影响。

（2）投标者参加谈判的目的。①争取中标，即通过谈判宣传自己的优势，包括技术方案的先进性、报价的合理性、所提建议方案的特点、许诺优惠条件等，以争取中标；②争取合理的价格，既要准备应付建设单位的压价，又要准备当建设单位拟增加项目、修改设计或提高标准时适当增加报价；③争取改善合同条款，包括争取修改过于苛刻的和不合理的条款，澄清模糊的条款和增加有利于保护承包商利益的条款。

虽然双方的目的看起来是对立的、矛盾的，但在为工程选择一家合格的承包商这一点上则是建设单位的基本意图,参加竞争的投标者谁能掌握建设单位心理,充分利用谈判的技巧争取中标,谁就是强者。

2)合同谈判技巧

灵活运用好合同谈判技巧是极为重要的。通常,在决标前,即承包商需要与几个对手竞争时,必须慎重,处于守势,尽量少提出对合同文本作大的修改。在中标后,即建设单位已选定承包商作为中标人,应积极争取修改风险型条款和过于苛刻的条款,对原则问题不能退让和客气。

合同谈判时既要坚持自己的原则,又要善于寻求多种解决办法,不使谈判破裂。有时由于发包人条件过于苛刻而不能达成协议,也要寻求适当的理由,把原因归于对方。

合同谈判是多次才能完成的,不要急于求成,谈判时对合同中含糊不清的词句,应在谈判中加以明确。

合同谈判双方达成一致协议后,即可由双方法人代表签字,签字后的合同文件即可成为工程正式发包承包的法律依据。至此,建设单位和中标人即建立了受法律保护的合作关系,招标投标工作即告完成。

谈判时需注意以下具体技巧:①谈判前应做好充分准备,如备齐文件和资料,拟好谈判的内容和方案,对谈判对方的性格、年龄、嗜好、资历、职务均应有所了解,以便派出合适人选参加谈判,在谈判中要统一口径,不得将内部矛盾暴露在对方面前;②谈判的主要负责人不宜急于表态,应先让副手主谈,主要负责人在旁视听,从中找出问题的症结,以备进攻;③谈判中要抓住实质性问题,不要在枝节问题上争论不休,实质性问题不轻易让步,枝节问题要表现宽宏大量的风度;④谈判要有礼貌,态度要诚恳、友好,平易近人,发言要稳重,当意见不一致时不能急躁,更不能感情冲动,甚至使用侮辱性语言,一旦出现僵局,可暂时休会;⑤少说空话、大话,但偶尔赞扬自己在国内甚至国外的业绩是必不可少的;⑥坚持对等让步的原则,当对方作出一定让步时,自己也应考虑作出相应让步;⑦谈判时必须记录,但不宜录音,否则会引起对方情绪紧张,影响谈判效果。

小　结

建设工程施工合同(建筑安装工程承包合同)是指建设单位(发包人)与施工单位(承包人)之间,为完成商定的建设工程项目的建设任务,而签订的明确双方权利和义务关系的协议。施工合同管理包括施工合同的订立、履行、变更、违约、索赔、争议、终止及评价。施工合同内容包括工程范围、建设工期、中间交工工程的开工和竣工时间、工程质量、工程造价、技术资料交付时间、材料和设备供应责任、拨款和结算、竣工验收、质量保修范围和质量保证期、双方相互协作等条款。《建设工程施工合同(示范文本)》(GF－2013－0201)由协议书、通用条款、专用条款三部分组成,并附有三个附件,即承包人承揽工程项目一览表、发包人供应材料设备一览表、工程质量保修书。

建设工程施工合同关于双方的一般权利和义务条款主要包括以下几个方面:①发包人的工作;②承包人的工作;③工程师及其职权;④项目经理及其职责等。建设工程施工合同质量控制条款包括:①材料设备供应的质量控制;②工程验收的质量控制;③竣工验收质量控制;④质量保修条款等。建设工程施工合同进度控制条款包括施工准备阶段、施工阶段和竣工验收阶段的进度控制。建设工程施工合同投资控制条款包括:①施工合同价款及其调整,合同价款可以按照固定价格合同、可调价格合同、成本加酬金合同三种方式约定;②工程预付款;③工程款支付;④变更价款的确定;⑤施工中涉及的其他费用;⑥竣工结算;⑦质量保修金等。

建设工程施工合同管理是项目管理的核心,是综合性、高层次的管理工作,必须认真对待,加强管理,确保合同顺利实施。

习　题

1. 名词解释

①建设工程施工合同;②质量控制;③进度控制;④投资控制。

2. 单选题

(1)施工合同的组成文件中,结合项目特点针对通用条款内容进行补充或修正,使之与通用条款共同构成对某一方面问题内容完备约定的文件是(　　)。

A. 协议书　　B. 专用条款　　C. 标准条款　　D. 质量保修书

(2)按照《建设工程施工合同(示范文本)》(GF-2013-0201)的约定,工程师接到承包人提交的进度计划后,应在合同约定的时间内予以确认或提出修改意见。如果工程师没有在约定时间内予以确认或提出修改意见,则视为(　　)。

A. 工程师已经确认,承包人不再承担计划的缺陷责任

B. 工程师已经确认,承包人仍应承担计划的缺陷责任

C. 工程师未确认,承包人应修改进度计划

D. 工程师未确认,承包人应等待工程师的进一步指示

(3)在施工中,承包人按照经过监理人批准的施工方案导致事故,所发生的费用应由(　　)承担。

A. 发包人　　B. 承包人　　C. 监理人　　D. 发包人和承包人共同

(4)某施工合同约定,建筑材料由发包人供应,材料使用前需要进行的检验应由(　　)。

A. 发包人负责,并承担检验费用　　B. 发包人负责,检验费用由承包人承担

C. 承包人负责,并承担检验费用　　D. 承包人负责,检验费用由发包人承担

(5)某工程缺陷责任期内发现存在质量问题,监理人出具了鉴定结论,发包人认为承包人不具有维修能力,直接联系维修公司进行了维修,则维修费用应由(　　)承担。

A. 发包人　　B. 监理人　　C. 承包人　　D. 维修公司

3. 多选题

(1)施工合同的当事人包括(　　)。

A. 发包人

B. 发包人的法定代表人

C. 工程师

D. 承包人

E. 承包人的法定代表人

(2)在施工过程中,发包人的义务通常包括(　　)。

A. 平整施工现场

B. 确保施工所需水电供应

C. 提供工程进度计划

D. 负责施工现场的安全保卫

E. 办理施工临时用地的批准手续

(3)在施工合同中,承包人的义务通常包括(　　)。

A. 承担白天施工噪声扰民的赔偿费用

B. 开通施工场地与城乡公共道路的通道

C. 因承包人原因导致的夜间施工噪声罚款

D. 施工现场古树名木的保护工作

E. 办理施工许可证

(4)在施工合同履行的过程中,如果发包人不按合同规定及时向承包人支付工程进度款,则承包人有权(　　)。

A. 立即停止施工

B. 要求签订延期付款协议

C. 在未达成付款协议且施工无法进行时停止施工

D. 追究违约责任

E. 立即解除合同

(5)下列有关确定变更价款的做法正确的有(　　)。

A. 变更确定后承包人及时提出追加价款要求的报告

B. 工程师在规定的时间内对承包人的要求作出答复

C. 确定的价款报送造价管理部门备案

D. 工程师未在规定时间内作出答复,视为承包人的要求已批准

E. 承包人未提出追加价款报告,工程师可单独决定补偿额

4. **简答题**

(1)简述施工合同的作用及订立原则。

(2)简述《建设工程施工合同(示范文本)》(GF－2013－0201)的组成及施工合同文件的组成与解释顺序。

(3)承包人的工作有哪些?发包人的工作有哪些?

(4)简述工程师的产生及职权。

(5)施工合同解除情况有哪些?

(6)简述施工合同争议的解决方式。

(7)建设工程施工合同中,通过哪些环节对工程质量进行控制?

(8)建设工程施工合同中,通过哪些环节对工程进度进行控制?

(9)建设工程施工合同中,通过哪些环节对工程投资进行控制?

5. **案例分析**

某工程项目采用工程量清单计价法,合同文件中有关资料如下:①分部分项工程量清单中含有甲、乙两个分项,工程量分别为4 500 m^3 和3 200 m^3。清单报价中甲项综合单价为1 240 元/m^3,乙项综合单价为985 元/m^3。②措施项目清单中环境保护、文明施工、安全施工、临时设施等四项费用以分部分项工程量清单计价合计为基数,费率为3.8%。③其他项目清单中包含零星工作费一项,暂定费用为3 万元。④规费以分部分项工程量清单计价合计、措施项目清单计价合计和其他项目清单计价合计之和为基数,规费费率为4%,税金率为3.41%。

合同有关条款如下:①施工工期自2006 年3 月1 日开始,工期四个月;②材料预付款按分部分项工程量清单计价合计的20%计,于开工前7 天支付,在最后2 个月平均扣回;③措施费(含规费和税金)在开工前7 天支付50%,其余部分在各月工程款支付时平均支付;④零星工作费于最后1 个月按实结算;⑤当某一分项工程实际工程量比清单工程量增加10%以上时,超出部分的工程量单价调价系数为0.9,当实际工程量比清单工程量减少10%以上时,全部工程量的单价调价系数为1.08;⑥质量保证金从承包商每月的工程款中按5%比例扣除。

承包商各月实际完成(经业主确认)的工程量如表7-1 所示。

表7-1　各月实际完成工程量

(单位:m^3)

分项工程	3月	4月	5月	6月
甲	900	1 200	1 100	850
乙	700	1 000	1 100	1 000

承包商在施工过程中发生了以下事件:①5 月由于不可抗力影响,现场材料(乙方供应)损失1 万元,施工机械被破坏损失1.5 万元;②实际发生零星工作费用3.5 万元。

问题:

(1)材料预付款应为多少?

(2)措施项目清单计价合计和预付措施费金额应为多少?

(3)5 月应支付给承包商多少工程款?

【综合实训】

某建设工程施工合同谈判与签订

1. 实训目标

根据《建设工程施工合同(示范文本)》(GF-2013-0201),模拟进行工程的谈判和签订,让学生对整个合同的谈判和签订有一个初步的认识,同时培养学生之间的组织协调能力以及语言表达能力。

2. 实训要求

(1)结合学生前面编制的招标文件和投标文件进行。

(2)将学生按照要求分为两组,即发包人和承包人。

(3)要求各小组按照各自的任务要求进行谈判,最后上交一组撰写好的施工合同。

模块8　建设工程施工合同履行

【知识要点】 施工合同履行原则及抗辩权；施工合同履行中变更、价格调整、不可抗力、违约、暂停、转包与分包等事件处理程序及措施；施工合同履行争议解决方法。

【教学目标】 掌握施工合同履行中变更、不可抗力、违约、转包与分包事件处理程序及措施；熟悉施工合同履行争议解决方法；了解施工合同履行中价格调整、暂停事件处理程序。

课题8.1　建设工程施工合同履行原则及抗辩权

合同履行是指合同各方当事人按照合同的规定，全面履行各自的义务，实现各自的权利。签订合同的目的在于履行，使财产得以流转或取得某种权益。合同履行以合同有效为前提和依据。签订工程施工合同的目的也是履行。因此，工程施工合同生效后，合同双方当事人应该严格履行各自的合同义务。

8.1.1　工程施工合同履行的一般原则

8.1.1.1　全面履行原则

当事人应当按照约定全面履行自己的义务，即按合同约定的标的、价款、数量、质量、地点、期限、方式等全面履行各自的义务。按照约定履行的义务，既包括全面履行义务，也包括正确、适当地履行合同义务。工程施工合同生效后，双方应当严格履行各自的义务，发包人不按合同约定支付预付款、工程款，承包人不按照合同约定的工期、质量标准完成工程，都是违约行为。

合同有明确约定的，应当依约定履行。但是，合同约定不明确并不意味着合同无须全面履行，不意味着约定不明确部分可以不履行。

合同生效后，当事人就质量、价款或者报酬、履行地点等内容没有约定或者约定不明的，可以协议补充，不能达成补充协议的，可按照合同有关条款或者交易习惯确定。按照合同有关条款或者交易习惯确定，一般只适用于部分常见条款欠缺或者不明确的情况，因为只有这些内容才能形成一定的交易习惯。如果按照上述办法仍不能确定合同如何履行，依照《合同法》第六十二条的规定进行履行。

(1)质量要求不明确的，按国家标准、行业标准履行；没有国家标准、行业标准的，按照通常标准或者符合合同目的的特定标准履行。对于建设工程质量要求，国家颁布了大量的强制性标准。因此，双方的约定不能低于国家强制性标准。

(2)价款或者报酬不明确的，按订立合同时履行地的市场价格履行；依法应当执行政府定价或者政府指导价的，按照规定履行。《最高人民法院关于审理建设工程施工合同纠纷案件适用法律问题的解释》第十六条规定："因设计变更导致建设工程的工程量或者质量标准发生变化，当事人对该部分工程价款不能协商一致的，可以参照签订建设工程施工合同时当地建设行政主管部门发布的计价方法或者计价标准结算工程价款。”

(3)履行地点不明确,给付货币的,在接受货币一方所在地履行;交付不动产的,在不动产所在地履行;其他标的,在履行义务一方所在地履行。

(4)履行期限不明确的,债务人可以随时履行,债权人也可以随时要求履行,但应当给对方必要的准备时间。

(5)履行方式不明确的,按照有利于实现合同目的的方式履行。

(6)履行费用的负担不明确的,由履行义务一方承担。

合同在履行中既可能按照市场行情约定价格,也可能执行政府定价或政府指导价。如果按照市场行情约定价格履行,则市场行情的波动不应影响合同价,合同仍执行原价格。如果执行政府定价或政府指导价,在合同约定的交付期限内政府价格调整时,按照交付时的价格计价。逾期交付标的物的,遇价格上涨时,按照原价格执行;遇价格下降时,按新价格执行。逾期提取标的物或者逾期付款的,遇价格上涨时,按新价格执行;遇价格下降时,按原价格执行。

8.1.1.2 诚实信用原则

当事人应当遵循诚实信用原则,根据合同性质、目的和交易习惯履行通知、协助和保密的义务。当事人首先要保证自己全面履行合同约定的义务,并为对方履行创造条件。当事人双方应关心合同履行情况,发现问题应及时协商解决。一方当事人在履行过程中发生困难,另一方当事人应在法律允许的范围内给予帮助。在合同履行过程中应信守商业道德,保守商业秘密。

8.1.2 工程施工合同履行的抗辩权

8.1.2.1 同时履行抗辩权

当事人互负债务,没有先后履行顺序的,应当同时履行。同时履行抗辩权包括:一方在对方履行之前有权拒绝其履行要求;一方在对方履行债务不符合约定时,有权拒绝其相应的履行要求。

同时履行抗辩权的适用条件如下:①由同一双务合同产生互负的对价给付债务;②合同中未约定履行程序;③对方当事人没有履行债务或者没有正确履行债务;④对方的对价给付是可能履行的义务。所谓对价给付,是指一方履行的义务和对方履行的义务之间存在互为条件、互为牵连的关系并且在价格上基本相等。

在某些工程中,由于发包人为解决承包人在施工准备阶段资金周转问题,会在工程开工前支付给承包人一笔预付款。为使承包人将发包人支付的预付款专用于工程,发包人往往会要求承包人提交预付款保函。若承包人不提交预付款保函,发包人可以行使同时履行抗辩权,拒绝支付预付款。

8.1.2.2 后履行抗辩权

后履行抗辩权包括两种情况:当事人互负债务,有先后履行顺序,先履行一方未履行的,后履行一方有权拒绝其履行要求;先履行一方履行债务不符合约定的,后履行一方有权拒绝相应的履行要求。

后履行抗辩权的适用条件如下:①由同一双务合同产生互负的对价给付债务;②合同

中约定了履行的顺序;③应当先履行的合同当事人没有履行债务或没有正确履行债务;④应当先履行的对价给付是可能履行的义务。

在工程施工合同履行过程中,若经检验或试验,发现承包人交付的材料、构配件、工程设备和工程质量不合格,承包人要求支付工程价款,发包人可以行使先履行抗辩权,拒绝支付工程价款。

8.1.2.3 不安抗辩权

不安抗辩权又称先履行抗辩权,指双务合同成立后,应当先履行的当事人有证据证明对方不能履行义务,或者有不能履行合同义务的可能时,在对方没有履行或者提供担保之前,有权终止履行合同义务。在双务合同中,应当先履行的当事人没有后履行抗辩权,故设立不安抗辩权,使其在对方无力履行的情况下享有拒绝履行合同义务的权利。

《合同法》第六十八条规定,应当先履行债务的当事人,有确切证据证明对方有下列情形之一的,可以中止履行:①经营状况严重恶化;②转移财产、抽逃资金,以逃避债务;③丧失商业信誉;④有丧失或者可能丧失履行债务能力的其他情形。当事人没有确切证据中止履行的,应当承担违约责任。

课题 8.2 建设工程施工合同履行事件

8.2.1 工程变更

由于施工条件变化、发包人要求的改变、图纸错误等,往往会发生合同约定的材料质量和品种、建筑物结构形式、施工工艺和方法等的变动,这时必须变更合同才能维护合同当事人之间的公平。在履行合同过程中,只有发包人(或通过监理人)才能发出变更指示,承包人只有向发包人和监理人的变更建议权。对于工程变更,要建立严格的管理程序和管理制度,遵循先算账、后变更的原则。实施变更必须按合同约定的变更程序进行。

8.2.1.1 变更的范围和内容

工程变更具有广泛的含义。全部合同文件的任何部分的改变,不论是形式的、质量的还是数量的变化,都称为工程变更。除设计图纸变更外,合同条件、技术标准、施工顺序和时间的变化也属于工程变更。值得注意的是,在单价合同中,与业主提供的工程量清单中的工程量相比,实际完成的工程量会有偏差,这种偏差的工程量不构成变更。一般来说,工程变更包括以下几种情形:

(1)取消合同中任何一项工作,但被取消的工作不能转由发包人或其他人实施。

(2)改变合同中任何一项工作的质量或其他特性。

(3)改变合同工程的基线、标高、位置或尺寸。

(4)改变合同中任何一项工作的施工时间或改变已批准的施工工艺或顺序。

(5)为完成工程需要追加的额外工作。

发包人将被取消的合同中的工作转由发包人或其他人实施的,构成违约,承包人可向监理人发出通知,要求发包人采取有效措施纠正违约行为。发包人在监理人收到承包人通知后一定期限内仍不纠正违约行为的,应当赔偿承包人损失并承担由此引起的其他责任。发包人支付给承包人的损失赔款金额应当包括被取消工程的合同价格中所包含的承包人管理费、利润以及相应的税金和规费。

在合同履行过程中,承包人根据自身的施工经验可以对发包人提供的图纸、技术要求及其他方面提出合理化建议,合理化建议以书面形式提交给监理人。合理化建议书的内容包括建议工作的详细署名、进度计划和效益及与其他工作的协调等,并附必要的设计文件。合理化建议被采纳并构成变更的,监理人应按合同约定向承包人发出变更提示。承包人提出的合理化建议如果能降低合同价格、缩短工期或者提高工程经济效益,发包人可按专用合同条款约定给予奖励。

在工程施工过程中,常常会出现增加的零星工作。发包人认为有必要时,由监理人通知承包人以计日工的方式实施变更的零星工作,其价款按列入已标价工程量清单中计日工计价子目及单价进行结算。

8.2.1.2 变更程序

在合同履行过程中,发生变更时,监理人可向承包人发出变更意向书。变更意向书应说明变更的具体内容和发包人对变更的时间要求,并附必要的图纸和相关资料。变更意向书应要求承包人提交包括拟实施变更工作的计划、措施和竣工时间等内容的实施方案。发包人同意承包人根据变更意向书要求提交的变更实施方案的,由发包人或监理人发出变更指示。变更指示应说明变更的目的、范围、变更内容以及变更的工程量及其进度和技术要求,并附有关图纸和文件。承包人收到变更指示后,应按变更指示进行变更工作。

在合同履行过程中,若承包人发现图纸错误、发包人没有按合同约定提供施工条件等情况,可向监理人提出书面变更建议。变更建议应阐明要求变更的依据,并附必要的图纸和说明。监理人收到承包人书面建议后,应与发包人共同研究,确认存在变更的,应在收到承包人书面建议后的合理期限内作出变更指示。经研究后不同意作为变更的,应由监理人书面答复承包人。

若承包人收到监理人的变更意向书后认为难以实施此项变更,应立即通知监理人,说明原因并附详细依据。监理人与承包人和发包人协商后确定撤销、改变或不改变原变更意向书。

【案例 8-1】 某发包人与承包人依据《建设工程施工合同(示范文本)》(GF－2013－0201)签订了施工合同,在合同履行过程中,主体结构工程发生了多次设计变更,承包人在编制竣工结算书中提出由于设计变更增加的合同价款共计 70 万元,但发包人不同意该设计变更增加费用。

案例分析:按照《建设工程施工合同(示范文本)》(GF－2013－0201)的相关约定,承包方应在收到设计变更后 14 天内提出变更报价。本案例是在主体结构施工过程中发生的设计变更,但承包人却是在竣工结算时才提出报价,已超出合同约定的提出报价的时限,发包人可按合同约定视为承包人同意设计变更但不涉及合同价款调整,因此发包人有权拒绝承包人的增加合同价款的请求。

8.2.1.3 变更估价

(1)已标价工程量清单中有适用于变更工作子目的,采用该子目的单价。当变更项目和内容直接适用于已标价工程量清单中已有的项目时,由承包人投标时提供的综合单价用于变更工程,容易被发包人、承包人及监理人所接受,从合同意义上说也比较公平。

(2)已标价工程量清单中无适用于变更工作的子目,但有类似子目的,可在合理范围内参照类似子目的单价。当变更项目和内容类似已标价工程量清单中已有的项目时,可以将已标价工程量清单中类似子目的单价拿来间接套用,即依据类似子目的单价,通过换算后采用或者是部分套用,取其价格中的某一部分使用。

(3)已标价工程量清单中无适用或类似子目的单价,可按照成本加利润的原则确定,即按照已标价工程量清单中的人工工资单价、材料价格和施工机械台班单价以及承包人投标时所报的平均管理费率和利润率,重新确定单价。

【案例 8-2】 某工程由于项目用途发生变化,发包人要求设计人编制设计变更文件,并授权监理人就设计变更引起的有关问题与总承包单位进行协商。在协商变更单价过程中,监理人未能与承包人达成一致意见,总监理工程师决定以双方提出的变更单价的均值作为最终的结算单价。

案例分析:按照《建设工程监理规范》(GB/T 50319—2013),总监理工程师以双方提出的变更费用价格的均值作为最终的结算单价是不妥的,监理人应提出一个暂定价格作为临时支付工程进度款的依据。变更费用价格在工程最终结算时以发包人和承包人达成的协议为依据。

8.2.1.4 暂列金额

按照有关部门的规定,经项目审批部门批复的设计概算是工程投资控制的刚性指标,即使是商业开发项目也有成本控制问题。在工程建设过程中,设计常常需要按工程进展不断地进行变更调整,发包人的需求也可能随着工程建设进展出现变化,同时存在着诸如价格波动、法律变化的风险。消化这些因素必然会导致合同价格的调整,暂列金额正是应这类不可避免的调整而设立的,以满足投资控制的需要。

尽管暂列金额包含在合同价格中,但并不属于承包人所有,也不是必然发生的。只有按照合同约定实际发生以后,才成为承包人应得金额,纳入合同结算价款中。扣除实际发生金额后的暂列金额仍属于发包人所有。

8.2.2 价格调整

一般来说,工程施工合同的履行期都比较长,在较长的合同期内,可能会出现物价波动和法律变化,影响合同价格。若发包人在招标文件中要求承包人考虑合同履行期中的价格波动,在合同履行过程中不调整价格,那么理性承包人投标报价时应考虑物价上涨等风险因素造成费用的增加。若发包人在合同履行的过程中,能随时补偿物价波动或法律变化给承包人带来的损失,可以避免承包人将全部风险预先折算在投标报价中,以获得更有竞争力的投标报价。

8.2.2.1 物价波动

在工程合同履行过程中,当出现物价波动时,一般可以采用以下两种方法进行调整。

1. 价格调整公式

价格调整公式如下:

$$\Delta P = P_0\left[A + \left(B_1 \frac{F_{t1}}{F_{01}} + B_2 \frac{F_{t2}}{F_{02}} + B_3 \frac{F_{t3}}{F_{03}} + \cdots + B_n \frac{F_{tn}}{F_{0n}}\right) - 1\right]$$

式中 ΔP——需调整的价格差额；

P_0——承包人应得到的已完成工程量的金额，此项金额应不包括价格调整、变更款项、索赔款项、不计质量保证金的扣留和支付、预付款的支付和扣回；

A——定值权重（即不调部分的权重）；

$B_1, B_2, B_3, \cdots, B_n$——各可调因子的变值权重（即可调部分的权重），即各可调因子在投标函投标报价中所占的比例，变值权重由发包人给定范围，由承包人在给定范围内填写；

$F_{t1}, F_{t2}, F_{t3}, \cdots, F_{tn}$——各可调因子的现行价格指数，一般为付款证书相关周期最后1天的前42天的各可调因子的价格指数；

$F_{01}, F_{02}, F_{03}, \cdots, F_{0n}$——各可调因子的基本价格指数，指基准日期的各可调因子的价格指数。

以上价格调整公式中的各可调因子、定值和变值权重，以及基本价格指数及其来源在投标函附录价格指数和权重表中约定（见表8-1）。价格指数应首先采用由工程造价管理部门提供的价格指数，缺乏上述价格指数时，可采用其他有关部门提供的价格指数代替。在计算调整差额时，得不到现行价格指数的，可暂用上一次价格指数计算，在以后的付款中再按实际价格指数进行调整。

表8-1　权重系数表

指标	权重系数（%）	
	招标人估算值范围	投标人建议值
定值权重（A） 人工（B_1） 钢材（B_2） 水泥（B_3） 燃料（B_4）		
合计	100	100

若发生工程变更导致原定合同中的权重不合理，则可由监理人与承包人和发包人协商后调整权重系数。

由于承包人原因未在约定的工期内竣工的，则对原约定竣工日期后继续施工的工程，在使用价格调整公式时，应采用原约定竣工日期与实际竣工日期的两个价格指数中较低的一个作为现行价格指数。

2. 采用造价信息调整

在合同履行过程中，当出现人工、材料、机械台班价格波动，影响合同价格时，人工、机械使用费按照国家或省、自治区、直辖市建设行政管理部门，行业建设管理部门或其授权的工程造价管理机构发布的人工成本信息、机械台班单价或机械使用费系数进行调整；需要进行价格调整的材料，其单价和采购数应由监理人复核，监理人确认需调整的材料单价及数量,作为调整工程合同价格差额的依据。

8.2.2.2 法律变化

法律变化是一个即使有经验的承包人也无法预料到的,当出现这种情况且导致承包人费用增减时,应该调整合同价格。法律变化是指基准日期之后国家的法律、行政法规或国务院有关部门的规章或工程所在地的省、自治区、直辖市的地方法规和规章发生变化的情况,包括执行新的法律,废除或修改现有法律或对此类法律的司法解释改变。

法律变化导致承包人在合同履行中所需要的工程费用增减,应按实际发生情况调整。

【案例8-3】 某房地产开发公司(发包人)与某建筑工程公司(承包人)签订了某小区工程的建筑工程承包合同。合同约定工程造价由承包人先行做出竣工结算报告,以发包人审定为准。工程于2001年末全部竣工,经发包人和有关部门验收合格并交付使用。虽然合同双方当事人按合同进行了工程结算,但承包人认为材料涨价属于工程变更,仍按合同约定进行结算不合理,故自行委托别人进行了鉴定,要求发包人按鉴定价格结算工程款。发包人认为由于工程中未发生增项,承包人要求以鉴定价格结算付其工程款的请求没有合同依据。由此,双方当事人产生争议。

案例分析:承包合同约定以甲方审定的预算为准。发包人与承包人签订的合同,是在双方自愿、平等、意思表示真实的情况下签订的,是合法、有效的,应受法律的保护。承包人提出其自行进行了委托鉴定,要求发包人按鉴定价格给付其工程款的请求,既无事实根据又无法律依据。承包人在订立合同之前应当预见到原材料涨价的风险。

8.2.3 不可抗力

不可抗力是指承包人和发包人在订立合同时不可预见,在工程施工过程中不可避免发生,并且不能克服的自然灾害和社会性突发事件,如地震、海啸、瘟疫、水灾、骚乱、暴动、战争。当不可抗力事件发生后,合同双方当事人应及时认真统计所造成的损失,并收集不可抗力造成损失的证明材料。若承包人和发包人对不可抗力的认定,或对其损害程度的调查意见不一致,监理人可以同合同双方当事人协商,尽量达成一致。若合同双方当事人对监理人商定或确定的事项有异议,发生争议的,按合同约定的争议解决方式处理。

合同一方当事人遇到不可抗力事件,使其履行合同义务受到阻碍时,应立即通知合同另一方当事人和监理人,使合同双方当事人均能迅速采取措施,减轻损失,并书面向监理人说明不可抗力和其造成损失的详细情况以及提供必要的有关不可抗力的证明材料。

如不可抗力事件持续发生,合同一方当事人应及时向合同另一方当事人和监理人提交中间报告,说明不可抗力和履行合同受阻的情况,并于不可抗力事件结束后28天内提交最终报告及有关资料。

不可抗力事件结束或即将结束时,受不可抗力事件严重影响的一方应尽快通知合同另一方当事人和监理人,并在可能的情况下共同采取措施,尽快恢复合同义务履行。

由于不可抗力是由合同双方当事人不能预见、不能避免、不能克服的客观原因引起的,其后果应由承发包双方按照公平原则合理分担。不可抗力事件导致的人员伤亡、财产损失、费用增加和(或)工期延误等后果,一般由合同双方当事人按以下原则承担:

(1)永久工程,包括已运至施工场地的材料和工程设备的损害,以及因工程损害造成的第三者人员伤亡和财产损失由发包人承担。

(2)承包人设备的损坏由承包人承担。

(3)发包人和承包人各自承担其人员伤亡和其他财产损失及其相关费用。

(4)承包人的停工损失由承包人承担,但停工期间应监理人要求照管工程和清理、修复工程的金额由发包人承担。

(5)不能按期竣工的,应合理延长工期,承包人不需支付逾期竣工违约金。发包人要求赶工的,承包人应采取赶工措施,赶工费用由发包人承担。

不可抗力事件发生后,发包人和承包人均应采取措施尽量避免和减少损失的扩大,任何一方没有采取有效措施导致损失扩大的,应对扩大的损失承担责任。

合同一方当事人延迟履行,在延迟履行期间发生不可抗力的,不免除其责任。

【案例8-4】 某工程,发包人和承包人按《标准文件》签订了承包合同。在施工合同履行过程中发生如下事件:主体结构施工时,由于发生不可抗力事件,施工现场用于工程的材料损坏,以及工地围墙倒塌,导致经济损失和工期拖延,施工单位按程序提出了工期延期和费用索赔。

案例分析:发生上述情况,按照双方当事人的合同约定,工期索赔成立,不可抗力导致工期延误可给予延期。不可抗力导致施工现场用于工程的材料损坏,所造成的损失由发包人承担。但工地围墙不属于永久工程,而属于临时设施,其损失应由承包人承担。

8.2.4 违约

8.2.4.1 发包人违约

1. 发包人的违约行为

发包人应当完成合同约定由己方完成的义务。如果发包人不履行合同义务或不按合同约定履行义务,则应承担相应的民事责任。发包人的违约行为包括:①发包人不按时支付工程预付款;②发包人不按合同约定支付工程款;③发包人无正当理由不支付工程竣工结算价款;④发包人其他不履行合同义务或者不按合同约定履行义务的情况。

发包人的违约行为可以分成两类:一类是不履行合同义务的,如发包人应当将施工所需的水、电、通信线路从施工场地外部接至约定地点,但发包人没有履行这项义务,即构成违约;另一类是不按合同约定履行义务,如发包人应当开通施工场地与城乡公共道路的通道,并在专用条款中约定了开通的时间和质量要求,但实际开通的时间晚于约定或质量低于合同约定,也构成违约。

合同约定应当由工程师完成的工作,工程师没有完成或者没有按照约定完成,给承包人造成损失的,也应当由发包人承担违约责任。因为工程师是代表发包人进行工作的,其行为与合同约定不符时,视为发包人的违约。发包人承担违约责任后,可以根据监理委托合同或者单位的管理规定追究工程师的相应责任。

2. 发包人承担违约责任的方式

(1)赔偿损失。这是发包人承担违约责任的主要方式,其目的是补偿因违约给承包人造成的经济损失。承发包双方应当在专用条款内约定发包人赔偿承包人损失的计算方法。损失赔偿额应相当于因违约所造成的损失,包括合同履行后可以获得的利益,但不得超过发包人在订立合同时预见或者应当预见到的因违约可能造成的损失。

(2)支付违约金。目的是补偿承包人的损失,双方也可在专用条款中约定违约金的数额或计算方法。

(3)顺延工期。对于因为发包人违约而延误的工期,应当相应顺延。

(4)继续履行。承包人要求继续履行合同的,发包人应当在承担上述违约责任后继续履行施工合同。

8.2.4.2 承包人违约

1. 承包人的违约行为

承包人的违约行为包括:①因承包人原因不能按照协议书约定的竣工日期或者工程师同意顺延的工期竣工;②因承包人原因工程质量达不到协议书约定的质量标准;③其他承包商不履行合同义务或不按合同约定履行义务的情况。

2. 承包人承担违约责任的方式

(1)赔偿损失。承发包双方应当在专用条款内约定承包人赔偿发包人损失的计算方法。损失赔偿额应相当于违约所造成的损失,包括合同履行后发包人可以获得的利益,但不得超过承包人在订立合同时预见或者应当预见到的因违约可能造成的损失。

(2)支付违约金。双方可以在专用条款内约定承包人应当支付违约金的数额或计算方法。

(3)采取补救措施。对于施工质量不符合要求的违约,发包人有权要求承包人采取返工、修理、更换等补救措施。

(4)继续履行。发包人要求继续履行合同的,承包人应当在承担上述违约责任后继续履行施工合同。

8.2.4.3 担保方承担责任

在施工合同中,一方违约后,另一方可按双方约定的担保条款要求提供担保的第三方承担相应责任。

【案例 8-5】 某工业厂房工程于 1998 年 3 月 12 日开工,1998 年 10 月 27 日竣工验收合格。该厂房供热系统于 2001 年 2 月出现部分管道漏水,业主检查发现原承包人所用管材与其向监理人报验的不符。全部更换厂房供管道需人民币 30 万元,将造成该厂部分车间停产损失人民币 20 万元。

案例分析:因承包人故意违约,造成工程质量不合格,依据现行法律、法规,承包人应承担全部责任。

8.2.5 暂停施工

除发生不可抗力事件、安全生产事故或其他客观原因造成必要的暂停施工外,工程施工过程中,当一方违约使另一方遭受重大损失时,受害方有权提出暂停施工,其目的是保护受害方,减少损失。在工程施工过程中出现不能持续的情况时有发生,因此合同中应详细约定合同双方当事人暂停施工的责任,这无论是对发包人还是对承包人都是极为重要的,但也应认识到暂停施工将会影响工程进度,影响合同的正常履行。为此,合同双方都应尽量避免采用暂停施工的手段,而应通过协商,共同采取紧急措施,消除可能发生的暂停施工的因素。

8.2.5.1 **承包人暂停施工的责任**

因下列暂停施工增加的费用和(或)工期延误由承包人承担。

(1)承包人违约引起的暂停施工。

(2)由于承包人原因为工程合理施工和安全保障所必需的暂停施工。

(3)承包人擅自暂停施工。

(4)承包人其他原因引起的暂停施工。

(5)专用合同条款约定由承包人承担的其他暂停施工。

在一般情况下,不论由于何种原因引起的暂停施工,暂停施工期间承包人都应负责妥善保护工程并提供安全保障。因承包人未能尽到照管、保护的责任,造成工程损坏,使发包人的费用增加或(和)工期延误,由承包人承担责任。

8.2.5.2 **发包人暂停施工的责任**

在工程施工过程中,由于发包人未能按时提供图纸、供应材料或发包人违约等引起暂停施工情况,承包人有权向发包人提出延长工期和(或)增加费用,并支付合理利润的要求。

8.2.5.3 **监理人暂停施工的指示**

在施工过程中,监理人认为有必要时,如发现工地现场存在较大的安全隐患、发生不可抗力事件等情况,可向承包人作出暂停施工的指示(监理人发布停工令应得到发包人的授权,否则监理人无权下达停工令)。

若在施工过程中发生由于发包人原因暂停施工的紧急情况,且监理人未及时下达暂停施工指示的,承包人可先暂停施工,并及时向监理人提出暂停施工的书面请求。监理人应在接到书面请求后的一定期限内应予以答复,逾期未答复的,视为同意承包人的暂停施工请求。

8.2.5.4 **暂停施工后的复工**

暂停施工后,监理人应与发包人和承包人协商,采取有效措施积极消除暂停施工的影响。当工程具备复工条件时,监理人应立即向承包人发出复工通知。承包人收到复工通知后,应在监理人指定的期限内复工。

承包人接到复工通知后,仍无故拖延和拒绝复工的,由此增加的费用和工期延误由承包人承担;因发包人原因无法按时复工的,承包人有权要求发包人延长工期和(或)增加费用,并支付合理利润。

除由承包人造成的暂停施工的情况外,监理人发出暂停施工指示后一定期限内(如56天)未向承包人发出复工通知,承包人可向监理人提交书面通知,要求监理人在收到书面通知后一定期限内准许已暂停施工的工程或其中一部分工程继续施工。如监理人逾期不予批准,则承包人可以通知监理人,将工程受影响的部分视为可取消的工作。如暂停施工影响到整个工程,可视为发包人违约,应按有关发包人违约的条款约定办理。

由于承包人责任引起的暂停工作,如承包人在收到监理人暂停施工指示后的合理期限内不认真采取有效的复工措施,造成工期延误,可视为承包人违约,应按承包人违约的条款约定办理。

【案例8-6】 某建设项目,公开招标选定甲施工单位作为施工总承包单位,桩基工程分包给乙施工单位。在桩基施工过程中,出现了断桩事故,经调查分析,此次断桩事故是因为分包人抢进度,擅自改变施工方案引起的。对此事件监理人应如何处理?

案例分析:在此情况下,监理人应及时下达"工程暂停令",责令甲施工单位报送断桩事故调查报告,审查甲施工单位报送的施工处理方案、措施,审查同意后签发"工程复工令"。

8.2.6 工程转包与分包

8.2.6.1 工程转包

工程转包是指不行使承包人的管理职能,不承担技术经济责任,将所承包的工程倒手转给他人承包的行为。承包人不得将其承包的全部工程转包给他人,也不得将其承包的全部工程肢解以后以分包的名义分别转包给他人。工程转包不仅违反合同,也违反我国有关法律和法规的规定。

8.2.6.2 工程分包

工程分包是指经合同约定和发包单位认可,从工程承包人承担的工程中承包部分工程的行为。承包人按照有关规定对承包的工程进行分包是允许的。

1. 分包合同的签订

承包人必须自行完成建设项目(或单项、单位工程)的主要部分,其非主要部分或专业性较强的工程可分包给营业条件符合该工程技术要求的建筑安装单位。结构和技术要求相同的群体工程,承包人应自行完成半数以上的单位工程。

承包人按专用条款的约定分包所承包的部分工程,并与分包单位签订分包合同。非经发包人同意,承包人不得将承包工程的任何部分分包。分包合同签订后,发包人与分包单位之间不存在直接的合同关系。分包单位应对承包人负责,承包人对发包人负责。

2. 分包合同的履行

工程分包不能解除承包人任何责任与义务。承包人应在分包场地派驻相应监督管理人员,保证本合同的履行。分包单位的任何违约行为、安全事故或疏忽导致工程损害或给发包人造成其他损失,承包人承担连带责任。

分包工程价款由承包人与分包单位结算。发包人未经承包人同意不得以任何名义向分包单位支付各种工程款项。

课题8.3 建设工程施工合同履行争议解决方法

8.3.1 施工合同争议的解决

8.3.1.1 施工合同履行争议解决方式

合同当事人在履行施工合同时发生争议,可以和解或者要求合同管理及其他有关主管部门调解。和解或调解不成的,双方可以在专用条款内约定以下其中一种方式解决争议:①双方达成仲裁协议,向约定的仲裁委员会申请仲裁;②向有管辖权的人民法院起诉。

如果当事人选择仲裁，则应当在专用条款中明确以下内容：①请求仲裁的意思表示；②仲裁事项；③选定的仲裁委员会。在施工合同中直接约定仲裁，关键是要指明仲裁委员会，因为仲裁没有法定管辖，而是依据当事人的约定确定由哪一个仲裁委员会仲裁。而请求仲裁的意思表示和仲裁事项则可在专用条款中以隐含的方式实现。当事人选择仲裁的，仲裁机构作出的裁决是终局的，具有法律效力，当事人必须执行；如果一方不执行，另一方可向有管辖权的人民法院申请强制执行。

如果当事人选择诉讼，则施工合同的纠纷一般应由工程所在地的人民法院管辖。当事人只能向有管辖权的人民法院起诉，并作为解决争议的最终方式。

8.3.1.2 争议发生后允许停止履行合同的情况

发生争议后，在一般情况下，双方都应继续履行合同，保持施工连续，保护好已完工程。只有出现下列情况时，当事人方可停止履行施工合同：①单方违约导致合同确已无法履行，双方协议停止施工；②调解要求停止施工，且为双方接受；③仲裁机关要求停止施工；④法院要求停止施工。

8.3.2 施工合同解除

施工合同订立后，当事人应当按照合同的约定履行。但是，在一定的条件下，合同没有履行或者没有完全履行，当事人也可以解除合同。

8.3.2.1 可以解除合同的情形

1. 合同的协商解除

施工合同当事人协商一致，可以解除。这是在合同成立以后至履行完毕以前，双方当事人通过协商而同意终止合同关系的解除。当事人的这项权利是合同中意思自治的具体体现。

2. 发生不可抗力时合同的解除

因为不可抗力或者非合同当事人的原因，造成工程停建或缓建，致使合同无法履行，合同双方可以解除合同。

3. 当事人违约时合同的解除

（1）发包人不按合同约定支付工程款（进度款），双方又未达成延期付款协议，导致施工无法进行，承包人停止施工超过56天，发包人仍不支付工程款，承包人有权解除合同。

（2）承包人将其承包的全部工程转包给他人，或者肢解以后以分包的名义分别转包给他人，发包人有权解除合同。

（3）合同当事人一方的其他违约致使合同无法履行，合同双方可以解除合同。

8.3.2.2 当事人一方主张解除合同的程序

一方主张解除合同的，应向对方发出解除合同的书面通知，并在发出通知前7天告知对方，通知到达对方时解除合同。对解除合同有异议的，按照解决合同争议程序处理。

8.3.2.3 合同解除后的善后处理

合同解除后，当事人双方约定的结算和清理条款仍然有效。承包人应当妥善做好已完工程和已购材料、设备的保护和移交工作，按照发包人要求，将自有机械设备和人员撤出施工场地。发包人应为承包人撤出提供必要条件，支付以上所发生的费用，并按合同约定支付已完工程价款。已经订货的材料、设备由订货方负责退货或解除订货合同,不能退还货款和退货,解除订货合同发生的费用由发包人承担。但未及时退货造成的损失由责任方承担。有过错的一方应当赔偿因合同解除给对方造成的损失,赔偿的金额按照解决合同争议的方式处理。

小结

合同履行是指合同各方当事人按照合同的规定,全面履行各自的义务,实现各自的权利。工程施工合同履行必须遵守全面履行和诚实信用原则。工程施工合同履行的抗辩权分为同时履行抗辩权、后履行抗辩权和不安抗辩权。同时履行抗辩权适用条件:①由同一双务合同产生互负的对价给付债务;②合同中未约定履行程序;③对方当事人没有履行债务或者没有正确履行债务;④对方的对价给付是可能履行的义务。后履行抗辩权适用条件:①由同一双务合同产生互负的对价给付债务;②合同中约定了履行的顺序;③应当先履行的合同当事人没有履行债务或没有正确履行债务;④应当先履行的对价给付是可能履行的义务。不安抗辩权(先履行抗辩权)是指双务合同成立后,应当先履行的当事人有证据证明对方不能履行义务,或者有不能履行合同义务的可能时,在对方没有履行或者提供担保之前,有权终止履行合同义务。

工程在施工过程中,由于施工条件变化、发包人要求的改变、图纸错误等,往往会发生合同约定的材料质量和品种、建筑物结构形式、施工工艺和方法等变动。工程变更包括:①取消合同中任何一项工作,但被取消的工作不能转由发包人或其他人实施;②改变合同中任何一项工作的质量或其他特性;③改变合同工程的基线、标高、位置或尺寸;④改变合同中任何一项工作的施工时间或改变已批准的施工工艺或顺序;⑤为完成工程需要追加的额外工作。工程施工合同履行期长,在较长的合同期内,可能会出现物价波动和法律变化,影响合同价格。在工程合同履行过程中,当出现物价波动时,一般可以采用价格调整公式、造价信息调整两种方法进行调整。法律变化导致承包人在合同履行中所需要的工程费用增减,应按实际发生情况调整。不可抗力是指承包人和发包人在订立合同时不可预见,在工程施工过程中不可避免发生,并且不能克服的自然灾害和社会性突发事件。由于不可抗力是由合同双方当事人不能预见、不能避免、不能克服的客观原因引起的,其后果应由承发包双方按照公平原则合理分担。违约分为承包人违约和发包人违约。承包人不履行合同约定的任何一项义务均属承包人违约,违约可能造成发包人重大损失,发生根本性违约或重大违约行为,发包人可以直接通知承包人立即解除合同,并向承包人提出违约损害赔偿的请求。发包人违反合同约定任何一项义务均属发包人违约,在工程施工合同履行过程中,发包人最重大的违约行为是不按合同规定向承包人支付合同价款。在发包人无法继续履行合同或明确表示不履行或实质上已停止履行合同的情况下,承包人可以向发包人发出书面通知解除合同。在工程施工中,除发生不可抗力事件、安全生产事故或其他客观原因造成必要的暂停施工外,当一方违约使另一方遭受重大损失时,受害方有权提出暂停施工,其目的是保护受害方,减少损失。在工程施工过程中出现不能持续的情况时有发生,因此合同中应详细约定合同双方当事人暂停施工的责任。工程暂停施工将会影响工程进度，影响合同的正常履行，为此，合同双方都应尽量避免采用暂停施工的手段，而应通过协商，共同采取紧急措施，消除可能发生的暂停施工的因素。工程转包是指不行使承包人的管理职能，不承担技术经济责任，将所承包的工程倒手转给他人承包的行为。承包人不得将其承包的全部工程转包给他人，也不得将其承包的全部工程肢解以后以分包的名义分别转包给他人。工程转包不仅违反合同，也违反我国有关法律和法规的规定。工程分包是指经合同约定和发包单位认可，从工程承包人承担的工程中承包部分工程的行为。承包人按照有关规定对承包的工程进行分包是允许的。

合同当事人在履行施工合同时发生争议，可以采用和解或者要求合同管理及其他有关主管部门调解，和解或调解不成的，双方可以按照在专用条款内约定的方式解决争议。施工合同订立后，当事人应按照合同约定履行，但是在一定条件下，合同没有履行或者没有完全履行，当事人可以解除合同。合同解除尽量采用协商解除办法进行，有过错一方应赔偿因合同解除给对方造成的损失，赔偿的金额可按照解决合同争议的方式处理。

习　题

1. 名词解释

①合同履行；②同时履行抗辩权；③后履行抗辩权；④不安抗辩权；⑤工程变更；⑥不可抗力；⑦违约；⑧工程转包；⑨工程分包；⑩和解或调解；⑪合同解除；⑫暂列金额。

2. 单选题

(1)施工合同中约定，如果发包人不按合同的约定支付工程进度款，承包人发出催付通知和停工通知后仍不能获得工程款，可在停工通知发出7天后停止施工。该条款依据的是《合同法》中关于(　　)的规定。

A. 撤销权　　B. 不安抗辩权

C. 后履行抗辩权　　D. 同时履行抗辩权

(2)某设备制造订购合同，约定订购方先支付合同总价的10%作为预付款。订购方在支付预付款前获得确切证据证明制造方经营状况恶化，订购方未按时支付预付款，这是订购方行使的(　　)。

A. 同时履行抗辩权　　B. 后履行抗辩权

C. 不安抗辩权　　D. 合同中止履行的权利

(3)下列(　　)行为为发包人的违约行为。

A. 因承包人原因不能按照协议书约定的竣工日期或者工程师同意顺延的工期竣工

B. 因承包人原因工程质量达不到协议书约定的质量标准

C. 其他承包商不履行合同义务或不按合同约定履行义务

D. 发包人不按时支付工程预付款

(4)依据《建设工程施工合同(示范文本)》(GF－2013－0201)的约定，在施工合同履行中，如果发包人不按时支付预付款，承包人可以(　　)。

A. 立即发出解除合同通知

B. 立即停工并发出通知要求支付预付款

C. 在合同约定预付时间7天后发出通知要求支付预付款,如仍不能获得预付款,则在发出通知7天后停止施工

D. 在合同约定预付时间7天后发出通知要求支付预付款,如仍不能获得预付款,则在发出通知之日起停止施工

(5)据《建设工程施工合同(示范文本)》(GF-2013-0201)的规定,由发包人采购材料交付承包人保管时,下列表述中正确的是(　　)。

A. 材料运抵施工现场后,工程师与发包人共同清点

B. 到货材料的种类与合同约定不符,承包人应该代为调剂串换

C. 供货商延误到货影响施工时,发包人应赔偿承包人的损失

D. 到货材料数量多于合同的约定时,承包人应将多余部分运出工地

3. **多选题**

(1)合同履行是指合同各方当事人按照合同的规定,全面履行各自的义务,实现各自的权利,工程施工合同履行必须遵守(　　)原则。

A. 全面履行原则

B. 公平公正原则

C. 诚实信用原则

D. 守信守法原则

E. 协商一致原则

(2)下列(　　)行为为承包人的违约行为。

A. 发包人不按时支付工程预付款

B. 因承包人原因不能按照协议书约定的竣工日期或者工程师同意顺延的工期竣工

C. 因承包人原因工程质量达不到协议书约定的质量标准

D. 其他承包商不履行合同义务或不按合同约定履行义务

E. 发包人不按合同约定支付工程款

(3)在施工过程中,若承包人提出的合理化建议涉及对设计图纸的变更,此变更(　　)。

A. 需经工程师同意

B. 不需经工程师同意

C. 发生的费用由发包人承担

D. 发生的费用由承包人承担

E. 发生的费用由双方约定承担

(4)工程施工合同履行的抗辩权分为(　　)。

A. 同时履行抗辩权

B. 前置履行抗辩权

C. 后履行抗辩权

D. 不安抗辩权

E. 议时抗辩权

(5)工程变更情形有(　　)。

A. 取消合同中任何一项工作,但被取消的工作不能转由发包人或其他人实施

B. 改变合同中任何一项工作的质量或其他特性

C. 改变合同工程的基线、标高、位置或尺寸

D. 改变合同中任何一项工作的施工时间或改变已批准的施工工艺或顺序

E. 为完成工程需要追加的额外工作

4. 简答题

(1)施工合同履行应遵守哪些原则?

(2)同时履行抗辩权适用条件有哪些?

(3)后履行抗辩权适用条件有哪些?

(4)工程变更有哪些情形?工程变更应遵守哪些程序?

(5)发生不可抗力后合同双方当事人承担原则有哪些?

(6)发包人的违约行为及承担违约责任的方式有哪些?

(7)承包人的违约行为及承担违约责任的方式有哪些?

(8)发包人和监理人如何处理暂停施工?

(9)分包合同如何履行?

(10)施工合同履行争议解决方式有哪些?

(11)施工合同解除情形有哪些?

模块9　建设工程施工索赔

【知识要点】 建设工程施工索赔的概念、特征、原因及分类;建设工程施工索赔程序和争端解决方法;建设工程施工工期延期要求及工期索赔值计算;建设工程施工索赔费用的组成及索赔值计算;工程师及承包商的索赔管理。

【教学目标】 掌握建设工程施工索赔值(工期、费用)计算方法;熟悉工程师索赔管理任务、原则及审查方法,承包商索赔管理策略分析、技巧及索赔失败的原因;了解施工索赔的概念、特征、原因及分类,施工索赔程序和争端解决方法。通过学习,提高学生分析施工索赔问题能力,使学生能够处理一般施工索赔事务。

课题9.1　建设工程施工索赔特征及分类

9.1.1　施工索赔的概念及特征

9.1.1.1　施工索赔的概念

我国的工程索赔是在20世纪80年代云南鲁布革水电工程中出现的,该工程首次采用国际工程管理模式,工程索赔的概念也从此进入我国。历经20多年,工程索赔管理工作已取得了飞速的发展,获得了较为显著的成效,索赔无论在数量上还是金额上都呈不断递增的趋势。但是工程索赔及其管理,还是我国工程建设中一个相对薄弱的环节,有待提高。

索赔是当事人在合同实施过程中,根据法律、合同规定及惯例,对不应由自己承担责任的情况造成的损失,向合同的另一方当事人提出给予赔偿或补偿要求的行为。在工程建设的各个阶段,都有可能发生索赔,但在施工阶段索赔发生较多。对施工合同的双方来说,都有通过索赔维护自己合法利益的权利,依据双方约定的合同责任,构成正确履行合同义务的制约关系。

9.1.1.2　施工索赔的特征

(1)索赔的提出是双向的。在实际工作中,当有一方当事人未能全面履行自己的义务或未履行义务,而导致另一方当事人的权利受到损失时,应向对方提出赔偿,这种赔偿既可由业主提出,又可以由承包商提出,故索赔的提出是双向性的。

由于实践中发包人向承包人索赔发生的频率相对较低,而且在索赔处理中,发包人始终处于主动和有利地位,对承包人的违约行为发包人可以直接从应付工程款中扣抵、扣留保留金或通过履约保函,向银行索赔来实现自己的索赔要求。因此,在工程实践中大量发生的、处理比较困难的是承包人向发包人的索赔,这也是工程师进行合同管理的重点内容之一。承包人的索赔范围非常广泛,一般只要因非承包人自身责任造成其工期延长或成本增加,都有可能向发包人提出索赔。有时发包人违反合同,例如未及时交付施工图纸、合格施工现场、决策错误等造成工程修改、停工、返工、窝工，或未按合同规定支付工程款等，承包人可向发包人提出赔偿要求；由于发包人应承担风险的原因，如恶劣气候条件影响、国家法规修改等造成承包人损失或损害时，承包人也会向发包人提出补偿要求。

(2)只有实际发生了经济损失或权利损害，一方才能向对方索赔。经济损失是指因对方因素造成合同外的额外支出，如人工费、材料费、机械费、管理费等额外开支；权利损害是指虽然没有经济上的损失，但造成了一方权利上的损害，如由于恶劣气候条件对工程进度的不利影响，承包人有权要求工期延长等。因此，发生了实际的经济损失或权利损害，应是一方提出索赔的一个基本前提条件。有时上述两者同时存在，如发包人未及时交付合格的施工现场，既造成承包人的经济损失，又侵犯了承包人的工期权利，因此承包人既要求经济赔偿，又要求工期延长；有时两者则可单独存在，如恶劣气候条件影响、不可抗力事件等，承包人根据合同规定或惯例则只能要求工期延长，不应要求经济补偿。

(3)索赔是一种未经对方确认的单方行为。索赔事件的提出是由于一方当事人未履行或未完全履行自己的义务而导致对方当事人的损失，致使另一方为弥补自己损失而所作的补偿请求，但此种行为对对方尚未形成法律约束力，这种赔偿要求能否得到最终实现，必须要通过确认。索赔本身就是市场经济中合法的一部分，只要是符合有关规定的、合法的或者符合有关惯例的，就应该理直气壮地、主动地向对方索赔。大部分索赔都可以通过协商谈判和调解等方式获得解决，只有在双方坚持己见而无法达成一致时，才会提交仲裁或诉诸法院求得解决，即使诉诸法律程序，也应当被看成是遵法守约的正当行为。

9.1.2 施工索赔的原因

引起工程施工索赔的原因很多，也很复杂，主要有以下几方面：

(1)工程项目的特殊性。现代工程规模大、技术性强、投资额大、工期长、材料设备价格变化快。工程项目的差异性大、综合性强、风险大，使得工程项目在实施过程中存在许多不确定的变化因素，而合同则必须在工程开始前签订，它不可能对工程项目所有的问题都能作出合理的预见和规定，而且发包人在实施过程中还会有许多新的决策，这一切使得合同变更极为频繁，而合同变更必然会导致项目工期和成本的变化。

(2)工程项目内外部环境的复杂性和多变性。工程项目的技术环境、经济环境、社会环境、法律环境的变化，诸如地质条件变化，材料价格上涨，货币贬值，国家政策、法规的变化等，在工程实施过程中经常发生，使得工程的计划实施过程与实际情况不一致，这些因素同样会导致工程工期和费用的变化。

(3)参与工程建设主体的多元性。由于工程参与单位多，一个工程项目往往会有发包人、总包人、工程师、分包人、指定分包人、材料设备供应商等众多参加单位，各方面的技术、经济关系错综复杂，相互联系又相互影响，只要一方失误，不仅会造成自己的损失，而且会影响其他合作者，造成他人损失，从而导致索赔。

(4)工程合同的复杂性及易出错性。建设工程合同文件多且复杂，经常会出现措辞不当、缺陷、图纸错误，以及合同文件前后自相矛盾或者可作不同解释等问题，容易造成合同双方对合同文件理解不一致，从而出现索赔。

(5)不可抗力因素。如恶劣气候、地震、洪水、战争等，使工程项目受到影响，引起工程施工索赔。

以上这些问题会随着工程的逐步开展而不断暴露出来,必然使工程项目受到影响导致工程项目成本和工期的变化,这就是索赔形成的根源。因此,索赔的发生,不仅是一个索赔意识或合同观念的问题,从本质上讲,索赔也是一种客观存在。

9.1.3 索赔的分类

9.1.3.1 按索赔的合同依据分类

(1)合同中明示的索赔。是指承包人所提出的索赔要求,在该工程项目的合同文件中有文字依据,承包人可以据此提出索赔要求,并取得经济补偿。这些在合同文件中有文字规定的合同条款,称为明示条款。

(2)合同中默示的索赔(惯例)。即承包人的该项索赔要求虽然在工程项目的合同条款中没有专门的文字叙述,但可以根据该合同的某些条款的含义,推论出承包人有索赔权。这种索赔要求,同样有法律效力,有权得到相应的经济补偿。这种有经济补偿含义的条款,在合同管理工作中被称为默示条款或隐含条款。

默示条款是一个广泛的合同概念,它包含合同明示条款中没有写入但符合双方签订合同时设想的愿望和当时环境条件的一切条款。这些默示条款,或者从明示条款所表述的设想愿望中引申出来,或者从合同双方在法律上的合同关系中引申出来,经合同双方协商一致,或被法律和法规所指明,都成为合同文件的有效条款,要求合同双方遵照执行。

9.1.3.2 按索赔的目的分类

(1)工期索赔。由于非承包人责任的原因而导致施工进程延误,要求批准顺延合同工期的索赔,称为工期索赔。工期索赔形式上是对权利的要求,以避免在原定合同竣工日不能完工时,被发包人追究拖期违约责任。一旦获得批准合同工期顺延后,承包人不仅免除了承担拖期违约赔偿费的严重风险,而且可能因提前工期得到奖励,最终仍反映在经济收益上。

(2)费用索赔。其目的是要求经济补偿。当施工的客观条件改变导致承包人增加开支,要求对超出计划成本的附加开支给予补偿,以挽回不应由他承担的经济损失。

9.1.3.3 按索赔事件的性质分类

(1)工程延误索赔。因发包人未按合同要求提供施工条件,如未及时交付设计图纸、施工现场等,或因发包人指令工程暂停或不可抗力事件等造成工期拖延的,承包人对此提出索赔。这是工程中常见的一类索赔。

(2)工程变更索赔。由于发包人或监理工程师指令增加或减少工程量或增加附加工程,修改设计、施工顺序等,造成工期延长和费用增加,承包人对此提出索赔。

(3)合同被迫终止的索赔。由于发包人或承包人违约以及不可抗力事件等造成合同非正常终止,无责受害方因其蒙受经济损失而向对方提出索赔。

(4)工程加速索赔。由于发包人或工程师指令承包人加快施工速度,缩短工期,引起承包人额外开支而提出的索赔。例如,某工程地下室施工中,发现有残余的古建筑基础,有关部门对此进行了考古研究,决定对其开挖,然后由承包人继续施工,其间共延误工期50天。该事件后,业主要求承包人加速施工,赶回延误损失。因此,承包人向业主提出工程加速索赔累计达131万元人民币。

(5)意外风险和不可预见因素索赔。在工程实施过程中,因人力不可抗拒的自然灾害、特殊风险以及一个有经验的承包商通常不能合理预见的不利施工条件或外界障碍,如地下水、地质断层、溶洞、地下障碍物等引起的索赔。

(6)其他索赔。如因货币贬值、汇率变化、物价、工资上涨、政策法令变化等引起的索赔。

9.1.3.4 按索赔的处理方式分类

(1)单项索赔。单项索赔是针对某一干扰事件提出的。索赔的处理是在合同实施过程中,干扰事件发生时或发生后立即进行的。它由合同管理人员处理,并在合同规定的索赔有效期内向业主提交索赔意向书和索赔报告。

(2)总索赔。也称一揽子索赔或综合索赔,是在国际工程中经常采用的索赔处理和解决方法。一般在工程竣工前,承包商将工程过程中未解决的单项索赔集中起来,提出总索赔报告。合同双方在工程交付前或交付后进行最终谈判,以一揽子方案解决索赔问题。

9.1.4 工程索赔的主要证据

《建设工程施工合同(示范文本)》(GF-2013-0201)中规定:当一方向另一方提出索赔时,要有正当索赔理由,而且要有索赔事件发生时的有效证据。任何索赔事件的确立,其前提条件是必须有正当的索赔理由,对正当索赔理由的说明必须具有证据。索赔主要是靠证据说话,没有证据或证据不充分,索赔很难成功。

9.1.4.1 索赔证据应满足的基本要求

(1)真实性。索赔证据必须是在合同实施过程中确实存在和发生的,必须完全反映实际情况,能经得住推敲。

(2)全面性。所提供的证据应能说明事件的全过程。索赔报告中涉及的索赔理由、事件过程、影响、索赔值等都应有相应证据,不能零乱和支离破碎。

(3)关联性。索赔的证据应当能互相说明,相互具有关联性,不能互相矛盾。

(4)及时性。索赔证据的取得和提出应当及时。

(5)具有法律证据效力。一般要求证据必须是书面文件,有关记录、协议、纪要必须是双方签署的;工程重大事件、特殊情况的记录和统计必须由工程师签证认可。

9.1.4.2 索赔证据的分类

(1)干扰事件存在和事件经过的证据。主要为来往信件、会议纪要、业主或监理工程师的指令等。

(2)证明干扰事件责任和影响的证据。

(3)证明索赔理由的证据。如合同文件、备忘录、会议纪要等。

(4)证明索赔值的计算基础和计算过程的证据。如各种账单、记工单、进料单等。

9.1.4.3 工程索赔证据的种类

(1)招标文件、工程合同文件及附件、业主认可的工程实施计划、施工组织设计、工程图纸、技术规范等。

(2)工程各项有关设计交底记录、变更图纸、变更施工指令,工程各项会议纪要等。

(3)工程各项经业主或工程师签认的签证,工程各项往来信件、指令、信函、通知、答复等。

(4)施工计划及现场实施情况记录,包括施工日志及工长工作日志、备忘录,工程送电、送水、道路开通、封闭的日期及数量记录,工程停电、停水和干扰事件影响的日期及恢复施工的日期。

(5)工程预付款、进度款拨付的数额及日期记录。

(6)图纸变更、交底记录的送达份数及日期记录。

(7)工程有关施工部位的照片及录像等。

(8)工程现场气候记录,如有关天气的温度、风力、雨雪等。

(9)工程验收报告及各项技术鉴定报告等。

(10)工程材料采购、订货、运输、进场、验收、使用等方面的凭据,工程会计核算资料。

(11)国家、省、市有关影响工程造价和工期的文件、规定等。

课题 9.2　建设工程施工索赔程序和争端解决

9.2.1　施工索赔程序

9.2.1.1　承包人的索赔

承包人的索赔程序通常分为以下几个步骤(见图 9-1)。

1. *承包人提出索赔要求*

(1)发出索赔意向通知。索赔事件发生后,承包人应在索赔事件发生后的 28 天内向监理工程师递交索赔意向通知,声明将对此事件提出索赔。该意向通知是承包人就具体的索赔事件向监理工程师和发包人表示的索赔愿望和要求。如果超过这个期限,监理工程师和发包人有权拒绝承包人的索赔要求。索赔事件发生后,承包人有义务作好现场施工的同期记录,监理工程师有权随时检查和调阅,以判断索赔事件造成的实际损害。

(2)递交索赔报告。索赔意向通知提交后的 28 天内,或监理工程师可能同意的其他合理时间,承包人应递送正式的索赔报告。索赔报告的内容应包括事件发生的原因、对其权益影响的证据资料、索赔的依据、此项索赔要求补偿的款项和工期展延天数的详细计算等有关材料。如果索赔事件的影响持续存在,28 天内还不能算出索赔额和工期展延天数时,承包人应按监理工程师合理要求的时间间隔(一般为 28 天),定期陆续报出每一个时间段内的索赔证据资料和索赔要求。在该项索赔事件的影响结束后的 28 天内,报出最终详细报告,提出索赔论证资料和累计索赔额。

承包人发出索赔意向通知后,可以在监理工程师指示的其他合理时间内再报送正式索赔报告,也就是说,监理工程师在索赔事件发生后有权不马上处理该项索赔。如果事件发生时现场施工非常紧张,监理工程师不希望立即处理索赔而分散各方抓施工管理的精力,可通知承包人将索赔的处理留待施工不太紧张时再去解决。但承包人的索赔意向通知必须在事件发生后的 28 天内提出,包括因对变更估价双方不能取得一致意见,而先按监理工程师单方面决定的单价或价格执行时,承包人提出的保留索赔权利的意向通知。

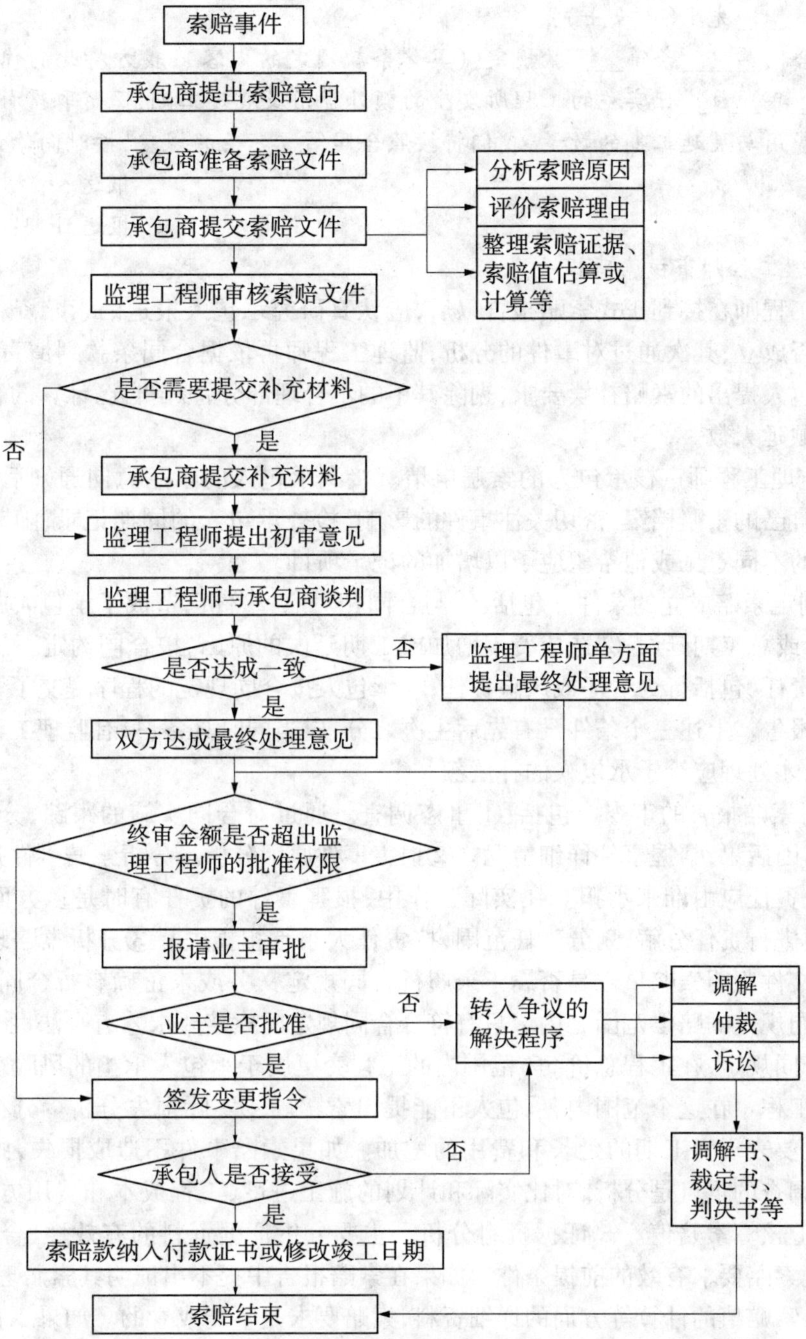

图 9-1　承包人索赔程序

如果承包人未能按规定时间提出索赔意向和索赔报告,则他就失去了就该项事件请求补偿的索赔权利。此时他所受到损害的补偿,将不超过监理工程师认为应主动给予的补偿额。

索赔通知书的文本格式:

尊敬的________先生(或女士):

根据合同第____条第____款规定:(具体条款规定的内容),我方特此向你通知,我方对于在____年__月__日实施的工程所发生的额外费用及展延工期,保留取得补偿的权利。具体额外费用与展延工期的数量,我们将按照合同第____条的规定,按时向你方报送。

报送人:

报送日期:

2. 监理工程师审核索赔报告

监理工程师在接到正式索赔报告以后,应认真研究承包人报送的索赔资料。首先确认索赔能否成立;其次通过对事件的分析,监理工程师再依据合同条款划清责任界限;最后审查承包人提出的索赔补偿要求,剔除其中的不合理部分,拟定自己计算的合理索赔款额和工期顺延天数。

(1)监理工程师审核承包人的索赔申请。接到承包人的索赔意向通知后,监理工程师应建立自己的索赔档案,密切关注事件的影响,检查承包人的同期记录,随时就记录内容提出他的不同意见或他希望应予以增加的记录项目。

(2)判定索赔成立的条件。包括:①与合同相对照,事件已造成了承包人施工成本的额外支出,或总工期延误;②造成费用增加或工期延误的原因,按合同约定不属于承包人应承担的责任,包括行为责任或风险责任;③承包人按合同规定的程序提交了索赔意向通知和索赔报告。上述三个条件没有先后主次之分,应当同时具备,只有监理工程师认定索赔成立后,才处理应给予承包人的补偿额。

(3)对索赔报告的审查。包括:①事态调查。通过对合同实施的跟踪、分析,了解事件经过、前因后果,掌握事件详细情况。②损害事件原因分析。分析索赔事件是由何种原因引起的,责任应由谁来承担。在实际工作中,损害事件的责任有时是多方面原因造成的,故必须进行责任分解,划分责任范围,按责任大小承担损失。③分析索赔理由。主要依据合同文件判明索赔事件是否属于未履行合同规定义务或未正确履行合同义务导致,是否在合同规定的赔偿范围之内。只有符合合同规定的索赔要求才有合法性、才能成立。例如,某合同规定,在工程总价5%范围内的工程变更属于承包人承担的风险。若发包人指令增加工程量在这个范围内,承包人不能提出索赔。④实际损失分析。分析索赔事件的影响,主要表现为工期的延长和费用的增加。如果索赔事件不造成损失,则无索赔可言。损失调查的重点是分析、对比实际和计划的施工进度、工程成本和费用方面的资料,在此基础上核算索赔值。⑤证据资料分析。主要分析证据资料的有效性、合理性、正确性,这也是索赔要求有效的前提条件。如果在索赔报告中提不出证明其索赔理由、索赔事件的影响、索赔值的计算等方面的详细资料,索赔要求是不能成立的。如果工程师认为承包人提出的证据不足以说明其要求的合理性时,可以要求承包人进一步提交索赔的证据资料。

3. 确定合理的补偿额

(1)监理工程师与承包人协商补偿。监理工程师核查后初步确定应予以补偿的额度往往与承包人的索赔报告中要求的额度不一致,甚至差额较大。主要原因大多为对承担事件损害责任的界限划分不一致,索赔证据不充分,索赔计算的依据和方法分歧较大等,因此双方应就索赔的处理进行协商。

对于持续影响时间超过 28 天的工期延误事件，当工期索赔条件成立时，对承包人每隔 28 天报送的阶段索赔临时报告审查后，每次均应作出批准临时延长工期的决定，并于事件影响结束后 28 天内承包人提出最终的索赔报告后，批准顺延工期总天数。应当注意的是，最终批准的总顺延天数，不应少于以前各阶段已同意顺延天数之和。

（2）监理工程师索赔处理决定。监理工程师收到承包人送交的索赔报告和有关资料后，于 28 天内给予答复或要求承包人进一步补充索赔理由和证据。《建设工程施工合同（示范文本）》（GF－2013－0201）规定：监理工程师收到承包人递交的索赔报告和有关资料后，如果在 28 天内既未予答复，也未对承包人作进一步要求的话，则视为承包人提出的该项索赔要求已经认可。

监理工程师在“工程延期审批表”和“费用索赔审批表”中应该简明地叙述索赔事项理由和建议给予补偿的金额及延长的工期，论述承包人索赔的合理方面及不合理方面。通过协商达不成共识时，承包人仅有权得到所提供的证据满足监理工程师认为索赔成立那部分的付款和工期顺延。不论监理工程师与承包人协商达到一致，还是他单方面作出的处理决定，批准给予补偿的款额和顺延工期的天数如果在授权范围之内，则可将此结果通知承包人，并抄送发包人。补偿款将计入下月支付工程进度款的支付证书内，顺延的工期加到原合同工期中去。如果批准的额度超过监理工程师权限，则应报请发包人批准。

监理工程师的处理决定不是终局性的，对发包人和承包人都不具有强制性的约束力，承包人对工程师的决定不满意，可以按合同中的争议条款提交约定的仲裁机构仲裁或诉讼。

4. 发包人审查索赔处理

当监理工程师确定的索赔额超过其权限范围时，必须报请发包人批准。发包人首先根据事件发生的原因、责任范围、合同条款审核承包人的索赔申请和监理工程师的处理报告，再依据工程建设的目的、投资控制、竣工投产日期要求以及针对承包人在施工中的缺陷或违反合同规定等的有关情况，决定是否同意监理工程师的处理意见。例如，承包人某项索赔理由成立，监理工程师根据相应条款规定，既同意给予一定的费用补偿，也批准顺延相应的工期，但发包人权衡了施工的实际情况和外部条件的要求后，可能不同意顺延工期，而宁可给承包人增加费用补偿额，要求他采取赶工措施，按期或提前完工，这样的决定只有发包人才有权作出。

索赔报告经发包人同意后，监理工程师即可签发有关证书。

5. 承包人是否接受最终索赔处理

承包人接受最终的索赔处理决定，索赔事件的处理即告结束。如果承包人不同意，就会导致合同争议。通过协商双方达到互谅互让的解决方案，是处理争议的最理想方式，如达不成谅解，承包人有权提交仲裁或诉讼解决。

9.2.1.2 发包人的索赔

《建设工程施工合同（示范文本）》（GF－2013－0201）规定，承包人未能按合同约定履行自己的各项义务或发生错误而给发包人造成损失时，发包人也应按合同约定向承包人提出索赔，也称反索赔。FIDIC《施工合同条件》中，业主的索赔主要限于施工质量缺陷和拖延工期等违约行为导致的业主损失。合同内规定业主可以索赔的条款见表9-1。

表9-1　涉及索赔的条款内容

序号	条款	事由	缺陷通知期	费用	付款
1	4.2 履约保函	雇主根据此条提出履约保函下的索赔			√
2	7.5 拒收不合格的材料和工程	监理工程师要求对有缺陷的设备、材料等进行重复检验使雇主额外支出费用		√	
3	7.6 补救工作	承包人未能按照监理工程师的指示完成缺陷补救工作		√	
4	8.6 进度	由于承包人的原因修改进度计划导致业主有额外投入		√	
5	8.7 拖期违约赔偿	如承包商拖延检验且未在合同工期内竣工		√	
6	9.2 拖期的检验	如承包商拖延且未执行合同规定,由此而发生的费用和风险由承包商承担		√	
7	9.4 未能通过竣工检验	工程未能通过竣工检验而雇主同意移交的情况,合同价格将作相应的扣减			√
8	11.3 缺陷通知期的延长	工程或设备因承包商的原因无法使用或损坏,雇方有权要求延长缺陷通知期	√		
9	11.4 未能补救缺陷	如承包商未能在合理期限内修补缺陷或损坏,雇方可以用承包商的费用自行修补或合同价格作出扣减			√
10	11.11 现场清除	如果承包商未按合同规定清理现场,雇主可自行完成,费用由承包商支付		√	
11	15.4 终止后的支付	如承包商严重违约、破产或行贿,雇主可向承包商索赔所发生的费用		√	
12	18.1 对保险的一般要求	如果承包商作为保险方面保险失败,雇主可向承包商索赔由此造成的损失		√	

9.2.2　施工索赔争端的解决

9.2.2.1　争议的解决方式

发包人和承包人在履行合同中发生争议的,可以友好协商解决或者提请争议评审组评审。

在工程实际中,索赔争端是难免的。如果遇到争端不能理智、友好地面对,将使一些本来较易解决的问题变得难以解决。承包商必须明确,进行索赔的开支是不能得到补偿的,而且采用仲裁或诉讼的方法解决索赔争端不仅耗时长,索赔工作成本也大大增加。何况承包商的索赔要求可能得不到支持或者部分得不到支持,最后扣除掉索赔工作成本,得到的索赔款额相对于作些让步而友好解决来说可能还要少。因此,承包商一定要头脑冷静,防止对立情绪,力争友好解决索赔争端。只有当索赔款额大,通过友好解决努力后仍不能解决争端时,才采取合同约定的仲裁或向法院提出诉讼,以维护自己的索赔权益。友好解决争端对业主和承包商都是有益的。因此,在许多合同条件中,如 FIDIC“新红皮书”和我国《建设工程施工合同(示范文本)》(GF-2013-0201)中均有友好解决争端的条款。承包商应按照合同条件中关于友好解决的条款友好索赔。如果合同当事人友好协商解决不成,不愿提请争议评审组或者不接受争议评审组意见的,可在专用合同条款中约定下列其中一种方式解决:①向约定的仲裁委员会申请仲裁;②向有管辖权的人民法院提起诉讼。

例如,在非洲某水电工程中,工程施工期不到 3 年,原合同价 2 500 万美元。由于种种原因,在合同实施中承包商提出许多索赔,总值达 2 000 万美元。监理工程师作出处理决定,认为总计补偿 1 200 万美元比较合理。业主愿意接受监理工程师的决定,但承包商不肯接受,要求补偿 1 800 万美元。由于双方达不成协议,承包商向国际商会提出仲裁要求。双方各聘请一名仲裁员,由他们指定首席仲裁员。本案仲裁前后经历近 3 年时间,相当于整个建设期,光仲裁费花去近 500 万美元。最终裁决为:业主给予承包商 1 200 万美元的补偿,即维持监理工程师的决定。经过国际仲裁,双方都受到很大损失。如果双方各作让步,通过协商,友好解决争执,则不仅花费少,而且麻烦少,信誉好。

9.2.2.2 DAB 方式

争端裁决委员会(Dispute Adjudication Board,简称 DAB)在 FIDIC 国际工程合同中首次提出,目的是避免耗时费钱的国际仲裁和诉讼,公正合理地解决争议,已在国内外大型工程建设中广泛应用,取得了巨大成功。

在施工合同中,DAB 是常设的,合同双方应在开工之日起 28 天内共同指定 DAB,任命 DAB 成员的规则规定:禁止合同一方单独征询 DAB 意见。

DAB 决定的性质:它是通过独立的第三方采用非正式的程序解决合同争议的一种方式,DAB 的决定具有“准仲裁”的性质,其效力与监理工程师的决定相同,合同双方应立即遵照执行。DAB 的决定对合同双方均具有约束力,除非争议双方另外签订了和解协议或仲裁裁决改变了 DAB 的决定。

DAB 的应用能增进业主与承包商之间的交流、信任与合作,消除由于监理工程师片面及不公正所带来的风险,减少建筑行业中通过仲裁或诉讼的案件数量,进而减少解决争议的成本。因此,从长期来看,其有利于降低工程成本。

课题 9.3　建设工程施工工期索赔

在工程施工中,常常会发生一些未能预见的干扰事件,使得施工不能顺利进行。工期延长意味着工程成本的增加,对合同双方都会造成损失。业主会因工程不能及时投入使用、投入生产而不能实现预计的投资目的,减少盈利的机会,同时会增加各种管理费的开支;承包商则会因为工期延长而增加支付工人工资、施工机械使用费、工地管理费以及其他一些费用。如果超出合同工期,最终可能还要支付合同规定的拖期违约金。

9.3.1 审查工期顺延要求

对索赔报告中要求顺延的工期,在审核中应注意以下几点:

(1)划清施工进度拖延的责任。因承包人的原因造成施工进度滞后,属于不可原谅的延期;只有承包人不应承担任何责任的延误,才是可原谅的延期。

(2)索赔事件造成总工期的延误。

(3)监理工程师有权审核、批准承包人顺延工期,但无权要求承包人缩短合同工期。也就是说,监理工程师有权指示承包人删减掉某些合同内规定的工作内容,但不能要求其相应缩短合同工期。如果要求提前竣工,则这项工作属于合同的变更。

9.3.2 工期索赔值的计算方法

工期索赔值的计算主要有网络图分析和比例计算法两种。

9.3.2.1 网络图分析法

网络图分析法是利用进度计划的网络图,分析其关键线路。

(1)如果延误的工作为关键工作,则总延误的时间为批准顺延的工期。

(2)如果延误的工作为非关键工作,当该工作由于延误超过时差限制而成为关键工作时,可以批准延误时间与时差的差值。

(3)若该工作延误后仍为非关键工作,则不存在工期索赔问题。

【案例 9-1】 某业主(甲方)与某承包商(乙方)订立了某工程项目施工合同,同时与某降水公司(丙方)订立了工程降水合同。施工开始以前承包商提交了网络计划图(见图 9-2),并得到监理工程师批准,合同双方约定 8 月 15 日开工。施工过程中发生如下事件:①降水方案错误致使工作 D 推迟 2 天;②因设计变更,工作 E 工程量由招标文件中的 300 m^3增到 350 m^3;③在工作 D、E 完成后,甲方指令增加一项临时工作 K,经核准完成该工作需要 1 天时间。试根据监理工程师批准的网络计划及施工过程中发生的相关事件,分析承包商应得到的工期补偿天数。

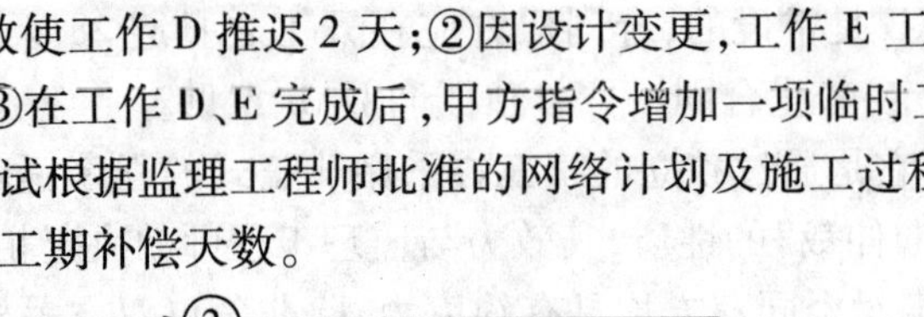

图 9-2 初始网络图

案例分析:事件①是由于丙方的错误导致乙方工作 D 推迟,在甲方和乙方的合同中是属于甲方的责任。事件②和事件③是甲方的变更,故三个事件乙方都有索赔权。那么乙方到底能得到多少天的工期索赔呢? 可通过网络图来分析。

首先,通过网络计划图对原方案的工期计算,如图 9-3 所示。由图 9-3 可知,原计划工期 15 天,关键线路为 1—3—4—5—7—8。调整以后的网络计划如图 9-4 所示,经过网络分析,调整后的工期为 17 天,关键线路是 1—3—4—5—7—8—9。工期延长索赔值为 17 - 15 = 2(天)。工作 D 在非关键线路上,虽然工期延长 2 天,但是对总工期无影响,因为它本身有足够多的总时差可以利用。工作 E 和工作 K 都在关键线路上,工期的增加直接影响总工期。

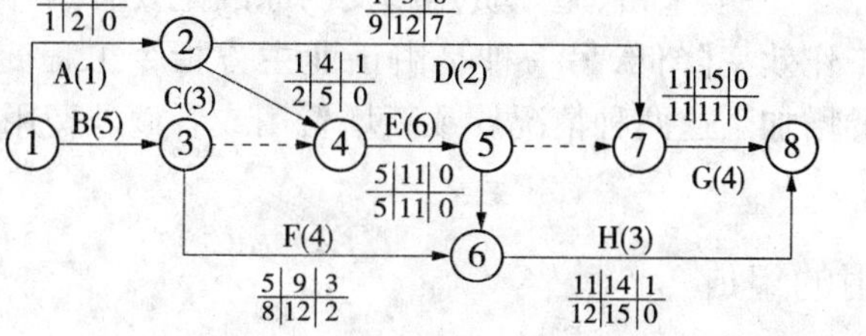

图 9-3　初始网络图工期计算

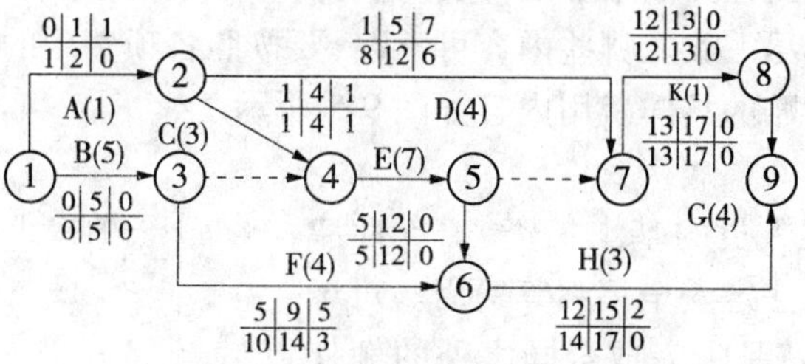

图 9-4　调整后的网络图工期计算

9.3.2.2　比例计算法

比例计算法简单方便,但有时不尽符合实际情况,比例计算法不适用于变更施工顺序、加速施工、删减工程量等事件的索赔。对于复杂的工程项目,人工计算是很困难的,可采用更为简单的比例计算法,比例计算法有以下两种情况。

(1)已知部分工程的延期的时间。工期索赔值计算式为

工期索赔值 =(受干扰部分工程的合同价/原合同价)×该受干扰部分工期拖延时间

【案例 9-2】　某工程施工中,业主推迟办公楼工程基础设计图纸的批准,使该单项工程延期 10 周。该单项工程合同价为 480 万元,而整个工程合同价为 2 400 万元,承包商提出的工期索赔应为多少?

案例分析:工期索赔应为 480 ÷ 2 400 × 10 = 2(周)。

(2)已知额外增加工程量的价格。工期索赔值计算式为

工期索赔值 =(额外增加的工程量的价格/原合同总价)× 原合同总工期

或　　工期索赔值 = 原工期 × 新增工程量/原工程量

【案例 9-3】　某工程合同价总价为 800 万元,合同总工期为 28 个月,现发现发包方增加额外工程价值为 40 万元,则承包商提出工期索赔应为多少?

案例分析:工期索赔应为(40 ÷ 800)× 28 = 1.4(月)。

课题 9.4　建设工程施工费用索赔

费用索赔是承包商向业主要求补偿不应该由承包商自己承担的经济损失或额外开

支，以取得合理的经济补偿。也就是说，在实际施工过程中所发生的施工费用超过了投标报价书中该项工作所确定的费用，而这项费用的超支责任不是承包商方面的原因，也不属于承包商的风险范围。一般来讲，施工费用超支的原因主要有两种：一种是承包商的施工受到了干扰，致使工作效率降低，另一种是由于业主方指令工程变更或者增加了额外工程，导致工程成本的增加。这两种情况导致新增费用或者额外费用，承包商有权提出索赔要求。

9.4.1 索赔费用的组成

从原则上说，承包商有索赔权的工程成本增加，都可以索赔费用。这些费用都是承包商为了完成额外的施工任务而增加的开支。但是，对于不同原因引起的索赔，承包商可索赔的具体费用内容不尽一致。哪些内容可索赔，要按照各项费用的特点、条件进行分析论证。一般承包商可索赔的具体费用内容如图 9-5 所示。

9.4.1.1 人工费

人工费包括施工人员的基本工资、工资性津贴、加班费、奖金以及法定安全福利等费用。对于索赔费用而言，人工费是指完成合同之外的额外工作所花的人工费用，由于非承包商责任的工效降低增加的人工费用，超过法定工作时间加班劳动、法定人工费增长以及非承包商责任工程延误导致的人员窝工费和工资上涨费等。

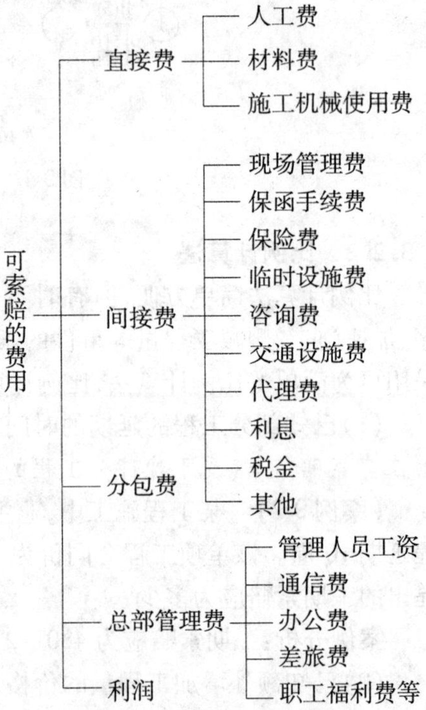

图 9-5 可索赔费用组成

9.4.1.2 材料费

材料费索赔包括：

(1) 由于索赔事件材料实际用量超过计划用量而增加的材料费。

(2) 由于客观原因材料价格大幅度上涨。

(3) 由于非承包商责任工程延误导致的材料价格上涨和超期储存费用。

材料费中应包括运输费、仓储费，以及合理的损耗费用。如果由于承包商管理不善，造成材料损失失效，则不能列入索赔计价。

9.4.1.3 施工机械使用费

施工机械使用费索赔包括：

(1) 由于完成额外工作增加的机械使用费。

(2) 非承包商责任工效降低的机械使用费。如果实际施工中因为非承包商的原因导致施工效率降低，承包商将不能按照原定计划完成施工任务。工程拖期会增加相应的施工机械费用。确定机械降低效率导致的机械费的增加，可以按以下公式计算增加的机械台班数量：

实际台班数量 = 计划台班数量 ×[1 +(原定效率 − 实际效率)/原定效率]

增加的机械台班数量 = 实际台班数量 - 计划台班数量

机械降效增加的机械费 = 机械台班单价 × 增加的机械台班数量

(3)由于业主或监理工程师原因导致机械停工的窝工费。窝工费计算,如系租赁设备,一般按实际租金和调进调出费的分摊计算;如系承包商自有设备,一般按台班折旧费计算,而不能按台班费计算,因台班费中包括了设备使用费。

【案例9-4】 某分包商承包了某工程土方工程,合同工期为28天,每日用工为8人,日工资为25元/人,合计用工224工日。分包商报价单中报每台挖掘机每天挖土550 m^3,台班单价为850元/台班。在施工过程中,由于总包商施工干扰,分包商的施工效率大为降低,每天只能开挖380 m^3,而每天出勤的设备和工人并未减少,分包商向总包商提出索赔款应为多少?

案例分析:实际台班数量 = 224/8 × [1 + (550 - 380)/550] = 36.7(台班);增加的机械台班数量 = 36.7 - 28 = 8.7(台班),取9台班;增加的机械费 = 9 × 850 = 7 650(元);增加的人工费 = 8 × 9 × 25 = 1 800(元);管理费(9.5%) = 9 450 × 0.095 = 898(元);利润(5%) = (9 450 + 898) × 0.05 = 517(元)。施工效率降低索赔款 = 9 450 + 898 + 517 = 10 865(元)。

9.4.1.4 分包费

分包费用索赔是指分包商的索赔费,一般也包括人工、材料、机械使用费的索赔。分包商的索赔应数列入总承包商的索赔款总额以内。

9.4.1.5 现场管理费

索赔款中的现场管理费是指承包商完成额外工程、索赔事项工作以及工期延长期间的现场管理费,包括管理人员工资、办公费、交通费等。但当部分工人窝工损失索赔时,因其他工程仍然进行,一般不予计入现场管理费索赔。

9.4.1.6 利息

在索赔的计算中,经常包括利息。利息的索赔通常发生于下列情况:①拖期付款的利息;②由于工程变更和工程延期增加投资的利息;③索赔款的利息;④错误扣款的利息。

9.4.1.7 总部管理费

索赔款中的总部管理费主要指的是工程延误期间所增加的管理费。这项索赔款的计算,目前没有统一的方法。

9.4.1.8 利润

一般来说,由于工程范围的变更、文件有缺陷或技术错误、业主未能提供现场等引起的索赔,承包商可以列入利润。但对于工程暂停的索赔,由于利润通常是包括在每项实施的工程内容的价格之内的,延误工期未削减某些项目的实施,而导致利润减少,一般监理工程师很难同意在工程暂停的费用索赔中加入利润损失。

9.4.2 索赔费用的计算方法

9.4.2.1 总费用法

总费用法即总成本法,就是当发生多次索赔事件以后,重新计算该工程的实际总费用,实际总费用减去投标报价时的估算总费用,即索赔金额:

索赔金额＝实际总费用－投标报价估算总费用

因为实际发生的总费用中可能包括了承包商的原因，如施工组织不善而增加的费用，同时投标报价估算的总费用却因为想中标而过低，所以这种方法只有在难以采用实际费用法时才应用。

9.4.2.2 修正总费用法

修正总费用法是对总费用法的改进，即在总费用计算的原则上，去掉一些不合理的因素，使其更合理。修正的内容如下：

(1)将计算索赔款的时段局限于受到外界影响的时间，而不是整个施工期。

(2)只计算受影响时段内的某项工作所受到外界影响的损失，而不是计算该时段内所有施工工作所受的损失。

(3)该项工作无关的费用不列入总费用中。

(4)对投标报价费用重新进行核算：按受影响时段内该项工作的实际单价进行核算，乘以实际完成的该项工作的工程量，得出调整后的报价费用。

按修正后的总费用法计算索赔金额的公式如下：

索赔金额＝某项工作调整后的实际总费用－该项工作调整后的报价费用

【案例9-5】 某学校教学楼工程原投标报价如下：①现场成本(工程直接费＋现场管理费)为3 200 000元；②管理费(①×8%)为256 000元；③利润、税金[(①＋②)×9%]为311 040元。投标报价合计(P)为3 767 040元。在实际施工过程中，发生了多次索赔事件，造成承包人增加工程额外成本180 000元，试用总费用法计算索赔费用。

案例分析：①额外成本为180 000元；②管理费(①×8%)为14 400元；③利润、税金[(①＋②)×9%]为17 496元。额外费用合计为211 896元，即该教学楼工程索赔费用共计211 896元。

9.4.2.3 实际费用法

实际费用法又称分项法，是工程索赔计算时常用的一种方法。这种方法的计算原则是以承包商为某项索赔工作所支付的实际开支为根据，向业主要求费用补偿。

用实际费用法计算时，在直接费的额外费用部分的基础上，再加上应得的间接费和利润，即承包商应得的索赔金额。由于实施费用法依据的是实际发生的成本记录或单据，所以在施工过程中，系统而准确地积累资料是非常重要的。

【案例9-6】 某高速公路项目业主修改高架桥设计，监理工程师下令承包商工程暂停一个月，试分析该承包商可索赔的费用。

案例分析：

承包商可索赔费用如下：

(1)人工费。对于不可辞退的工人，索赔人工窝工费，应按人工工日成本计算；对于可以辞退的工人，可索赔人工上涨费。

(2)材料费。可索赔超期储存费用或材料价格上涨费。

(3)施工机械使用费。可索赔机械窝工费或机械台班上涨费。自有机械窝工费一般按台班折旧费计算；租赁机械一般按实际租金和调进调出的分摊费计算。

(4)分包费用。是指由于工程暂停，分包商向总包商索赔的费用。总包商向业主索赔的费用包括分包商向总包商索赔的费用。

(5)现场管理费。由于全面停工,可索赔增加的工地管理费。可按日计算,也可按直接成本的百分比计算。

(6)保险费。可索赔延期一个月的保险费,按保险公司保险费率计算。

(7)保函手续费。可索赔延期一个月的保函手续费,按银行规定的保函手续费率计算。

(8)利息。可索赔延期一个月增加的利息支出,按合同约定的利率计算。

(9)总部管理费。由于全面停工,可索赔延期增加的总部管理费,可按总部规定的百分比计算。如果工程只是部分停工,监理工程师可能不同意总部管理费的索赔。

课题9.5　建设工程施工索赔管理

9.5.1　监理工程师的索赔管理

9.5.1.1　监理工程师对工程索赔的影响

在发包人与承包人之间索赔事件的处理和解决过程中,监理工程师是个核心。在整个合同的形成和实施过程中,监理工程师对工程索赔有如下影响。

1. 受发包人委托进行工程项目管理

如果监理工程师在工作中出现问题、失误或行使施工合同赋予的权力造成承包人的损失,发包人必须承担合同规定的相应赔偿责任。承包人索赔有相当一部分原因是由监理工程师引起的。

2. 有处理索赔问题的权力

(1)在承包人提出索赔意向通知后,监理工程师有权检查承包人的现场同期记录。

(2)对承包人的索赔报告进行审查分析,反驳承包人不合理的索赔要求或索赔要求中不合理的部分。可指令承包人作出进一步解释或进一步补充资料,提出审查意见。

(3)在监理工程师与承包人共同协商确定给承包人的工期和费用的补偿量达不成一致时,监理工程师有权单方面作出处理决定。

(4)对合理的索赔要求,监理工程师有权将它纳入工程进度付款中,签发付款证书,发包人应在合同规定的期限内支付。

3. 作为索赔争执的调解人

如果业主和承包商就索赔解决达不成一致,有一方或双方都不满意监理工程师的决定,而且双方都不让步,则产生了索赔争执。合同双方都可以将争执再次递交监理工程师,请求作出调解。监理工程师应在合同规定的期限内作出调解决定。

4. 在争议的仲裁和诉讼过程中作为见证人

如果合同一方或双方对监理工程师的处理不满意,都可以按合同规定提交仲裁,也可以按法律程序提出诉讼。在仲裁或诉讼过程中,监理工程师作为工程全过程的参与者和管理者,可以作为见证人提供证据。

在一个工程中,发生索赔的频率、索赔要求和索赔的解决结果等,与监理工程师的工作能力、经验、工作的完备性、作出决定的公平合理性等有直接的关系。所以,在工程项目施工过程中,监理工程师也必须有风险意识,必须重视索赔问题。

9.5.1.2 监理工程师的索赔管理任务

索赔管理是监理工程师工程项目管理的主要任务之一,由于监理工程师是业主的代理人,又作为承包合同的中间人,所以他有独特的索赔管理任务。监理工程师索赔管理的基本目标是从工程整体效益的角度出发,尽量减少索赔事件的发生,降低损失,公平合理地解决索赔问题。具体地说,索赔管理任务包括以下几个方面:

(1)预测和分析导致索赔的原因和可能性。在施工合同的形成和实施过程中,监理工程师为发包人承担了大量具体的技术、组织和管理工作。如果在这些工作中出现疏漏,对承包人施工造成干扰,则产生索赔。承包人的合同管理人员常常在寻找着这些疏漏,寻找索赔机会。所以,监理工程师在工作中应能预测到自己行为的后果,堵塞漏洞。起草文件、下达指令、作出决定、答复请示时都应注意到完备性和严密性;分发图纸、作出计划和实施方案时都应考虑其正确性和周密性。

(2)通过有效的合同管理减少索赔事件发生。监理工程师应以积极的态度和主动的精神管理好工程,为发包人和承包人提供良好的服务。在施工中,监理工程师作为双方的纽带,应做好协调、缓冲工作,为双方建立一个良好的合作气氛。通常合同实施越顺利,双方合作得越好,索赔事件越少,越易于解决。监理工程师应对合同实施进行有力的控制,这是其主要工作。通过对合同的监督和跟踪,不仅可以及早发现干扰事件,也可以及早采取措施降低干扰事件的影响,减少双方损失,还可以及早了解情况,为合理地解决索赔提供条件。

(3)公平合理地处理和解决索赔。索赔的合理解决,是指承包人得到按合同规定的合理补偿,而又不使发包人投资失控,合同双方都心悦诚服,对解决结果满意,继续保持友好的合作关系。合理解决发包人和承包人之间的索赔纠纷,不仅符合监理工程师的工作目标,使承包人按合同得到支付,而且符合工程总目标。

9.5.1.3 监理工程师索赔管理的原则

要使索赔得到公平合理的解决,监理工程师在工作中必须注意以下原则。

1. 公平合理地处理索赔

监理工程师作为施工合同的管理核心,必须公平地行事,以没有偏见的方式解释和履行合同,独立地作出判断,行使自己的权力。由于施工合同双方的利益和立场不一致,常常会出现矛盾,甚至冲突,这时监理工程师起着缓冲、协调作用。监理工程师处理索赔原则有以下几个方面:

(1)从工程整体效益、工程总目标的角度出发作出判断或采取行动,使合同风险分配、干扰事件责任分担、索赔的处理和解决不损害工程整体效益和不违背工程总目标。在这个基本点上,双方常常是一致的,例如使工程顺利进行,尽早使工程竣工,投入生产,保证工程质量,按合同施工等。

(2)按照合同约定行事。合同是施工过程中的最高行为准则。作为监理工程师更应该按合同办事,准确理解、正确执行合同,在索赔的解决和处理过程中应贯穿合同精神。

(3)从事实出发,实事求是。按照合同的实际实施过程、干扰事件的实情、承包人的实际损失和所提供的证据作出判断。

2. 及时作出决定和处理索赔

在工程施工中,工程师必须及时地(有的合同规定具体的时间,或规定“在合理的时间内”)行使权力,作出决定,下达通知、指令,表示认可等。监理工程师及时作出决定和处理索赔可以减小承包人的索赔概率、防止干扰事件影响的扩大,及时掌握干扰事件发生和发展的过程,掌握第一手资料,为分析、评价承包人的索赔做准备。不及时处理索赔会加大索赔解决的难度。

3. 尽可能通过协商达成一致

监理工程师在处理和解决索赔问题时,应及时地与发包人和承包人沟通,保持经常性的联系。在作出决定,特别是作出调整价格、决定工期和费用补偿决定前,应充分地与合同双方协商,最好达成一致,取得共识。这是避免索赔争议的最有效的办法。监理工程师应充分认识到,如果他的协调不成功使索赔争议升级,对合同双方都是损失,将会严重影响工程项目的整体效益。

4. 诚实信用

监理工程师有很大的工程管理权力,对工程的整体效益有关键性的作用。发包人出于信任,将工程管理的任务交给他;承包人则希望监理工程师公平行事。

9.5.1.4 监理工程师对索赔的审查

1. 审查索赔证据

监理工程师对索赔报告审查时,首先判断承包人的索赔要求是否有理、有据。所谓有理,是指索赔要求与合同条款或有关法规一致,受到的损失应属于非承包人责任原因所造成。所谓有据,是指提供的证据证明索赔要求成立。

2. 审查工期顺延

首先监理工程师应根据实际情况和合同约定划清施工进度拖延的责任,明确不应由承包商承担的责任范围,其次根据责任范围确定实际被延误的工期。

3. 审查费用索赔

费用索赔的原因,可能是与工期索赔相同的内容,即属于可原谅并应予以费用补偿的索赔,也可能是与工期索赔无关的理由。监理工程师在审核索赔的过程中,除划清合同责任外,还应注意索赔计算的取费合理性和计算的正确性。

(1)审核承包人索赔取费的合理性。监理工程师应公正地审核索赔报告,根据事件影响实际情况,正确判断索赔取费及费率合理性,查出不合理的取费项目。

(2)审核索赔值计算的正确性。要点如下:①所采用的费率是否合理、适度。工程量表中的单价是综合单价,不仅含有直接费,还包括间接费、风险费、辅助施工机械费、公司管理费和利润等项目的摊销成本。在索赔计算中不应有重复取费。停工损失中,不应以计日工费计算。不应计算闲置人员在此期间的奖金、福利等报酬,通常采取人工单价乘以折算系数计算;停驶的机械费补偿,应按机械折旧费或设备租赁费计算,不应包括运转操作费用。②正确区分停工损失与因监理工程师临时改变工作内容或作业方法的工效降低损失的区别。凡可改作其他工作的,不应按停工损失计算,但可以适当补偿降效损失。

9.5.1.5 监理工程师对索赔的反驳

首先要说明的是,这里所讲的反驳索赔仅仅指的是反驳承包人不合理索赔或者索赔中的不合理部分,而绝对不是把承包人当作对立面,偏袒发包人,设法不给或尽量少给承包人补偿。

监理工程师通常可以对承包人的索赔提出质疑的情况有:①索赔事项不属于发包人或监理工程师的责任,而是与承包人有关的其他第三方的责任;②发包人和承包人共同负有责任,承包人必须划分和证明双方责任大小;③事实依据不足;④合同依据不足;⑤承包人未遵守意向通知要求;⑥承包人以前已经放弃(明示或暗示)了索赔要求;⑦承包人没有采取适当措施避免或减少损失;⑧承包人必须提供进一步的证据;⑨损失计算夸大等。

9.5.1.6 监理工程师对索赔的预防和减少

索赔虽然不可能完全避免,但通过努力可以减少发生,监理工程师应做到以下几点:

(1)正确理解合同规定。正确理解合同规定是双方协调一致地合理、完全履行合同的前提条件。由于施工合同通常比较复杂,因而"理解合同规定"就有一定的困难。双方站在各自立场上对合同规定的理解往往不可能完全一致,总会或多或少地存在某些分歧。这种分歧经常是产生索赔的重要原因之一,所以发包人、监理工程师和承包人都应该认真研究合同文件,以便尽可能在诚信的基础上正确、一致地理解合同的规定,减少索赔的发生。

(2)做好日常监理工作,随时与承包人保持协调。做好日常监理工作是减少索赔的重要手段。监理工程师应善于预见、发现和解决问题,能够在某些问题对工程产生额外成本或其他不良影响以前,把它们纠正过来,以避免发生与此有关的索赔。

(3)尽量为承包人提供力所能及的帮助。承包人在施工过程中肯定会遇到各种各样的困难。虽然从合同上讲,监理工程师没有义务向其提供帮助,但从共同努力建设好工程这一点来讲,还是应该尽可能地提供一些帮助。这样,不仅可以免遭或少遭损失,从而避免或减少索赔,而且承包人对某些似是而非、模棱两可的索赔机会,还可能基于友好考虑而主动放弃。

(4)建立和维护监理工程师处理合同事务的威信。监理工程师自身必须有公正的立场、良好的合作精神和处理问题的能力,这是建立和维护其威信的基础。发包人、监理工程师和承包人应该从一开始就努力建立和维持相互关系的良性循环,这对合同顺利实施是非常重要的。

9.5.2 承包商的索赔管理

9.5.2.1 承包商索赔失败的原因

1. 投标前对合同文件研究不够

一个有经验的承包商,尤其是其索赔人员,应该从准备投标开始就研究探讨该合同项目的索赔问题。首先,要对合同文件中涉及施工索赔的条款和规定深入透彻地进行研究。因为每个工程项目的合同文件,都是由工程的设计咨询单位在业主的直接指导下专门编制的。即使采用了某一标准合同文本,如 FIDIC、ICE、AIA 合同条件或我国的《建设工程施工合同(示范文本)》(GF-2013-0201),在其工程项目的专用条款中,也必然要引进一些专门的、有特殊性的规定，这些专门规定对工程结算和索赔具有决定性的作用。因此，在投标报价前必须研究合同文件，尤其注意合同中是否有以下问题出现：①在合同文件中没有列入有关索赔的条款；②在施工现场条件方面列入开脱性条款；③在合同条款中列入无延误补偿条款。

2. 编标时对报价计算考虑不够或计算错误

(1)在报价书中未列入工作效率数据。例如，在报价单中只列入生产率数值，如每天完成多少立方米混凝土浇筑，但没有列入投入的资源数量(机械台班和人工的数量)，使得工效降低索赔时没有依据。

(2)在报价时没有核算主要工程量的数值。通常招标文件中的工程量表中的工程量并不是准确数值，只供承包商报价时用。在实际工程结算时，是按照实际工程量与所报单价之积计算的。如核查中不仔细，可能会由于某项工程量在工程量表中数值很小，承包商投标时报价过低，而实际工程量大，造成实际损失。

(3)投标报价时数据计算错误，引起所报单价过低。

3. 施工时对合同管理不善

施工时对合同管理不善主要表现在：①没有在规定的索赔时限内发出索赔通知书；②索赔报告对事实论证不足；③对工程师的口头指令未及时取得确认；④没有及时提出变更价款的要求；⑤没有及时申请并获准延长工期；⑥没有及时明确可索赔的变更指令或加速施工指令；⑦没有利用合同权利；⑧在业主违约严重的情况下，继续施工并建成工程。

4. 进行索赔时做法不当

索赔时做法不当主要表现在：①计价方法不当，索赔款额过高；②采用算总账的索赔方法；③未坚持采用清理账目法；④同业主和监理工程师关系存在严重的僵局。

9.5.2.2 承包商的索赔策略分析

索赔策略是承包商经营策略的一部分，在整个施工过程中，必须进行索赔策略研究，作为制订索赔方案、索赔谈判和解决争议的依据，以指导索赔小组工作。索赔策略必须体现承包商的整个经营战略，体现承包商长远利益和目前利益、全局利益和局部利益的统一。

1. 确定索赔目标

承包商的索赔目标是承包商对索赔的最终期望值，它由承包商根据合同实施状况、承包商所受的损失及其总经营战略所确定。

此外，对于严重拖欠工程款、拒不承认承包商合理要求等不讲信誉的业主，则承包商就要注意按合同给予的权利放慢工程进度。因为一般合同中均规定在索赔处理期间承包商应继续施工。同时承包商要分析目标实现的风险，包括承包商在履行合同时的失误，如未在合同规定的索赔有效期内提出索赔，没完成合同规定的工程量，没有执行监理工程师的指令，工程施工中未达到合同的质量标准等，还包括工地上和其他方面的风险，如业主的反索赔、对承包商的不利证据等。

2. 对业主和监理工程师的分析

在国际工程承包中，尤其应当注意分析业主和监理工程师。通常对业主或监理工程师的价值观念、社会心理、传统文化、生活习惯和本人的兴趣、爱好的了解和尊重，对索赔的处理和解决有极大的影响。

3. 承包商的经营战略分析

承包商的经营直接制约着索赔策略和计划。在分析业主的目标、业主的情况和工程所在地(国)的情况后,承包商应考虑如下问题:①有无可能与业主继续进行新的合作;②承包商是否打算在当地继续扩展业务或其前景如何;③承包商与业主之间的关系对在当地扩展业务有何影响。

4. 承包商主要对外关系分析

在工程合同实施过程中,承包商与多方具有合作关系。承包商应对这些方面进行详细分析,利用这些关系,尤其是与监理工程师的关系,争取各方面的合作与支持。此外,在国际承包工程中,承包商的代理人的作用也非常重要。

5. 对业主进行反索赔的估计

在工程实施过程中,往往双方均有责任,所以当承包商提出索赔时,业主就提出反索赔,用以平衡承包商的索赔。因此,要对业主可能提出的索赔项目进行分析,考虑如何给予反驳。

6. 承包商可能获得的索赔值估计

承包商应对自己可能获得的索赔值的最大值和最小值进行分析,分析自己要求的合理性和业主反驳的可能性。

7. 合同双方索赔要求对比分析

分析自己索赔要求与业主可能提出的反索赔要求之间的数额差,两者至少要平衡。对可能的谈判过程和结果进行分析,对采取何种谈判策略、可能的谈判过程及最终的谈判结果进行分析。

9.5.2.3 承包商的索赔技巧

承包商的索赔较业主的索赔困难得多。承包商要使索赔成功,就需要在认真按照合同要求实施工程的前提下,采取一定的索赔技巧来进行。应该说,索赔应根据项目的不同、业主的不同、监理工程师的不同和客观条件的不同而采取灵活的索赔策略和技巧来进行。承包商的索赔技巧应注意的事项主要有以下几点:

(1)索赔管理贯穿于项目管理全过程。

(2)签好补充协议。在工程的实施中经常采用一些标准的合同文本,但一定要注意专用条件的修改与补充。

(3)充分论证索赔权。索赔权是进行索赔的前提,如果不具备索赔权,承包商不论遭受多大的损失,均无权得到经济补偿。因此,为了索赔成功,承包商必须善于从合同专用条件(款)和通用条件(款)、施工技术规范、工程量表、项目所在国法律或类似情况成功的索赔案例等中找出索赔的法律依据,从而充分论证自己具有索赔权,这样索赔才能被业主(监理工程师)所接受。

在索赔意向通知书和索赔报告中,承包商应明确地指出所依据的合同条款号,最好全文引用具体依据的合同条款,通过这样有理有据的论证,使业主和监理工程师对承包商的索赔合理性予以确认。

(4)对监理工程师的口头指示及时确认。按照我国《建设工程施工合同(示范文本)》(GF－2013－0201)规定,确有必要时,监理工程师可发出口头指令,并在48小时内给予书面确认,承包人对监理工程师的指令应予执行。监理工程师不能及时给予书面确认的,承包人应于监理工程师发出口头指令后7天内提出书面确认要求。监理工程师在承包人提出确认要求后48小时内不予答复的,视为口头指令已被确认。由于合同规定有确认的时间限制,所以承包商一定要在合同时限内向监理工程师提出书面确认。

(5)遵守索赔程序,及时发出索赔通知。我国《建设工程施工合同(示范文本)》(GF－2013－0201)中规定,承包商在索赔事件发生后28天内必须以书面形式向监理工程师发出索赔意向通知。同时合同中还对索赔报告、索赔证据的提供等提出具体的时间要求,承包商为了不失去全部或部分索赔权,必须严格遵守合同中的索赔程序,及时发出索赔通知。

(6)认真准备索赔报告。索赔报告是承包商的主要索赔文件,索赔报告编写得成功与否,对索赔的成功与否具有很重要的影响。在编制索赔报告时,一定要以客观事实为依据,合理引用合同条款、相关文件和法规,使得论述有理有据,并且一定要建立索赔事实与损失的因果关系,从而使监理工程师认为承包商的索赔要求合理合法。

(7)力争单项索赔,避免一揽子索赔。单项索赔,通常容易解决,承包商可及时得到索赔款。而一揽子索赔,会使得问题复杂,金额大,不易解决,往往到工程结束后还得不到付款。

(8)坚持采用清理账目法保留索赔权。承包商在索赔管理中,应按照清理账目的方法,在每月的结算申报表中均列出累计的索赔款额,要求业主在本月进度款支付时一并予以支付。即使业主仍未支付,承包商保留了自己的索赔权。

(9)争取友好解决索赔。

(10)注意同监理工程师搞好关系。索赔处理是监理工程师的一项重要工作。从项目开始实施,特别是项目的初始阶段,项目经理就要主动会见监理工程师,经常沟通,建立起双方友好合作的良好气氛,争取监理工程师的公正解决,从而避免仲裁或诉讼。在整个工程建设过程中监理工程师是处理索赔问题的关键人物。在合同条件中均授予监理工程师主持索赔的权利。因此,承包商如果要想提高索赔的成功率,应注意同监理工程师搞好关系。

【阅读材料】

索赔谈判技巧

索赔要灵活,有紧有松,不能固执,掌握一个度。灵活性主要表现在谈判中针对不同情况的变化而采取相应变化的策略,这个变化的策略就是在谈判中要控制好谈判的方向、气氛,要准备能够有条件地让步,要尽力将被动变为主动,争取和平解决,实现自己的目的。在工程索赔实践中的灵活性主要体现在两个方面:一是让步;二是变被动为主动,力争和平解决。

谈判时要注意搞好私人关系,发挥公关能力,多谈困难,多诉苦。索赔成功不能以胜利姿态出现,要为自己留有余地,防止对方的报复性反击,避免问题趋于复杂化。

小　结

索赔是当事人在合同实施过程中,根据法律、合同规定及惯例,对不应由自己承担责任的情况造成的损失,向合同的另一方当事人提出给予赔偿或补偿要求的行为。在工程建设的各个阶段,都有可能发生索赔,但在施工阶段索赔发生较多。对施工合同的双方来说,都有通过索赔维护自己合法利益的权利,依据双方约定的合同责任,构成正确履行合同义务的制约关系。

施工索赔具有以下特征:索赔的提出是双向的;只有实际发生了经济损失或权利损害,一方才能向对方索赔;索赔是一种未经对方确认的单方行为。引起工程施工索赔的原因很多,也很复杂,主要有以下几个方面:工程项目的特殊性;工程项目内外部环境的复杂性和多变性;参与工程建设主体的多元性;工程合同的复杂性及易出错性;不可抗力因素等。施工索赔分类方法很多,按索赔的合同依据可分为合同中明示的索赔和合同中默示的索赔(惯例);按索赔事件的性质可分为工程延误索赔、工程变更索赔、合同被迫终止的索赔、工程加速索赔、意外风险和不可预见因素索赔及其他索赔;按索赔的处理方式可分为单项索赔和总索赔;按索赔目的可分为工期索赔和经济索赔。

索赔需要有正当理由,而且要有索赔事件发生时的有效证据。索赔主要是靠证据说话,没有证据或证据不充分,索赔难以成功。

承包人索赔程序可分为以下几个步骤:承包人提出索赔要求;工程师审核索赔报告;确定合理的补偿额;发包人审查索赔处理;承包人是否接受最终索赔处理。承包人未能按合同约定履行自己的各项义务或发生错误而给发包人造成损失时,发包人也应按合同约定向承包人提出索赔,也称反索赔。业主的索赔主要限于施工质量缺陷和拖延工期等违约行为导致的业主损失。发包人和承包人在履行合同中发生争议的,可以友好协商解决或者提请争议评审组评审。如果合同当事人友好协商解决不成、不愿提请争议评审组或者不接受争议评审组意见的,可按照在专用合同条款中约定的方式解决(仲裁、诉讼)。

在施工过程中,承包商在索赔报告中要求顺延工期,监理工程师应认真审核,监理工程师在审核中应注意以下几点:分清施工进度拖延的责任;索赔事件是否造成总工期的延误。监理工程师有审核、批准承包人顺延工期的权利,但无权要求承包人缩短合同工期。工期索赔计算方法有网络图计算法和比例计算法两种。费用索赔是承包商向业主要求补偿不应该由承包商自己承担的经济损失或额外开支,以取得合理的经济补偿。承包商索赔的具体费用内容不尽一致,哪些内容可索赔,要按照各项费用的特点、条件进行分析论证。一般承包商可索赔的具体费用内容包括人工费、材料费、施工机械使用费、分包费用、现场管理费、利息、总部管理费及利润等。经济索赔值的计算法有实际费用法、总费用法和修正总费用法。

施工索赔是合同管理的重要内容。监理工程师索赔管理的基本目标是:尽可能减少索赔事件的发生,公平合理地解决索赔问题。要使索赔得到公平合理的解决,监理工程师在工作中必须注意以下原则:公平合理地处理索赔;及时作出决定和处理索赔;尽可能通过协商达成一致;诚实信用。监理工程师对索赔的审查内容主要有:审查索赔证据;审查工期顺延;审查费用索赔。在施工过程中,索赔不可能完全避免,但通过监理工程师努力可以减少索赔发生。监理工程师应做到以下几点:正确理解合同规定;做好日常监理工作,随时与承包人保持协调;尽量为承包人提供力所能及的帮助;建立和维护监理工程师处理合同事务的威信。承包商索赔往往不能成功,得不到监理工程师认可,其失败的原因主要有:投标前对合同文件研究不够;编标时对报价计算考虑不够或计算错误;施工时对合同管理不善;索赔方法不当等。索赔策略是承包商经营策略的一部分,在整个施工过程中,必须进行索赔策略研究,制订索赔方案。索赔策略必须体现承包商的整个经营战略,体现承包商长远利益和目前利益、全局利益和局部利益的统一。

习　题

1. 名词解释

①索赔;②反索赔;③工期索赔;④费用索赔;⑤索赔管理。

2. 单选题

(1)(　　)是当事人在合同实施过程中,根据法律、合同规定及惯例,对不应由自己承担责任的情况造成的损失,向合同的另一方当事人提出给予赔偿或补偿要求的行为。

A. 反索赔　　B. 索赔管理　　C. 索赔　　D. 索赔策略

(2)按索赔目的可分为(　　)。

A. 工期索赔和经济索赔　　B. 明示索赔和默示索赔

C. 单项索赔和总索赔　　D. 延误索赔和变更索赔

(3)监理工程师索赔管理的基本目标是(　　)。

A. 公平合理地处理索赔

B. 保护发包人合法权益

C. 尽可能减少经济赔偿

D. 尽可能减少索赔事件的发生,公平合理地解决索赔问题

(4)下列说法正确的是(　　)。

A. 工程师有审核、批准承包人顺延工期的权利,但无权要求承包人缩短合同工期

B. 工程师无审核、批准承包人顺延工期的权利,但有权要求承包人缩短合同工期

C. 工程师无审核、批准承包人顺延工期的权利,无权要求承包人缩短合同工期

D. 工程师有审核、批准承包人顺延工期的权利,有权要求承包人缩短合同工期

(5)承包人未能按合同约定履行自己的各项义务或发生错误而给发包人造成损失时,发包人也应按合同约定向承包人提出索赔,称为(　　)。

A. 索赔　　B. 反索赔　　C. 正索赔　　D. 负索赔

3. 多选题

(1)承包人索赔程序为(　　)。

A. 承包人提出索赔要求

B. 监理工程师审核索赔报告

C. 确定合理的补偿额

D. 发包人审查索赔处理

E. 承包人是否接受最终索赔处理

(2)在下列情况下,承包人工期不予顺延的是(　　)。

A. 发包人未按时提供施工条件

B. 设计变更造成工期延长,但有时差可利用

C. 不可抗力事件

D. 一周内非承包人原因停水、停电、停气造成停工累计超过 8 小时

E. 现场工人操作不当引起安全事故,造成工期延误 2 天

(3)下列(　　)事件承包人不可以向发包人提出索赔。

A. 施工中遇到地下文物被迫停工

B. 施工机械大修,误工 5 天

C. 发包人要求提前竣工,导致工程成本增加

D. 设计图纸错误,造成返工

E. 施工方案调整,造成工期延误

(4)关于建设工程索赔的说法,正确的是(　　)。

A. 承包人可以向发包人索赔,发包人不可以向承包人索赔

B. 索赔意向通知书发出后 14 天内,承包人应向监理工程师正式提交索赔通知书

C. 索赔是双向的,承包人可以向发包人索赔,发包人也可向承包人索赔

D. 发包人向承包人索赔

E. 索赔事件是具有连续影响的,承包人应按合理时间间隔继续递交延续索赔通知

(5)索赔表述正确的是(　　)。

A. 索赔要求的提出不需经双方同意

B. 索赔具有惩罚性质

C. 在索赔事件发生后 28 天内递交索赔报告

D. 监理工程师的索赔处理决定超过权限时应报发包人批准

E. 承包人必须执行监理工程师的索赔处理决定

4. 简答题

(1)施工索赔具有哪些特征?

(2)引起施工索赔的原因有哪些?

(3)施工索赔如何进行分类?

(4)承包人索赔程序有哪些步骤?

(5)索赔费用由哪几部分组成?

(6)监理工程师索赔管理的任务是什么?

(7)监理工程师处理索赔时应遵循哪些原则?

(8)监理工程师审查索赔时应注意哪些问题?

(9)承包商索赔失败的原因有哪些?

(10)监理工程师如何预防和减少索赔?

(11)工期索赔的必要条件有哪些? 如何计算?

(12)费用索赔如何计算?

5. 案例分析

(1)在某房地产开发项目中,发包人提供了地质勘察报告,地质条件良好。承包人在开发通往住宅区道路时,用挖方的余土做道路基础的填方,可由于住宅区基础开挖施工时正值雨季,开挖后土方潮湿,且易碎,不符合道路填筑要求,承包人不得不将余土外运,另外取土做道路填方材料。

问题:承包人向发包方提出索赔要求,监理工程师该如何处理?

(2)在某一国际工程中,监理工程师向承包人颁发了一份图纸,图纸上有监理工程师的批准及签字。工程施工到一半后,监理工程师发现图纸的部分内容违反本工程的专用规范(工程说明),于是要求承包人返工并按规范施工。承包人就返工问题向监理工程师提出索赔要求,但被监理工程师否定。

问题:监理工程师批准颁发的图纸,如果与合同专用规范内容不同,它能否作为监理工程师已批准的有约束力的工程变更?

(3)某建筑公司(乙方)于某年4月20日与某厂(甲方)签订了修建建筑面积为3 000 m^2工业厂房(带地下室)的施工合同。乙方编制的施工方案和进度计划已获监理工程师批准。该工程的基坑开挖土方为4 500 m^3,假设直接费单价为4.2元/m^3,综合费率为直接费的20%。基坑施工方案规定:土方工程采用租赁一台斗容量为1 m^3的反铲挖掘机施工(租赁费450元/台班)。甲、乙双方合同约定5月11日开工,5月20日完工。在实际施工中发生了以下事件:①因租赁的挖掘机大修,晚开工2天,造成人员窝工10个工日;②施工过程中,因遇软土层,接到监理工程师于5月15日停工的指令,进行地质复查,配合用工15个工日;③5月19日接到监理工程师于5月20日复工令,同时提出基坑开挖深度加深2 m的设计变更通知单,由此增加土方开挖量900 m^3;④5月20~22日,因下大雨迫使基坑开挖暂停,造成人员窝工10个工日;⑤5月23日用30个工日修复冲坏的永久道路,5月24日恢复挖掘工作,最终基坑于5月30日挖坑完毕。

问题:①建筑公司对上述哪些事件可以向厂方要求索赔?哪些事件不可以要求索赔?并说明原因。②每项事件工期索赔各是多少天?总计工期索赔是多少天?③假设人工费单价为23元/工日,因增加用工所需的管理费为增加人工费的30%,则合理的费用索赔总额是多少?④建筑公司应向厂方提供的索赔文件有哪些?

(4)某发包人与承包人签订了施工合同。合同中约定:建筑材料由发包人提供;由于非施工单位原因造成的停工,机械补偿费为200元/台班,人工补偿费为50元/工日;总工期为120天;竣工时间提前奖励为3 000元/天,误期损失赔偿费为5 000元/天。经监理人批准的合同进度计划如图9-6所示。

该工程的实际工期为122天。施工过程中发生如下事件:①由于发包人要求对B工作的施工图纸进行修改,B工作停工3天(每停1天影响30工日、10台班);②由于机械租赁单位调度,施工机械未能按时进场,C工作的施工暂停5天(每停1天影响40工日、10台班);③由于发包人负责供应的材料未能按计划到场,E工作停工6天(每停1天影响20工日、5台班)。承包人就上述三种情况按正常的程序向监理工程师提出了延长工期和补偿停工损失的要求。

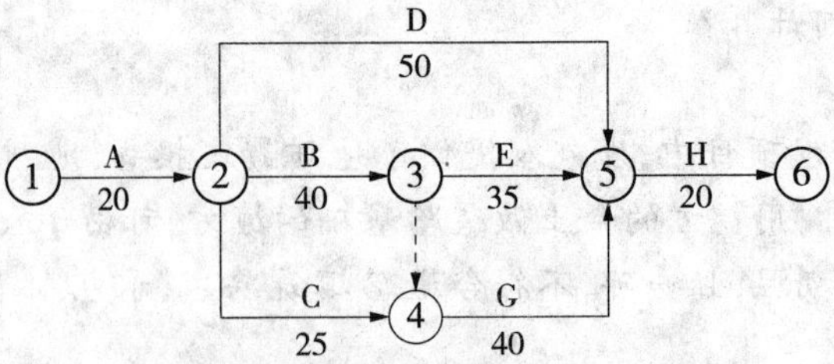

图 9-6　合同进度计划　(单位:天)

问题:①逐项说明监理工程师是否应批准承包人提出的索赔,说明理由并给出审批结果(写出计算过程)。②施工单位是应该获得工期提前奖励,还是应该支付误期损失赔偿费？金额是多少?

(5)某工程项目的施工招标文件中表明该工程采用综合单价计价方式,工期为15个月,承包单位投标工期为13个月。合同总价确定为8 000万元。合同约定,实际完成工程量超过估计工程量25%以上时允许调整单价:拖期每天赔偿金为合同总价的1‰,最高拖期赔偿限额为合同总价的10%;若能提前竣工,每提前1天奖金按合同总价的1‰计算。承包单位开工前编制经监理工程师认可的施工进度计划如图9-7所示。施工过程中发生了4个事件,致使承包单位完成该项目的施工实际用了15个月。

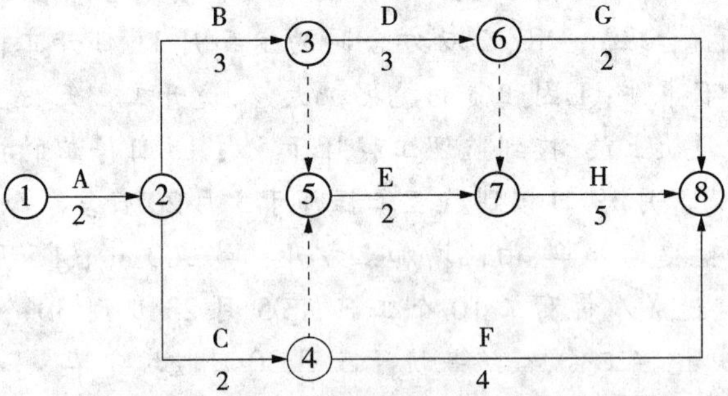

图 9-7　施工进度网络计划　(单位:天)

事件1:A、C两项工作为土方工程,工程量均为16万m^3,土方工程合同单价为16元/m^3。实际工程量与估计工程量相等。施工按计划进行4个月后,监理工程师以设计变更通知发布新增土方工程N的指示。该工作的性质和施工难度与A、C工作相同,工程量为32万m^3。N工作要B和C工作完成后开始施工,且为H和G紧前工作。监理工程师与承包商依据合同约定协商后,确定土方变更单价为14元/m^3。承包单位按计划4个月完成。3项土方工程均租用1台机械开挖,机械租赁费为1万元/(月·台)。

事件2:F工作因设计变更等待新图纸延误1个月。

事件3:G工作由于连续降雨累计1个月导致实际施工3个月完成,其中0.5个月的日降雨量超过当地30年气象资料记载的最大强度。

事件4:H工作由于分包单位施工的工程质量不合格造成返工,实际5.5个月完成。

由于以上事件,承包单位提出以下索赔要求:①顺延工期6.5个月。理由:完成N工作4个月;变更设计图纸延误1个月;连续降雨属于不利的条件和障碍,影响1个月;监理工程师未能很好地控制分包单位的施工质量,应补偿工期0.5个月。②N工作的费用补偿为16元/m^3 ×32万m^3 =512万元。③由于第5个月后才能开始N工作施工,要求补偿为5个月的机械闲置费为5个月×1万元/(月·台)×1台=5万元。

问题:①请对以上施工过程中发生的4个事件进行合同责任分析。②根据监理工程师认可的施工进度计划,应给承包单位顺延的工期是多少?说明理由。③确定应补偿承包单位的费用,并说明理由。④分析承包单位应获得工期提前奖励还是承担拖延工期违约赔偿责任,并计算其金额。

【综合实训】

某建设工程施工索赔

1. 实训目标

以模块7习题中案例分析为背景,模拟处理施工合同履行过程中的索赔及合同价款调整等事件。

2. 实训要求

(1)计算6月承包商实际完成工程的工程款。

(2)承包商在6月结算前致函发包方,指出施工期间水泥、砂石价格持续上涨,要求调整,经双方协商同意,按调值公式法调整结算价。假定3~5月承包商应得工程款(含索赔费用)为750万元,固定要素为0.3,水泥、砂石占可调值部分的比重为10%,调整系数为1.15,其余不变,计算6月工程款。

模块 10　建设工程合同的策划与风险管理

【知识要点】 工程合同的类型及选择方法;业主与承包商的合同策划;风险的概念、分类及管理;工程担保的概念及作用;工程投标、履约、预付款、支付担保;工程保险的概念、类型及投保。

【教学目标】 掌握业主与承包商合同策划策略,工程投标、履约、预付款、支付担保程序;熟悉风险管理内容,工程保险的概念、类型及投保方式;了解合同的类型及选择方法,风险的概念、特点及分类。通过学习,使学生能够根据工程实际进行风险辨识和进行风险管理,并且能够根据工程实际和各类合同特征进行科学合理的工程合同策划。

课题 10.1　建设工程合同类型及选择

在我国有很多建设项目在实施过程中,由于工程合同模式、类型选择不恰当,经常会出现诸如资金浪费、资金不到位、投资失控、合同纠纷、拖延工期及双方产生纠纷等现象。项目前期合同类型选择不当是引发上述问题的主要原因,而业主在合同类型的选择中通常起决定性的作用,这就要求业主在工程项目建设初期,在签订合同时就要根据工程项目的具体情况,考虑各种不同因素的作用选择一个适当的合同类型模式,从而避免日后由于合同缺陷等造成双方纠纷和索赔的发生。

10.1.1　建设工程合同类型

10.1.1.1　按承发包范围划分

建设工程按承发包范围可分为全过程承发包合同、阶段承发包合同和专项承发包合同。

1. 全过程承发包合同

全过程承发包合同又称统包、一揽子、交钥匙合同。它指发包人一般只要提出使用要求、竣工期限或对重大决策性问题作出决定,承包人就可对项目建议书、可行性研究、勘察设计、材料设备采购、工程施工、竣工验收、投产使用和建设后评估等全过程实行总承包,全面负责对各项分包任务和参与部分工程建设的发包人进行统一组织、协调和管理。此合同主要用于大中型建设项目,要求工程承包公司具有雄厚的技术经济实力和丰富的组织管理经验。

2. 阶段承发包合同

阶段承发包合同是指发包人和承包人就建设过程中某一阶段或某些阶段的工作,如勘察、设计、施工、材料设备供应等签订的合同。在施工阶段,还可依据承发包的具体内容再细分成包工包料合同、包工部分包料合同、包工不包料合同。

3. 专项承发包合同

专项承发包合同指的是发包人和承包人就某建设阶段中的一个或几个专门项目签订承发包合同。专项承发包合同主要适用于:可行性研究阶段的辅助研究项目;勘察设计阶段的工程地质勘察、供水水源勘察,基础或结构工程设计、工艺设计等;施工阶段的深基础施工、金属结构制作和安装、通风设备和电梯安装;建设准备阶段的设备选购和生产技术人员培训等专门项目。

10.1.1.2 按合同计价方式划分

建设工程项目按合同计价方式划分,主要有总价合同、单价合同、成本加酬金合同等。

1. 总价合同

总价合同是指根据合同规定的工程施工内容和有关条件,业主应付给承包商的款额是一个规定的金额,即明确的总价。总价合同也称总价包干合同,即根据施工招标时的要求和条件,当施工内容和有关条件不发生变化时,业主付给承包商的价款总额就不发生变化。

(1)固定总价合同。即不可调值不变总价合同。这种合同的价格计算以招标文件中的有关规定和图纸资料、规范为基础,合同总价不能变更。承包商在报价时对一切费用的上升因素都已作了估计并已包含在合同总价之中。合同总价一经双方同意确定之后,承包商就一定要完成合同规定的全部工作,承担一切不可预见的风险责任,而不能因工程量、设备、材料价格、工资等变化提出调整合同价格。对于业主,则必须按合同总价付给承包商款项,而不问实际工程量和成本的多少。但是,如果合同规定的条件,如设计和工程范围发生变化,可对总价进行调整。这种合同对于工程造价一次包死,简单省事,使发包人对工程总开支的计划更准确,在施工过程中也可以更有效地控制资金的使用。但对承包商来说,要承担较大的风险,如价格波动、气候条件恶劣、地质地基条件及其他意外困难等,所以报价往往较高。固定总价合同一般适用于工程项目确定、规模不大、结构不甚复杂、工期较短、技术要求明确的工程项目。

(2)可调总价合同。可调总价合同又称变动总价合同,合同价格是以图纸及规定、规范为基础,按照时价(Current Price)进行计算,得到包括全部工程任务和内容的暂定合同价格。它是一种相对固定的价格,在合同执行过程中,由于通货膨胀等而使所使用的工、料成本增加时,可以按照合同约定对合同总价进行相应的调整。当然,一般由于设计变更、工程量变化和其他工程条件变化所引起的费用变化也可以进行调整。因此,通货膨胀等不可预见因素的风险由业主承担,对承包商而言,其风险相对较小,但对业主而言,不利于其进行投资控制,突破投资的风险就增大了。须注意的是,在可调总价合同中,必须列有调价条款才可进行调值。

2. 单价合同

单价合同是最常见的合同种类,适用范围广,如 FIDIC 土木工程施工合同。我国的建设工程施工合同也主要是这一类。在这种合同中,承包商仅按合同规定承担报价的风险,即对报价(主要为单价)的正确性和适宜性承担责任,而工程量变化的风险由业主承担。由于单价合同风险分配比较合理,能够适应大多数工程,能调动承包商和业主双方的管理积极性。单价合同又分为固定单价合同和变动单价合同等形式。

单价合同的特点是单价优先，例如工程量清单计价的合同，业主给出的工程量表中的工程量是参考数字，而实际合同价款按实际完成的工程量和承包商所报的单价计算。虽然在投标报价、评标、签订合同中，人们常常注重合同总价格，但在工程款结算中单价优先，所以单价是不能错的。对于投标书中明显的数字计算的错误，业主有权先作修改再评标。

(1)固定单价合同。是指合同中确定的各项单价在工程实施期间不因价格变化而调整，而在每月(或每阶段)工程结算时，根据实际完成的工程量结算，在工程全部完成时以竣工图的工程量最终结算工程总价款。在招标前，发包人无须对工程范围作出完整的、详尽的规定，从而可以缩短招标准备时间，鼓励承包商通过提高工效等手段从成本节约中提高利润，业主只按工程量清单的项目开支，可减少意外开支，只需对少量遗漏的项目在执行合同过程中再报价，结算比较简单。固定单价合同主要适用于工期短、工程量变化幅度不会太大的项目。

(2)可调单价合同。变动单价合同的单价可调，一般在工程招标文件中进行规定。在合同中签订的单价，根据合同约定的条款，如在工程实施过程中物价发生变化等，可作调整。有的工程在招标或签约时，因某些不确定因素而在合同中暂定某些分部分项工程的单价，在工程结算时，再根据实际情况和合同约定合同单价进行调整，确定实际结算单价。

3. 成本加酬金合同

成本加酬金合同也称成本补偿合同，这是与固定总价合同正好相反的合同，工程施工的最终合同价格将按照工程的实际成本再加上一定的酬金进行计算。在合同签订时，工程实际成本往往不能确定，只能确定酬金的取值比例或者计算原则。

采用这种合同，承包商不承担任何价格变化或工程量变化的风险，这些风险主要由业主承担，对业主的投资控制很不利。而承包商则往往缺乏控制成本的积极性，常常不仅不愿意控制成本，甚至还会期望提高成本以提高自己的经济效益，因此这种合同容易被那些不道德或不称职的承包商滥用，从而损害工程的整体效益。所以，应该尽量避免采用这种合同。

(1)成本加固定费用合同。根据工程规模、估计工期、技术要求、工作性质及复杂性、所涉及的风险等，双方讨论同意确定一笔固定数目的报酬金额作为管理费及利润，对人工、材料、机械台班等直接成本则实报实销。其计算式为

$$C = C_d + F \tag{10-1}$$

式中 C——工程总造价；

C_d——实际发生的工程成本；

F——固定酬金(通常按估算的工程成本的一定百分比确定)。

如果设计变更或增加新项目，当直接费超过原估算成本的一定比例时，固定的报酬也要增加。在工程总成本一开始估计不准，可能变化不大的情况下，可采用此合同形式，有时可分几个阶段谈判付给固定报酬。这种方式虽然不能鼓励承包商降低成本，但为了尽快得到酬金，承包商会尽力缩短工期。有时也可在固定费用之外根据工程质量、工期和节约成本等因素，给承包商另加奖金，以鼓励承包商积极工作。

(2)成本加固定比例费用合同。工程成本中直接费加一定比例的报酬费,报酬部分的比例在签订合同时由双方确定。其计算式为

$$C = C_d(1 + P) \tag{10-2}$$

式中　P——固定的百分数；

其他符号意义同前。

这种方式的报酬费用总额随成本加大而增加,不利于缩短工期和降低成本。一般在工程初期很难描述工作范围和性质,或工期紧迫,无法按常规编制招标文件招标时采用。

(3)成本加奖罚合同。奖罚是根据报价书中的成本估算指标制定的,在合同中对这个估算指标规定一个底点和顶点,分别为工程成本估算的60%～75%和110%～135%。承包商在估算指标的顶点以下完成工程则可得到奖金,超过顶点则要对超出部分支付罚款。如果成本在底点之下,则可加大酬金值或酬金百分比。采用这种方式通常规定,当实际成本超过顶点对承包商罚款时,最大罚款限额不超过原先商定的最高酬金值。其计算表达式为

$$C = C_d + F \quad (C_d = C_0) \tag{10-3}$$

$$C = C_d + F + \Delta F \quad (C_d < C_0) \tag{10-4}$$

$$C = C_d + F - \Delta F \quad (C_d > C_0) \tag{10-5}$$

式中　C_0——签订合同时双方约定的预期成本；

ΔF——奖罚金额(可以是百分数,也可是绝对数,而且奖与罚可以是不同计算标准)；

其他符号意义同前。

在招标时,当图纸、规范等准备不充分,不能据以确定合同价格,而仅能制定一个估算指标时可采用这种形式。

(4)最大成本加费用合同。在工程成本总价合同基础上加固定酬金费用的方式,即当设计深度达到可以报总价的深度时,投标人报一个工程成本总价和一个固定的酬金(包括各项管理费、风险费和利润)。如果实际成本超过合同中规定的工程成本总价,由承包商承担所有的额外费用,若实施过程中节约了成本,节约的部分归业主,或者由业主与承包商分享,在合同中要确定节约分成比例。

此外还有目标合同,它是固定总价合同和成本加酬金合同相结合的形式,在发达国家,广泛应用于工业项目、研究和开发项目、军事工程项目中。目标合同以全包形式承包工程,通常合同规定承包商对工程建成后的生产能力或功能、工程总成本、工期目标承担责任。若工程投产后的规定时间内达不到预定生产能力,则按一定的比例扣减合同价款;若工期拖延,则承包商承担工期拖延违约金;若实际总成本低于预定总成本,则节约的部分按预定比例奖励承包商,反之,则由承包商按比例承担。

由于采用这类合同时承包人在工程项目实施中不承担合同风险,而业主承担了全部量、价的风险,业主无法对工程项目的总造价实行有效控制,所以在使用上受到严格控制,主要适用于抗震救灾等比较紧急的项目或技术特别复杂的项目。

10.1.2　合同类型的选择方法

在实际工程中,合同计价方式有多种,不同种类的合同往往有不同应用条件和范围,

以及不同的权责利分配方式、不同的付款方式、不同的风险分担模式。合同类型的选择应结合具体项目情况进行，如表10-1所示，并考虑以下因素：

(1)设计深度与工程项目准备时间呈正比关系，随着设计深度的加深，相应的合同类型选择由成本加酬金合同、单价合同到固定价格合同。

(2)工程项目规模。规模小和复杂程度低，外部环境比较简单，可选择的合同类型就较多；工程项目规模大，复杂程度高，相应的合同类型宜选用单价合同。

(3)如果合同条件不完善，承包人的项目管理水平较低、项目管理方式比较落后，则采用成本加酬金的合同方式较为合适。

(4)当对工程项目的风险和投资概算准确性有特殊要求时，则采用固定总价合同较为合适。

表10-1　合同类型选择方法

合同类型		总价合同	单价合同	成本加酬金合同
概念		合同中确定项目总价，承包单位完成项目全部内容，可以分为固定总价合同和可调总价合同	按分部分项的工程量表确定各分部分项工程费用，可以分为固定单价合同和可调单价合同	业主除支付实际成本外，再按某一方式支付酬金，可以分为成本加固定费用合同、成本加固定比例费用合同、成本加奖罚合同、最大成本加费用合同
风险承担		风险由承包人承担	风险由承发包双方分担	风险由业主承担
选择标准	项目规模和工期长短	规模小，工期短	规模和工期适中	规模大，工期长
	项目的竞争情况	激烈	正常	不激烈
	项目的复杂程度	低	中	高
	单项工程的明确程度	类别和工程量都很清楚	类别清楚，工程量有出入	类别与工程量都不甚清楚
	项目准备时间的长短	长	中	短
	项目的外部环境因素	良好	一般	恶劣

课题10.2　建设工程合同策划

建设工程合同策划对整个工程项目实施有着重大影响，合同总体策划，应充分考虑工程项目特点、业主资金状况、业主要求、工程建设条件及承包人的技术管理水平等。正确的合同策划能保证工程的各个合同顺利履行,减少合同争议和纠纷,提高效率,保证工程项目目标的实现。

10.2.1 业主的合同策划

业主是工程合同的付款方,在合同的实施中占有主导地位,对其他各方的合同策划也会产生影响。从业主角度进行建筑工程合同策划,其主要内容包括下列几个方面。

10.2.1.1 承发包方式的选择

1. 分散平行承包

分散平行承包即业主将设计、设备供应、土建、电器安装、机械安装、装饰等工程施工分别委托给不同的承包商。各承包商分别与业主签订合同,各承包商之间没有合同关系。其特点是:

(1)业主有大量的管理工作,有许多次招标,需作比较精细的计划及控制,因此项目前期需要比较充裕的时间。

(2)业主负责各承包商之间的协调工作,对各承包商由于互相干扰所造成的问题承担责任。由于不确性因素的影响及协调难度大,因而这种承包方式的合同争执较多,工期长、索赔多。

(3)该承包方式要求业主管理和控制较细,业主必须具备较强的项目管理能力。

(4)对于大型工程项目,该承包方式使业主面对众多承包商,管理跨度大,协调困难,易造成混乱和失控,且业主管理费用增加,导致总投资增加和工期延长。

(5)采用这种承包方式,业主可以分阶段进行招标,可以通过协调和项目管理加强对工程的干预。同时承包商之间存在着一定的制衡。

(6)采用这种承包方式,项目的计划和设计必须周全、准确、细致。这样各承包商的工程范围容易确定,责任界限比较清楚。

2. 全包

全包(又称统包,一揽子承包,设计 - 建造及交钥匙工程)合同,即由一个承包商承包建筑工程项目的全部工作,并向业主承担全部工程责任,包括设计、供应、各专业工程的施工,甚至包括项目前期筹划、方案选择、可行性研究和项目建设后的运营管理。该承包方式的特点是:

(1)减少业主面对的承包商数量和事务性管理工作。业主提出工程总体要求,进行宏观控制、验收成果,通常不干涉承包商的工作,因而合同纠纷和索赔较少。

(2)方便协调和控制,减少大量的重复性的管理工作,信息沟通方便、快捷、准确。全包有利于施工现场管理,减少中间环节,从而可减少费用和缩短工期。

(3)业主的责任体系完备,避免各种干扰,对业主和承包商都有利,工程整体效益高。

(4)业主必须选择资信度高、实力强,适宜全方位工作的承包商,他不仅需具备各专业工程的施工力量,而且尚需很强的设计、管理、供应,乃至项目策划和融资能力。

同时,也可采用分散平行承包与全包之间的中间形式,即将工程委托给几个承包商,如设计、施工、供应等承包商。

10.2.1.2 招标方式的选择

国际上经常采用的招标方式有公开招标、邀请招标和议标。《中华人民共和国招标投标法》规定,招标分为公开招标和邀请招标。业主应根据工程项目的特点和实际情况进行合理的选择,使之为后续的工程项目管理工作打好基础。

10.2.1.3 合同种类的选择

合同的计价方式有很多种,不同种类的合同有不同的应用条件、不同的权利和责任分配、不同的付款方式,同时合同双方的风险也不同,应依具体情况选择合同类型。

10.2.1.4 重要合同条款的确定

业主应正确地对待合同,对合同的要求要合理,但不应苛求。业主处于合同的主导地位,由其起草招标文件,并确定一些重要的合同条款。主要有:

(1)适用于合同关系的法律,以及合同争执仲裁的地点、程序等。

(2)付款方式。如采用进度付款、分期付款、预付款或由承包商垫资承包。这由业主的资金来源保证情况等因素决定。让承包商在工程上过多地垫资,会对承包商的风险、财务状况、报价和履约积极性有直接影响。当然如果业主超过实际进度预付工程款,在承包商没有出具保函的情况下,又会给业主带来风险。

(3)合同价格的调整条件、范围、调整方法,特别是由于物价上涨、汇率变化、法律变化、关税变化等对合同价格调整的规定。

(4)合同双方风险的分担。即将工程风险在业主和承包商之间合理分配。基本原则是,通过风险分配激励承包商,控制风险,取得最佳经济效益。

(5)对承包商的激励措施。

(6)业主在工程施工中对工程的控制是通过合同实现的,合同中必须设计完备的控制措施,以保证对工程的控制,如变更工程的权力;对计划的审批和监督权力;对工程质量的检查权;对工程付款的控制权;当施工进度拖延时,令其加速的权力;当承包商不履行合同责任时,业主的处理权等。

10.2.2 承包商的合同策划

承包商的合同策划服从于承包商的基本目标和企业经营战略,同时考虑业主和其他参与方的众多因素,其合同策划主要内容包括以下几方面。

10.2.2.1 投标的选择

承包商必须就投标方向作出战略决策,其决策取决于市场情况。承包商投标方向的确定要最大限度地发挥自身的优势,符合其经营战略,但同时要量力而行,不要企图承包超过自己施工技术水平、管理能力和财务能力的工程及没有竞争力的工程。

10.2.2.2 合同风险的评价

一般地,若工程存在下述问题,则工程风险大:

(1)工程规模大,工期长,而业主要求采用固定总价合同形式。

(2)业主仅给出初步设计文件让承包商做标,图纸不详细、不完备,工程量不准确、范围不清楚,或合同中的工程变更赔偿条款对承包商很不利,但业主要求采用固定总价合同。

(3)业主将做标期压缩得很短,承包商没有时间详细分析招标文件,而且招标文件为外文,采用承包商不熟悉的合同条件。

(4)工程环境不确定性因素多,且业主要求采用固定价格合同。

10.2.2.3 承包方式的选择

任何一个承包商都不可能独立完成全部工程,不仅是能力所限,还由于这样做也不经济。在总承包投标前,他就必须考虑与其他承包商的合作方式,以便充分发挥各自在技术、管理和财力上的优势,并共担风险。他与其他承包商的合作可采用分包和联营承包的方式。

10.2.2.4 合同执行战略

合同执行战略是承包商按企业和工程具体情况确定的执行合同的基本方针,主要考虑以下因素:

(1)企业必须考虑该工程在企业同期许多工程中的地位、重要性,确定优先等级。对重要的有重大影响的工程,如对企业信誉有重大影响的创品牌工程,大型、特大型工程,以及企业准备发展业务的地区的工程,必须全力保证,在人力、物力、财力上优先考虑。

(2)承包商必须以积极合作的态度热情圆满地履行合同。在工程中,特别在遇到重大问题时积极与业主合作,以赢得业主的信赖,赢得信誉。例如在中东,有些合同在签订后,或在执行中遇到不可抗力(如战争、动乱),按规定可以撕毁合同,但有些承包商理解业主的困难,暂停施工,同时采取措施,保护现场,降低业主损失。待干扰事件结束后,继续履行合同。这样不仅保住了合同,取得了利润,而且赢得了信誉。

(3)对明显导致亏损的工程,特别是企业难以承受的亏损,或业主资信不好,难以继续合作,有时不惜以撕毁合同来解决问题。有时承包商主动地中止合同,比继续执行一份合同的损失要小。特别当承包商已跌入“陷阱”中,合同不利,而且风险已经发生时。

(4)在工程施工中,由于非承包商责任引起承包商费用增加和工期拖延,承包商提出合理的索赔要求,但业主不予解决。承包商在合同执行中可以通过控制进度,通过直接或间接地表达履约热情和积极性,向业主施加压力和影响以求得合理的解决。

【案例10-1】 20世纪90年代末,某世界银行贷款项目,工程位于南亚某国西南部,气候炎热潮湿,雨量充沛。该项目是60 km旧公路改造工程,业主为RHD公司,开工日期为1998年5月12日,工期365日,预付款20%合同额,保留金为合同额的5%。本合同特点是不按物价调整的单价合同。承包人是中国某专业公司,为继续经营该国的公路承包市场,利用已进入该国的施工设备,投标时确定了“以低标价竞标,从合同管理中取得利润”的方针。

标前,该公司的现场投标人员了解到“双层表处”是不适用于炎热潮湿而又多雨气候的地方,但是招标文件要求是“双层表处”,于是承包人将“双层表处”的单价设定为成本价,将基层、底基层的单价抬高,并将单价分析中的相应设备利润率作适当调整,以便设计变更时调价处于优势。

在项目执行中,承包人用实际调查的大量资料,终于使业主同意取消“双层表处”,改为沥青混凝土路面结构。业主为了不突破投资,想以减少基层、底基层的数量来解决这个问题。但是,在合同条款中规定:变更的幅度如果超过总价的1%,且超过单项价格的

25%，则承包人可以要求调整价格。由于投标人事先作了充分准备，在变更设计单价谈判中，始终处于主动地位、有利地位，最终赢得了满意的合同单价。

案例分析：该案例中公路改造项目在招标文件推荐“双层表处”的面层结构，该项目地处雨水多，潮湿、炎热的南亚某国西南部，承包人在投标前已掌握了“双层表处”路面不适宜于该地区的资料，并且有说服业主改变路面结构设计可能性。基于这种考虑，承包人在编标做价时将“双层表处”的单价降低，与此同时，将基层和底层的单价提高，结果承包人以低价中标。在执行合同中，承包人以详细而有说服力的实际调查资料去做业主的工作，业主最终采纳了承包人的建议，变更路面结构设计，承包人获得较好的收益。该案例中承包人掌握了可靠有说服力的技术资料，敢于冒一定风险，即存在变更设计的可能性，但不等于就会变更。同时，在编制单价时又采取了不平衡报价，几种手段并用，取得了理想的效果。

课题 10.3　建设工程合同风险管理

10.3.1　风险的概念及分类

10.3.1.1　风险的基本概念

风险一般是指从事某项特定活动中因不确定性而产生的经济或者财务损失、自然环境破坏或者损伤的可能性。工程项目的风险是指在工程项目整个寿命周期内发生的、对工程建设项目目标（工期、成本和质量）的实现和生产运营可能产生干扰的不确定性影响，或可能导致项目受到损失或损害的事件。

大中型建设项目一般投资大、周期长，在工程建设和生产过程中充满风险，风险具有普遍性和不确定性。风险在整个项目的生命周期中都存在。为此，加强风险管理工作对于提高工程项目的风险意识、掌握风险识别技术、开展风险评估与分析、及时防范和化解工程风险、提高建设管理水平和投资效益，都具有特别重要的意义。

10.3.1.2　风险的特点

风险的特点：随机性、复杂性和变动性等。

10.3.1.3　风险的分类

风险按照产生的原因可分为：

（1）政治风险。诸如政治不稳定，战乱，国家对外关系政策频频变动。

（2）经济风险。如国家经济政策的变化、国家经济发展状况、产业结构调整、银根紧缩、物价上涨、关税提高、外汇汇率波动、通货膨胀、金融风暴等。

（3）法律风险。如国内的法律修改，有些方面法律不完善。在国际工程中东道国法律的健全程度，执法情况，以及双方对法律的理解不当和明显带有狭隘的地方保护主义色彩的法令规章制度都会给项目的实施带来风险。

（4）自然风险。如台风、地震、洪涝、干旱、恶劣反常的雨、雪天气，以及难以探测的复杂的地质地貌。

（5）合同风险。合同条款的不完备性，合同履行过程中双方可能出现的一些纠纷等。

(6)社会风险。诸如宗教信仰的影响和冲击、社会治安的稳定性、社会的禁忌、劳动者的文化素质、社会风气等。此外还有合作者的风险以及一些主观风险,如工作人员的不良企图或重大过失。

10.3.2 风险管理

工程项目施工的风险管理程序主要包括风险识别、风险估计、风险评价、风险决策及风险监测五个环节,这几个环节不断循环往复构成了一个有机的风险管理系统。下面就这几个环节分别陈述。

10.3.2.1 风险识别

风险识别是对潜在的和客观存在的各种风险进行系统的、连续的识别和归类,并分析产生风险事故的原因和过程,其目的是帮助决策者发现风险和识别风险,为决策减少风险损失,提高决策的科学性、安全性和稳定性。风险识别包括收集资料、估计项目风险形势和根据直接或间接的症状识别潜在的风险。风险识别的主要方法有检查表法、头脑风暴法、流程图法、德尔菲法、SWOT分析法、幕景分析法、事件树法、事故树法等。

10.3.2.2 风险估计

风险估计是对识别的风险源估计潜在损失的规模和损失发生的可能性,为确定风险管理对策的最佳组合提供依据。风险估计包括定性估计和定量估计,定性分析方法是运用风险估计者的知识、经验,理智地对工程项目风险作出主观判断的方法。常用的定性分析方法有集合意见法、德尔菲法、层次分析法和事故树分析法等。风险估计的定量分析法是根据过去实际的风险数据,运用统计方法和数学模型进行计算,对工程项目的风险作出定量估算。定量估计的方法有风险指数法、概率法、模糊论法等。两类方法结合在一起运用可以提高对工程项目管理风险事件预见的准确率。

10.3.2.3 风险评价

风险评价是把风险发生的可能性、损失严重程度,结合其他因素综合起来考虑,得出项目发生风险的危害程度,再与风险的评价标准比较,确定项目的风险等级,然后根据项目的风险等级,决定是否需要采取控制措施,以及控制措施采取到什么程度。评价的主要步骤包括:确定风险评价标准;确定评价时的工程项目风险水平;将工程项目的风险水平与风险评价标准进行比较;确定其风险等级是否在可接受的范围之内。风险评价方法有定性和定量两大类,常用的风险评价方法包括层次分析法、模糊数学法、敏感性分析法、道氏指数法、影响图法。

10.3.2.4 风险决策

风险决策是指根据风险管理的目标和宗旨,合理选择风险管理工具,制订出处置风险的总体方案的活动,对项目风险提出处置意见和方法,尽可能把风险造成的损失降低到最低限度。风险决策的程序包括确定风险管理目标、拟订风险处理方案、确定最佳风险处理方案进行风险回应。风险决策中风险回应的措施包括风险回避、风险转移、风险降低、风险自留以及这些策略的组合。

1. 风险回避

风险回避是指考虑到风险存在和发生的可能性,主动放弃或拒绝实施可能导致风险损失的方案。风险回避具有简单易行、全面彻底的优点,能将风险的概率降低到零,但回避风险的同时也放弃了获得收益的机会。

风险回避在签订合同前的谈判以及国际工程中的议标中经常采用。特别是对一些工程项目,利润率在激烈的竞争下可能很低,而且所涉及的政治地缘、经济或者自然环境复杂,项目所采用的施工技术又非本企业所长,这样的项目失败的概率极大,承包商可以选择风险回避而不参与投标。此外在施工过程中,土石方工程施工避开梅雨季节,围堰工程避开洪水时期,都是风险回避的常见方式。

2. 风险转移

风险转移是通过合同或非合同的方式将风险转嫁给另一个人或单位的一种风险处理方式。风险转移并不能减小风险的危害程度,它只是使风险造成损失的承担发生转移。一般来说,风险转移的方式可以分为非保险转移和保险转移。

非保险转移是指通过订立经济合同,将风险以及与风险有关的财务结果转移给别人。在工程建设领域中,合同条款中风险责任界定就是明显的例证。

保险转移是指通过订立保险合同,将风险转移给保险公司(保险人)。个体在面临风险的时候,可以向保险人交纳一定的保险费,将风险转移。一旦预期风险发生并且造成了损失,则保险人必须在合同规定的责任范围之内进行经济赔偿。工程保险就是通过保险的方式转移风险,使得工程建设参与方在遇到重大意外损失时,可以通过获得保险公司的赔偿而使所受到的损失减免。虽然保险存在着许多优点,通过保险来转移风险是最常见的风险管理方式,但是需要指出的是,并不是所有的风险都能够通过保险来转移,可保风险必须符合一定的条件。

3. 风险降低

风险降低也称风险缓和,就是采取有效措施减轻损失发生时或者发生后的损失程度。降低风险的一种常用方法是风险分担。风险降低可采取的控制措施主要有:①事前对全体雇员(上至公司领导阶层,下至一线工人)进行培训教育并制订风险发生时候的应急措施;②事中进行紧急控制使损失最小化;③风险事件发生后做好善后处理及索赔工作并进行经验总结,力求制定更完善的风险管理系统。在工程实践中,特别是在地质构造复杂或者自然环境恶劣的情况下,对出现的紧急情况,必须努力使风险降到最小。

4. 风险自留

风险自留也称为风险承担或者风险接受,是指企业自己非理性或理性地主动承担风险,即指一个企业以其内部的资源来弥补损失。其主要针对那些发生后造成损失较小、重复性较高的风险。风险自留目前在发达国家的大型企业中较为盛行。

风险自留把项目风险保留在风险管理主体内部,通过采取内部控制措施等来化解风险或者对这些保留下来的项目风险不采取任何措施。风险自留与其他风险对策的根本区别在于:它不改变项目风险的客观性质,即既不改变项目风险的发生概率,也不改变项目风险潜在损失的严重性。

10.3.2.5 风险监测

风险监测是指通过对项目风险发展变化的观察和掌握,评估风险危险程度和风险处理策略及措施的效果,并针对出现的问题及时采取措施的过程。风险监测的主要内容有:

工程项目风险处理措施是否按计划正在实施,是否像预期的那样有效,是否需要制订新的风险处理措施;工程项目风险的发展变化是否与预期的一致;已识别的风险哪些已经发生,哪些正在发生,哪些可能在后面发生;是否出现了新的风险因素和新的风险事件以及它们的发展变化趋势。工程项目风险监控方法主要有审核检查法、横道图法、S曲线法、控制图法、费用偏差分析法和风险图表法等。

课题 10.4　建设工程担保与管理

10.4.1　工程担保的概念及作用

10.4.1.1　工程担保的概念

工程建设领域存在很多风险,建设工程合同当事人一方为避免因对方违约或其他违背诚实信用原则的行为而遭受损失,往往要求另一方当事人提供可靠的担保,以维护建设工程合同双方当事人的利益,这种担保即为建设工程担保(简称工程担保),因此而签订的担保合同,即为工程担保合同。所谓建设工程担保合同,就是指义务人(发包人或承包人)或第三人与权利人(承包人或发包人)签订的,为保证建设工程合同全面、正确履行而明确双方权利义务关系的协议。

工程担保在国外已有100多年的历史,目前在国际上得到广泛应用,成为控制建设工程风险的国际惯例,被称为绿色担保。作为建设工程管理体制改革的一项重要配套措施,早在1999年,建设部就将建立工程担保和工程保险作为工程风险管理制度列为深化改革的十项内容之一。2004年8月6日建设部下发了《关于在房地产开发项目中试行建设工程合同保证担保的若干规定(试行)》(137号文)的通知,第一次对建设工程保证担保作了较为全面系统的规定,规定工程担保分为投标担保、业主工程款支付担保、承包商履约担保和承包商付款担保,工程的担保人应是银行金融机构、专业担保公司,工程建设合同担保的担保费可计入工程总价。

10.4.1.2　工程担保的作用

工程担保的作用集中体现在规范建设市场行为、提高从业者素质上,具体体现在以下几方面:①减少业主对工程款的拖欠。一旦业主拖欠或不给工程款,承包商可以直接从担保机构拿到工程款。②确保业主根本利益。在要求承包商提供履约担保的同时提供付款担保,使承包商按照合同支付供应商材料款、分包商工程款以及农民工工资等,从而减少工程纠纷。③遏止恶性竞争。推行工程担保,使那些实力强、信誉好的建设开发企业容易取得担保机构的担保,从而将一些依靠低于成本标价竞标的承包商过滤掉。④预防腐败。工程担保如果发挥了以上作用,最终会在建筑市场起到预防腐败的作用。

工程建设管理的最终目标是保证工程质量和施工安全,保证工程建设的顺利完成。由于工程担保引入了第三方保证,因此可为上述目标的实现提供更加有力的保障,进而提高整个建设行业的管理水平。

10.4.2　工程投标担保

建设工程投标担保是指投标人在投标前或投标同时向招标人提供的保证担保,一般按招标文件要求规定进行。根据《工程建设项目施工招标投标办法》规定，施工投标保证金的数额一般不得超过投标总价的2%，最高不得超过80万元人民币。投标保证金有效期应当超出投标有效期30天。投标人不按招标文件要求提交投标保证金的，该投标文件将被拒绝，作废标处理。

根据《工程建设项目勘察设计招标投标办法》规定，招标文件要求投标人提交投标保证金的，保证金额一般不超过勘察设计投标报价的2%，最多不超过10万元人民币。国际上常见的投标担保的保证金为2%~5%。

10.4.2.1 投标担保的形式

投标担保可以采用保证担保、抵押担保等方式，其具体的形式有很多种，通常有现金、保兑支票、银行汇票、现金支票、不可撤销信用证、银行保函、由保险公司或者担保公司出具投标保证书等几种。

10.4.2.2 投标担保的作用

投标担保的主要目的是保护招标人不因中标人不签约而蒙受经济损失。投标担保要确保投标人在投标有效期内不要撤回投标书，以及投标人在中标后保证与业主签订合同并提供业主所要求的履约保函、预付款担保等。投标担保在一定程度上可以起到筛选投标人的作用。

10.4.2.3 担保的期限

投标保证担保的保函或保证书或保证金有效期应当超出投标有效期28天。不同的项目可以有不同的规定，具体应在招标文件中明确。

10.4.3 履约担保

10.4.3.1 履约担保的概念

履约担保是指招标人在招标文件中规定的要求中标的投标人提交的保证履行合同义务和责任的担保。

履约担保的有效期始于工程开工之日，终止日期则可以约定为工程竣工交付之日或者保修期满之日。由于合同履行期限应该包括保修期，履约担保的时间范围也应该覆盖保修期，如果确定履约担保的终止日期为工程竣工交付之日，则需要另外提供工程保修担保。

10.4.3.2 履约担保的形式

履约担保一般有三种形式：银行履约保函、履约担保书和保留金。保留金主要适用于保修期内的工程保修担保。

1. 银行履约保函

银行履约保函是由商业银行开具的担保证明，通常为合同金额的10%左右。银行保函分为有条件的银行保函和无条件的银行保函。

有条件的银行保函是在承包人没有实施合同或者未履行合同义务时，由发包人或监理工程师出具证明说明情况，并由担保人对已执行合同部分和未执行部分加以鉴定，确认后才能收兑银行保函，由招标人得到保函中的款项。建筑行业通常倾向于采用这种形式的保函。

无条件的银行保函是指在承包人没有实施合同或者未履行合同义务时,发包人不需要出具任何证明和理由,只要看到承包人违约,就可对银行保函进行收兑。

2. *履约担保书*

履约担保书的担保方式是:当承包人在履行合同中违约时,开出担保书的担保公司或者保险公司用该项担保金去完成施工任务或者向发包人支付该项保证金。工程采用项目保证金提供担保形式的,其金额一般为合同价的30% ~50%。承包人违约时,由工程担保人代为完成工程建设的担保方式,有利于工程建设的顺利进行,因此是我国工程担保制度探索和实践的重点内容。

3. *保留金*

保留金是指在发包人根据合同的约定,每次支付工程进度款时扣除一定数目的款项,作为承包人完成其修补缺陷义务的保证。保留金一般为每次工程进度款的10%,但总额一般应限制在合同总价款的5%(通常最高不得超过10%)。一般在工程移交时,发包人将保留金的一半支付给承包人;质量保修期满1年(一般最高不超过2年)后14天内,将剩下的一半支付给承包人。

10.4.3.3 履约担保的作用

履约担保在很大程度上促使承包商履行合同约定,完成工程建设任务,从而有利于保护业主的合法权益。一旦承包人违约,担保人要代为履约或者赔偿经济损失。

履约保证金额的大小取决于招标项目的类型与规模,但必须保证承包人违约时,发包人不受损失。在投标须知中,发包人要规定使用哪一种形式的履约担保。承包人应当按照招标文件中的规定提交履约担保。没有按照上述要求提交履约担保的发包人将把合同授予次低标者,并没收投标保证金。

10.4.4 预付款担保

10.4.4.1 预付款担保的含义

建设工程合同签订以后,发包人往往会支付给承包人一定比例的预付款,一般为合同金额的10%,如果发包人有要求,承包人应该向发包人提供预付款担保。预付款担保是指承包人与发包人签订合同后领取预付款之前,为保证正确、合理使用发包人支付的预付款而提供的担保。

10.4.4.2 预付款担保的形式

1. *银行保函*

预付款担保的主要形式即银行保函。预付款担保的担保金额通常与发包人的预付款是等值的。预付款一般逐月从工程预付款中扣除,预付款担保的担保金额也相应逐月减少。承包人在施工期间,应当定期从发包人处取得同意此保函减值的文件,并送交银行确认。承包人还清全部预付款后,发包人应退还预付款担保,承包人将其退回银行注销,解除担保责任。

2. *发包人与承包人约定的其他形式*

预付款担保可由保证担保公司担保,或采取抵押等担保形式。

3. 预付款担保的作用

预付款担保的主要作用在于保证承包人能够按合同规定进行施工，偿还发包人已支付的全部预付金额。如果承包人中途毁约，中止工程，使发包人不能在规定期限内从应付工程款中扣除全部预付款，则发包人作为保函的受益人有权凭预付款担保向银行索赔该保函的担保金额作为补偿。

10.4.5 支付担保

10.4.5.1 支付担保的概念

支付担保是指应承包人的要求，发包人提交的保证履行合同中约定的工程款支付义务的担保。

10.4.5.2 支付担保的形式

支付担保通常采用银行保函、履约保证金、担保公司担保、抵押或者质押等形式。

发包人支付担保应是金额担保。实行履约金分段滚动担保。担保额度为工程总额的20% ~25%。本段清算后进入下段。已完成担保额度，发包人未能按时支付，承包人可依据担保合同暂停施工，并要求担保人承担支付责任和相应的经济损失。

10.4.5.3 支付担保的作用

支付担保的主要作用是通过对发包人资信状况进行严格审查并落实各项反担保措施，确保工程费用及时支付到位；一旦发包人违约，付款担保人将代为履约。上述对工程款支付担保的规定，对解决我国建筑市场上工程款拖欠问题具有特殊重要的意义。

【阅读材料】

国外工程担保人的主要模式

在国际上，担保人大体上有如下几种模式：①由银行充当担保人，出具银行保函(Bank Guarantee)。银行保函是银行向权利人签发的信用证明。若被担保人因故违约，银行将付给权利人一定数额的赔偿金。银行保函是欧洲传统的担保模式，现已被大多数国家所采用。②由保证保险公司或专门的担保公司充当担保人，开具担保书(Surety Bond)。美国是这种“美式担保”的主要国家。在美国，法律规定银行不能提供担保，90%以上的工程担保由保证保险公司(保险公司有3 000多家，大多设有担保部)承担；保证保险公司和专门的担保公司都由财政部批准。专门的担保公司一般规模都不大，按资金实力实行分等级担保。③由一家具有同等或更高资信水平的承包商作为担保人，或者由母公司为其子公司提供担保。如日本的《建设业法》规定：发包人在建设工程承包合同中，如果工程价款全部或部分以预付款形式支付，可要求建设业者在预付款支付之前提供保证人担保。保证人必须具备下列条件之一：一是建设业者不履行义务时承担支付延误利息、违约金及其他经济损失的保证人，二是保证代替建设业者由自己完成该工程的其他建设业者。④“信托基金”模式，即业主将一笔信托基金交受托人保存，并签订信托合同。若业主因故不能支付工程款，则承包商可从受托人那里得到相应的损失赔偿。

课题 10.5 建设工程保险与管理

10.5.1 工程保险的概念和种类

10.5.1.1 工程保险的概念

工程保险是指通过工程参与各方购买相应的保险,将风险因素转移给保险公司以求在意外事件发生时,其蒙受的损失能得到保险公司的经济补偿。在发达国家和地区工程保险是工程风险管理采用较多的方法之一。

工程保险起源于20世纪30年代的英国。1929年,英国对泰晤士河上兴建的拉姆贝斯大桥提供了建筑工程一切险保险,开创了工程保险的先例。英国也是最早制定保险法律的国家。第二次世界大战后,欧洲进行了大规模的恢复生产、重建家园的活动,使工程保险业务得到了迅速发展。一些国家组织在援助发展中国家兴建水利、公路、桥梁以及工业与民用建筑的过程中,也要求通过工程保险来提供风险保障。特别是在国际咨询工程师联合会(FIDIC)将其列入施工合同条款后,工程保险制度在许多国家都迅速发展起来。

10.5.1.2 工程保险的种类

保险通常分为三大类:人身保险(包括人寿保险、健康保险及伤害保险等)、财产保险(又分为财产损失险和责任保险)、信用保险与保证保险。工程保险同这三类保险均有关。

工程保险分为强制性保险和自愿性保险。所谓强制性保险,就是按照法律的规定,工程项目当事人必须投保的险种,但投保人可以自主选择保险公司。所谓自愿性保险,则是根据自己的需要自愿参加的保险,其赔偿或给付的范围以及保险条件等,均由投保人与保险公司根据签订的保险合同确定。下面就国内外工程保险常见的种类进行简要介绍。

1. 建筑工程一切险

建筑工程一切险是对工程项目提供全面保险的险种。它既对施工期间的工程本身、施工机械、建筑设备所遭受的损失予以保险,也对因施工给第三者造成的人身、财产伤害承担赔偿责任(第三者责任险是建筑工程一切险的附加险)。被保险人包括业主、承包商、分包商、咨询工程师及贷款的银行等。如果被保险人不止一家,则各家接受赔偿的权利以不超过对保险标的可保利益为限。建筑工程一切险的保险率视工程风险程度而定,一般为合同总价的0.2%~0.6%。

建筑工程保险的保险责任期限一般采用工期保险单,即以工期的长短来作为确定保险责任期限的依据,由保险人承保从开工之日起到竣工验收合格的全过程。但对大型、综合性建筑工程,如有各个子工程分期施工的情况,则应分项列明保险责任的起讫期。根据建筑工程的种类和进程,可以将合同工程划分为以下几个时期:一是工程建造期,即从开工之日起至通过检验考核之日止;二是工程保证期,即从检验考核通过之日起至建筑合同规定的保险期满日止。保险人在承保时,可以只保一个责任期,也可以连同建筑工程保证期一并承保。

2. 安装工程一切险

安装工程一切险适用于以安装工程为主体的工程项目(土建部分不足总价20%的,按安装工程一切险投保;超过50%的,按建筑工程一切险投保;为总价20%～50%的,按附带安装工程险的建筑工程一切险投保),亦附第三者责任险。安装工程一切险的费率也要根据工程性质、地区条件、风险大小等因素而确定,一般为合同总价的0.3%～0.6%。

3. 雇主责任险和人身意外伤害险

所谓雇主责任险,是雇主为其雇员办理的保险,以保障雇员在受雇期间因工作而遭受意外,导致伤亡或患有职业病后,将获得医疗费用、伤亡赔偿、工伤假期工资、康复费用以及必要的诉讼费用等。

人身意外伤害险与雇主责任险的保险标的相同,但两者之间又有区别:雇主责任险由雇主为雇员投保,保费由雇主承担;人身意外伤害险的投保人可以是雇主,也可以是雇员本人。雇主责任险和人身意外伤害险构成的伤害保险,在国际上通常为强制性保险。

4. 十年责任险和两年责任险

十年责任险和两年责任险均属于工程质量保险,主要针对工程建成后使用周期长、承包商流动性大的特点而设立,为合理使用年限内工程本身及其他有关人身财产提供保障。如法国的《建筑职责与保险》中规定,工程项目竣工后,承包商应对工程主体部分在十年内承担缺陷保证责任,对设备在两年内承担功能保证责任。保险公司为了不承担或少承担维修费用,将在施工阶段积极协助或监督承包商进行全面质量控制,以保证工程质量不出问题。承包商则为了声誉和少付保险费,也会加强质量管理,努力提高工程质量。

5. 职(执)业责任险

在国外,建筑师、结构工程师、咨询工程师等专业人士均要购买职(执)业责任险(亦称专业责任保险、职业赔偿保险或业务过失责任保险),对因他们的失误或疏忽而给业主或承包商造成的损失,将由保险公司负责赔偿。如美国,凡需要承担职(执)业责任的有关人员,如不参加保险,就不允许执业。

10.5.2 工程保险的投保

10.5.2.1 投保方式

常见的投保方式包括建设项目业主统一安排投保和由承包商单独投保等。

建设项目业主统一安排投保优点在于:通过统一安排保险,能够对整个建设项目的风险管理和风险转移有充分的控制权;建设项目业主自己办理,对保险费的支出和赔款的处置拥有充分的主动权;统一办理可防止保险多头办理造成的保障重复或保障脱节;如同"批发与零售"的关系,建设项目业主统一投保可以节约保险费支出;发生理赔案后,索赔简单,减少争议,可以充分保障建设项目业主的利益。缺点在于建设项目业主为安排保险需做大量事务性工作,消耗大量的精力。

由承包商单独投保优点在于:建设项目业主指定由承包商出面投保,并在承包价中包括保险费预算,免除了建设项目业主的大量事务性工作,承包商自主性较强。缺点在于建设项目业主可能对工程保险的具体安排失去控制,如保险保障不全面、不了解承包商与保险人所确定的具体条件等;承包商也可能会通过选择资信较差的保险公司、降低保险金额、减少保险责任的方法以节约开支,致使工程项目得不到切实和充分的保险保障。

10.5.2.2 保险公司的选择

较大的工程项目,所涉及的保险金额大,往往成为许多保险公司营业的目标。面对众多的保险公司进行选择时,应该考虑以下因素:①保险公司的资信能力。一般来讲工程保险所承保建设项目具有规模宏大、技术复杂、造价昂贵和风险期限较长等诸多特点,对保险公司在承保及理赔方面的技术要求均较高。为保障被保险人的利益,国家对保险公司的承保能力和范围都作了明确的规定,应当根据工程的规模选择与其承包能力相适应的保险公司。②保险公司的信誉,应调查了解保险公司的信誉,看其是否有违约事件,或者保险业务中止的可能。③业主所在国家对工程投保的规定。有些工程,业主所在国家没有限制性规定的,应争取在国内投保;对方限制十分严格的,可争取该国保险公司与中国人民保险公司联合承保,或由中国人民保险公司进行分保;还有一种是以所在国家的一家保险公司名义承保,而实际全部由中国人民保险公司承保,当地保险公司充当中国人民保险公司的前方代理,仅收取一定的佣金。特别是由中国人民保险公司与当地保险公司联合承保时,中国人民保险公司可以承担赔偿责任,避免外国保险公司推卸责任。

10.5.2.3 保险合同的办理

在保险合同的办理中,应做好以下几个方面的工作:

(1)如实准确地填报保险公司的调查报表。

(2)在办理保险手续填报工程情况时应严肃认真,绝不能为了争取降低保险费率而隐瞒情况;否则一旦发生事故,保险公司将全部或部分推卸责任。

(3)分析研究保险合同条款,对保险条款,涉及保险范围、除外责任、保险期、保险金额、免赔额、保险费、被保险人义务、索赔、赔款、争议和仲裁等内容在签约前双方进行详细探讨,并逐条修改或补充,取得共同一致意见。

10.5.2.4 事故预防与工程保险的索赔

工程建设过程中,要重视对被保险人的教育,要积极预防事故并防止其扩大。对于一些大型的项目所涉及的保险金额高,保险公司应会同投保人不定期到现场实地查看,提出防止灾害事故的措施,并与投保人共同研究探讨事故预防和控制的方法和手段,在条件允许时投保人应该将这些合理化的建议和措施付诸实施。

一旦发生工程事故,投保人应立即通知保险公司,采取积极有效的措施组织抢救,并向有关部门报案(行政主管部门、业主、监理单位、消防部门、公安部门),对现场及有关损失数据进行保护,以便保险公司及时准确了解损失情况。这些措施只要是合理而有效的,往往也可以得到保险公司的赔偿,这也为后续顺利进行工程保险索赔做好准备。

【案例 10-2】 上海轨道交通 4 号线(明珠线二期工程),南起铁路上海站,北至外环线,全长 22.3 km。上海轨道交通 4 号线项目由平安保险公司、中国人民保险公司、太平洋保险公司及大众保险公司 4 家保险公司共同承保建筑安装工程一切险及第三者责任险,其中平安保险公司为首席承保公司,第三者责任部分每次事故总赔偿额为 5 000 万元。保险期限与建筑期相同,即从 2000 年 12 月 16 日至 2004 年底工程项目竣工验收之日,同时保单还扩展部分附加条款。4 家保险公司在承保后,均按照规定采用了分保等手段,且大部分分保给了国际知名的再保险公司,总投保额为 56.46 亿元。

2003年7月1日凌晨,上海轨道交通4号线——浦东南路至南浦大桥区间隧道,在用一种叫冻结法的工艺进行上、下行隧道的联络通道施工时,突然出现渗水,导致施工中的两条隧道区间进水变形,施工区域内万余米地面沉降,地面两幢高层建筑倾斜并倒塌,临近黄浦江30 m防汛墙坍塌。

案例分析:事故发生后,4家保险公司由平安保险公司牵头及时组成理赔日常工作小组和领导小组,与上海市抢险指挥部保持密切联系,了解情况,搜集资料,依法快速稳妥地处理理赔工作,包括对受损标的的情况进行摸排以及分析保险责任、核定损失。2005年10月12日,最终的理算报告得到保险人和再保人的认可后,保险双方正式签署最终赔付协议,赔付赔款超过5亿元,事故给上海轨道交通4号线的损失,以及造成的地面建筑的损害都得到了一定的赔偿,也标志着备受瞩目的同内最大的工程保险理赔案顺利结案。

小　结

建设工程合同按承发包范围可分为全过程承发包合同、阶段承发包合同和专项承发包合同,按合同计价方式可分为总价合同、单价合同、成本加酬金合同等。总价合同分为固定总价合同、可调总价合同;单价合同分为固定单价合同、变动单价合同;成本加酬金合同分为成本加固定费用合同、成本加固定比例费用合同、成本加奖罚合同及最大成本加费用合同。不同的合同计价方式,业主与承包商所承担的风险不同,其适用的范围也不同。合同类型的选择与设计深度、工程项目的规模和复杂程度、工期进度要求、工程施工现场、场地周围环境、技术水平、项目管理等许多因素有关。

业主是工程合同的付款方,在合同的实施中占有主导地位,业主合同策划主要内容包括承发包方式的选择、招标方式的选择、合同种类的选择、重要合同条款的确定。承包商的合同策划服从于承包商的基本目标和企业经营战略,同时考虑业主和其他参与方的众多因素,承包商合同策划主要内容包括投标的选择、合同风险的评价、承包方式的选择、合同执行战略。

风险是指从事某项特定活动中因不确定性而产生的经济或者财务损失、自然环境破坏或者损伤的可能性。工程项目的风险是指在工程项目整个寿命周期内发生的、对工程建设项目目标(工期、成本和质量)的实现和生产运营可能产生干扰的不确定性影响,或可能导致项目受到损失或损害的事件。风险具有随机性、复杂性和变动性等特点。风险按照产生的原因可分为政治风险、经济风险、法律风险、自然风险、合同风险、社会风险等。风险管理程序主要包括风险识别、风险估计、风险评价、风险决策及风险监测五个环节,循环往复,构成一个有机的风险管理系统。

工程担保与工程保险都是为防止或减少工程项目风险所带来的损失的措施。工程担保主要有工程投标担保、履约担保、预付款担保及支付担保等。工程保险又分为强制性保险和自愿性保险。国内外工程保险常见的种类有建筑工程一切险、安装工程一切险、雇主责任险和人身意外伤害险、十年责任险和两年责任险、职(执)业责任险。

习 题

1. **名词解释**

①总价合同;②单价合同;③成本加酬金合同;④合同策划;⑤工程风险;⑥风险识别;⑦风险估计;⑧风险评价;⑨风险决策;⑩风险监测;⑪工程担保;⑫投标担保;⑬履约担保;⑭预付款担保;⑮支付担保;⑯工程保险。

2. **单选题**

(1)建设工程按承发包范围可分为全过程承发包合同、阶段承发包合同和(　　)。

A. 总价合同　B. 单价合同　C. 成本加酬金合同　D. 专项承发包合同

(2)建设工程项目按合同计价方式,主要有总价合同、(　　)、成本加酬金合同。

A. 单价合同　B. 总承包价合同　C. 预付款合同　D. 全过程承发包合同

(3)单价合同包括(　　)。

A. 固定单价合同和变动单价合同　B. 统一单价合同和非统一单价合同

C. 总包单价合同和分包单价合同　D. 特殊单价合同和一般单价合同

(4)对建设项目而言,风险产生的原因不包括(　　)

A. 政治风险　B. 人为因素风险　C. 经济风险　D. 自然风险

(5)履行担保一般有银行保函、履约担保书和(　　)。

A. 执行担保书　B. 自留金　C. 保留金　D. 担保证明

3. **多选题**

(1)支付担保通常采用(　　)等形式。

A. 银行保函

B. 履约保证金

C. 担保公司担保

D. 抵押

E. 质押

(2)成本加酬金合同包括(　　)。

A. 成本加固定费用合同

B. 成本加固定比例费用合同

C. 成本加奖罚合同

D. 最大成本加费用合同

E. 成本加变动费用合同

(3)承发包方式包括(　　)。

A. 分散平行承包

B. 全包

C. 部分承包

D. 选择承包

E. 采用上述二者之间的中间形式

(4)合同中签订的付款方式包括(　　)。

A. 一次性付款

B. 进度付款

C. 分期付款

D. 预付款

E. 承包商垫资承包

(5)风险管理包括(　　)。

A. 风险识别

B. 风险估计

C. 风险评价

D. 风险决策

E. 风险监测

4. 简答题

(1)合同类型的选择应考虑哪些因素?

(2)合同计价方式有哪些?分别有哪些特点和适用于哪些情况?

(3)业主合同策划主要内容包括哪些方面?

(4)承包商合同策划主要内容包括哪些方面?

(5)风险的特点有哪些?风险管理程序主要包括哪些环节?

(6)工程担保有哪些作用?其形式、种类及其各自的特点是什么?

(7)工程保险如何划分?其投保程序有哪些?投保应注意哪些问题?

5. 案例分析

某施工单位根据两层厂房工程项目招标文件和全套施工图纸(建筑面积2 000 m^2),采用低报价策略编制了投标文件,并获得中标,该施工单位于2015年3月25日与建设单位签订该工程项目的固定总价合同,工期为8个月。

问题:该合同形式是否合适?

模块11　国际建设工程合同

【知识要点】 FIDIC合同条件及运用；FIDIC施工合同条件文本结构；风险责任的划分；工程师颁发证书的程序；工程质量控制、支付结算管理及施工进度管理。

【教学目标】 掌握FIDIC土木工程合同管理的基本内容和管理方法；熟悉FIDIC土木工程施工合同条件的文本结构，风险责任的划分，工程师颁发证书的程序及FIDIC土木工程施工合同条件下质量控制、投资控制、进度控制的有关规定；了解国际工程的概念，其他国家合同条件特点。通过学习，使学生初步具备国际建设工程合同管理的能力。

课题11.1　国际建设工程合同条件

中国加入世界贸易组织（简称WTO）后，建筑市场将会逐步向国际承建商开放，而中国的建筑企业亦会越来越多地参与海外建筑市场的项目。因此，国际工程通用的合同条件将会更加广泛地被中国建筑企业采用。国际咨询工程师协会菲迪克（FIDIC）红皮书、黄皮书、橙皮书和银皮书，美国建筑师学会制订发布的AIA系列合同条件，英国土木工程师学会编制的ICE合同条件，被广泛应用于世界各国的国际工程承包领域。

11.1.1　FIDIC合同条件

11.1.1.1　FIDIC合同条件概述

1. FIDIC简介

FIDIC是国际咨询工程师联合会的法文名称缩写。该联合会是被世界银行和其他国际金融组织认可的国际咨询服务机构，总部设在瑞士洛桑。下设四个地区成员协会：亚洲及太平洋地区成员协会（ASPAC）、欧洲共同体成员（CEDIC）、亚非洲成员协会集团（CAMA）、北欧成员协会集团（RINORD）。

FIDIC是欧洲三个国家的咨询工程师协会于1913年成立的，目前已发展到世界各地60多个国家和地区，成为全世界最有权威的工程师组织。它的成员每个国家只有一个，中国于1996年正式加入。FIDIC下设许多专业委员会，各专业委员会编制了用于国际工程承包合同的许多规范性文件，被FIDIC成员国广泛采用，并被FIDIC成员国的雇主、工程师和承包商所熟悉，现已发展成为国际公认的标准范本，在国际上被广泛采用。

2. FIDIC合同条件

FIDIC合同条件，即FIDIC《土木工程施工合同条件》是国际上公认的标准合同范本之一。由于FIDIC合同条件的科学性和公正性而被许多国家的雇主和承包商接受，又被一些国家政府和国际性金融组织认可，被称作国际通用合同条件。FIDIC合同条件是由国际工程师联合会（FIDIC）和欧洲建筑工程委员会在英国土木工程师学会编制的合同条件（即ICE合同条件）基础上制定的。

FIDIC 合同条件有如下几类:一是雇主与承包商之间的缔约,即 FIDIC《土木工程施工合同条件》,因其封皮呈红色而取名红皮书,有 1957 年、1969 年、1977 年、1987 年、1999 年五个版本,1999 年新版红皮书与前几个版本在结构、内容方面有较大的不同;二是雇主与咨询工程师之间的缔约,即 FIDIC《业主/咨询工程师标准服务协议书》,因其封面呈银白色而被称为白皮书,最近版本是 2001 年版;三是雇主与电气/机械承包商之间的缔约,即 FIDIC《电气/机械工程合同条件》,因其封面呈黄色而得名黄皮书,1963 年出了第一版黄皮书,1977 年、1987 年出两个新版本,最新的黄皮书版本是 1999 年版;四是其他合同,如为总承包商与分包商之间缔约提供的范本 FIDIC《土木工程施工分包合同条件》,为投资额较小的项目雇主与承包商提供的 FIDIC《简明合同格式》,为"交钥匙"项目而提供的 FIDIC《EPC 合同条件》。上述合同条件中,红皮书的影响尤甚,素有土木工程合同的"圣经"之誉。

11.1.1.2 FIDIC 合同的运用

1. 国际金融组织贷款和一些国际项目直接采用

在世界各地,凡是世界银行、亚洲开发银行贷款的工程项目以及一些国家的工程项目招标文件中,都全部采用 FIDIC 合同条件。在我国,凡是亚洲开发银行贷款施工类型的项目,全文采用 FIDIC 土木工程施工合同条件,一些世界银行贷款项目也采用 FIDIC 合同条件,如我国的小浪底水利枢纽工程。

2. 对比分析采用

许多国家都有自己编制的合同条件,但这些合同条件的条目、内容和 FIDIC 合同条件大同小异,只是处理问题的程序以及风险分担方面有所不同。FIDIC 合同条件在处理业主和承包商的风险分担和权利义务时是比较公正的,各项程序是比较严谨完善的。

3. 合同谈判时采用

因为 FIDIC 合同条件是国际权威性的文件,在招标过程中,如承包商感到招标文件有明显不合理或不完善之处,可以用 FIDIC 合同条件作为国际惯例,在合同谈判时要求对方修改或补充某些条款。

4. 局部选择采用

当咨询工程师协助业主编制招标文件时,或是总承包商编制分包项目招标文件时,可以局部选择 FIDIC 合同条件中的某些部分、条款、思路、程序或某些规定。也可以在项目实施过程中借助于某些思路或程序去处理遇到的实际问题。

11.1.2 美国 AIA 系列合同条件

AIA 是美国建筑师学会的简称。该学会作为建筑师的专业社团已经有近 140 年的历史,成员总数达 56 000 名,遍布美国及全世界。AIA 出版的系列合同文件在美国建筑业界及国际工程承包界,特别在美洲地区具有较高的权威性,应用广泛。

AIA 系列合同文件分为 A、B、C、D、G 等系列,其中 A 系列是用于业主与承包商的标准合同文件,不仅包括合同条件,还包括承包商资格申报表,保证标准格式。B 系列主要用于业主与建筑师之间的标准合同文件,其中包括专门用于建筑设计、室内装修工程等特定情况的标准合同文件。C 系列主要用于建筑师与专业咨询机构之间的标准合同文件。D 系列是建筑师行业内部使用的文件。G 系列是建筑师企业及项目管理中使用的文件。

AIA 系列合同文件的核心是一般条件(A201)。采用不同的工程项目管理模式及不同的计价方式时,只需选用不同的协议书格式与一般条件即可。如 AIA 文件 A101 与 A201 一同使用,构成完整的法律性文件,适用于大部分以固定总价方式支付的工程项目。再如 AIA 文件 A111 和 A201 一同使用,构成完整的法律性文件,适用于大部分以成本补偿方式支付的工程项目。

AIA 文件 A201 作为施工合同的实质内容,规定了业主、承包商之间的权利、义务及建筑师的职责和权限,该文件通常与其他 AIA 文件共同使用,因此被称为基本文件。

1987 年版的 AIA 文件 A201《施工合同通用条件》共计 14 条 68 款,主要内容包括:业主、承包商的权利与义务;建筑师与建筑师的合同管理;索赔与争议的解决;工程变更;工期;工程款的支付;保险与保函;工程检查与更正的其他条款。

11.1.3　英国 ICE 合同条件

ICE 是英国土木工程师学会的简称。该学会是设于英国的国际性组织,拥有会员 8 万多名,其中 1/5 在英国以外的 140 多个国家和地区。该学会已有 180 年的历史,已成为世界公认的学术中心、资质评定组织及专业代表机构。ICE 在土木工程建设合同方面具有高度的权威性,它编制的土木工程合同条件在土木工程建设中具有广泛的应用。

1991 年 1 月第 6 版的《ICE 合同条件(土木工程施工)》共计 71 条 109 款,主要内容包括:工程师及工程师代表;转让与分包;合同文件;承包商的一般义务;保险;工艺与材料质量的检查;开工、延期与暂停;变更、增加与删除;材料及承包商设备的所有权;计量;证书与支付;争端的解决;特殊用途条款;投标书格式。此外,ICE 合同条件的最后还附有投标书格式、投标书格式附件、协议书格式、履约保证等文件。

11.1.4　亚洲使用的合同

11.1.4.1　中国香港使用的合同

在中国香港,政府投资工程主要有两个标准合同文本,即中国香港政府土木工程标准合同和中国香港政府建筑工程标准合同。这两种标准合同的主要内容有:承包商的责任和义务;材料和工艺要求;合同期限和延期规定;维护期和工程缺陷;工程变化量和价值的计量;期中付款;违约责任;争议的解决。这两种合同都规定,承包商在某些情况下(如天气恶劣,工程量大幅度增加等)可申请延长工期,在获批准后有权要求政府给予费用上的补偿。而私人投资工程则采用英国皇家特许测量师学会(中国香港分会)的标准合同。该合同除有明确的通用条款外,还有些根据法院诉讼经验而订立的默示条款(如甲方需与承包商合作,在不影响按期完工的前提下,为承建商准备好主要合同工程的场地,以便其安装设备;甲方不得阻止或干涉承建商按合同规定进行的施工等)。这些条款暗中给予承包商一种权利,使之在甲方违约的情况下可以索赔。

11.1.4.2　日本的建设工程承包合同

日本的建设工程承包合同的内容规定在《建设业法》中。该法的第三章“建设工程承包合同”规定,建设工程承包合同包括以下内容:工程内容;承包价款数额及支付;工程及工期变更的经济损失的计算方法;工程交工日期及工程完工后承包价款的支付日期和方法;当事人之间合同纠纷的解决方法等。

11.1.4.3 韩国的建设工程承包合同

韩国的建设工程承包合同的内容也规定在国家颁布的法律即《建设业法》中。该法第三章"承包合同"规定承包合同有以下内容：建设工程承包的限制；承包额的核定；承包资格限制的禁止；概算限制；建设工程承包合同的原则；承包人的质量保障责任；分包的限制；分包人的地位；分包价款的支付；分包人变更的要求；工程的检查和交接等。

【阅读材料】

FIDIC 机构职能和加入条件

1. FIDIC 主要机构和职能

(1)会员大会。参加 FIDIC 的每个国家的全国性协会可派两名代表参加会员大会。会员大会选举执行委员会，决定接纳新的会员，讨论年度报告和财务审查报告，修改章程，向执行委员会提出今后的工作要求等事项。

(2)执行委员会。包括会长、副会长和其他属于会员协会的成员，他们都必须咨询工程师，由大会选举产生，负责实施大会的决议，向会员大会提出年度报告，负责大会的一切活动，任命一些常设和工作委员会帮助工作。

(3)审计处。由会员大会选举 1 ~ 2 名审计人员检查账务，向大会提出年度预算报告。

(4)秘书处。由执委会指定 1 名或 1 名以上的执行主任执行执委会的指示，并经授权代表 FIDIC 在规定的范围内履行职责。

2. 加入 FIDIC 的条件

FIDIC 规定，要想成为它的正式会员，须由该国的一家全国性的咨询工程师协会(简称全国性协会)提出申请，全国性协会应当达到以下要求：应为业主和社会公共利益而努力促进工程咨询行业的发展；应保护和促进咨询工程师和私人业务方面的利益和提高本行业的声誉；应促使会员之间在职业、经营方面的经验和信息交流。FIDIC 还对全国性协会的主要任务提出建议：要使社会公众和业主了解本行业的重要性和它的服务内容，以及作为一个独立咨询工程师团体和个人的职能；要制定出严格的规则和措施，促使会员保证遵守职业道德标准，维护本行业的声誉；致力于开展国际交流，并为会员开展业务，获取先进技能，提供国际接触通道；了解和发挥本国工程咨询的某些优势和特点；广泛地建立会员与其他工程组织机构和教学单位的联系，充实咨询内容和明确新的方向；促进使用标准程序、制度和合约(如以上所说的有白皮书、红皮书、黄皮书等)；向政府报告本行业的共同性问题并提出需要政府解决的问题；传递 FIDIC 提供的各种信息和其他国家同行业协会的经验；研究会员收取咨询服务合理报酬的办法；提倡按能力择优选取咨询专家，避免单纯价格竞争，导致降低工程咨询标准和服务质量。

课题 11.2 FIDIC 施工合同

11.2.1 施工合同条件的文本结构

1999 年版 FIDIC 新红皮书《施工合同条件》是 1987 年版红皮书《土木工程施工合同

条件》的最新修订版,适用于单价与子项包干混合式建筑工程或土木工程合同。其第一部分通用条件(General Conditions)包括20章163款,论述了20个方面的问题,其中包括一般规定,雇主,工程师,承包人,指定的分包人,员工,生产设备、材料和工艺,开工、延误和暂停,竣工试验,雇主的接收,缺陷责任,测量和估价,变更和调整,合同价格和付款,由雇主终止,由承包人暂停和终止,风险与职责,保险,不可抗力,索赔、争端和仲裁。

在通用条件后面是专用条件编写指南,仍旧以上述20个方面为顺序,FIDIC就最有可能进行修改的措辞以范例形式给出推荐的表达方式。附件包括7个保函格式范本,即母公司保函范例格式、投标保函范例格式、履约担保保函格式、担保保证范例格式、预付款保函范例格式、保留金保函范例格式和雇主支付保函范例格式。最后是投标函、合同协议书和争端裁决书格式。

(1)合同协议书。雇主发出中标函28日内,接到承包商提交的有效履约保证后,双方签署的法律性标准化格式文件。

(2)中标函。雇主签署对投标书的正式接收函,可能包含作为备忘录记载的合同签订前谈判时可能达成一致并共同签署的补遗文件。

(3)投标函。承包商填写并签字的法律性投标函和投标函附录,包括报价和对招标文件及合同条款的确认文件。

(4)合同专用条件。结合工程所在国、工程所在地和工程本身情况,对通用条款的说明、修正、增补和删减,即专用条款。所以,通用和专用条款组成一个适合某一特定国家和特定工程的完整合同条件。专用条款和通用条款的条号是一致的,但条号是间断的,并用专用条款解释通用条款。

(5)合同通用条件。

(6)规范。是合同一个重要的组成部分,它的功能是对雇主招标的项目从技术方面进行详细描述,提出执行过程中的技术标准、程序等。

(7)图纸。一般情况下所附图纸达到工程初步设计深度即可满足招标工作的要求。

(8)资料表以及其他构成合同的文件。资料表包括由承包商填写并随投标函一起提交的文件,如工程量表、数据、费率/单价表等。

组成合同的各个文件之间是可以相互解释的,在解释合同时即按照上面的顺序确定合同文件的优先次序。同时,若文件之间出现模糊不清或发现不一致的情况,工程师应给予必要的澄清和指示。

11.2.2 合同中部分重要词语含义

11.2.2.1 合同履行中涉及的几个阶段的概念

1. 基准日期

基准日期是指递交投标书截止日期前28日的日期。这是FIDIC文件中出现的一个新定义,规定这个定义的意义主要在于以下两点:①据此确定投标报价所使用的货币与结算使用货币之间的汇率;②确定因工程所在国法律法规变化带来风险的分担界限。基准日期之后工程所在国法律发生变化给承包商带来的损失,承包商可主张索赔。

2. 合同工期

合同工期是指所签合同内注明的完成全部工程或分步移交工程的时间,加上合同履行过程中因非承包商应负责原因导致变更和索赔事件发生后,经工程师批准顺延工期之和。合同内约定的工期指承包商在投标书附录中承诺的竣工时间。合同工期的日历天数作为衡量承包商是否按合同给定期限履行施工义务的标准。

3. 施工期

工程师按合同约定发布的开工令中指明的应开工之日起,至工程移交证书注明的竣工日止的日历天数为承包商的施工期。用施工期与合同工期比较,判定承包商的施工是提前竣工,还是延误竣工。

4. 缺陷责任期

缺陷责任期即国内施工文本所指的工程保修期,自工程移交证书中写明的竣工日开始,至工程师颁发解除缺陷责任证书的日历天数。尽管工程移交前进行了竣工检验,但只证明承包商的施工工艺达到了合同规定的标准,设置缺陷责任期是为了考验工程在动态运行条件下是否达到了合同中技术规范的要求。因此,从开工之日起至颁发解除缺陷责任证书日,承包商要对工程的施工质量负责,合同缺陷责任期应在专用条件内具体约定。次要部位工程通常为半年,主要工程及设备大多为一年。

5. 合同有效期

合同有效期是指自合同签字日起至承包商提交业主的结清单生效日,施工合同对业主和承包商均具有法律效力。颁发解释缺陷责任证书只表示承包商的施工义务终止,合同约定的权利义务并未完全结束,还剩有管理和结算等手续。结清单生效指业主已按工程师签发的最终支付证书中的金额付款,并退还承包商的履约保函。结清单一经生效,承包商在合同内享有的索赔权利也自行终止。

11.2.2.2 合同双方的人员

1. 雇主

雇主国内称为业主。指投标附录中指定为雇主的当事人或此当事人的合法继承人。FIDIC 合同明确规定属于雇主方的人员包括:工程师;工程师助理人员;工程师和雇主的雇员,包括职员和工人;工程师和雇主通知承包商的为雇主方工作的那些人员。

从此定义可看出,FIDIC 首次明确将工程师列为雇主人员,从而改变了工程师这一角色的独立性和淡化了公正无偏的性质。

2. 承包商和承包商代表

承包商是指雇主收到投标函中指明为承包商的当事人(一个或多个)及其合法继承人。承包商的人员包括承包商代表以及为承包商在现场工作的一切人员。

承包商应在开工日期前任命承包商代表,授予他必需的一切权力,由他全权代表承包商履行合同并授受工程师的指示。

3. 工程师

工程师是指雇主为合同之目的指定作为工程师工作并在投标函附录中指明的人员,或由雇主按合同规定随时指定并通知承包商的其他人员。

FIDIC 编制的 1999 年第 1 版《施工合同条件》中,不再强调工程师处于独立的第三方，而指明工程师是雇主人员，但其前提是由合同当事人共同推荐组成争端裁决委员会（DAB）。当工程师的确定有一方不同意时，提交 DAB 处理。

11.2.2.3 指定分包商

指定分包商是指由雇主（或工程师）指定、选定完成某项特定工作内容并与承包商签订分包合同的特殊分包商。合同条款规定，雇主有权将部分工程项目的施工任务或涉及提供材料、设备、服务等工作内容发包给指定分包商实施。指定分包商的支付由暂定金额中开支，但通过承包商支付。

指定分包商对承包商承担分包的有关项目的全部义务和责任。指定分包商还应保护承包商免受由于他的代理人、雇员、工人的行为、违约或疏忽造成的损失和索赔责任。

指定分包商在得到支付方面比较有保证，即如承包商无正当理由扣留或拒绝按分包合同的规定向指定分包商进行支付，则业主有权根据工程师的证明直接向该指定分包商进行支付，并从业主向承包商的支付中扣回。

11.2.3 风险责任的划分

11.2.3.1 业主应承担的责任

合同履行过程中可能发生的某些风险是有经验的承包商在准备投标时无法合理预见的，就业主而言，不应要求承包商在其报价时计入这些不可合理预见的损害补偿费，以取得有竞争性的合理报价。合同履行过程中发生此类风险事件后，按承包商的实际影响予以补偿。

1. 合同条件规定的业主风险

通用条件中规定的属于业主的风险包括：①战争、敌对行为、入侵、外敌行动；②叛乱、革命、暴动或军事政变、篡夺政权或内战；③核爆炸、核废料、有毒气体的污染等；④超音速或亚超音速飞行物产生的压力波；⑤暴乱、骚乱或混乱，但不包括承包商、分包商的雇员因执行合同而引起的行为；⑥因业主在合同规定以外，使用或占用永久工程的某一区段或某一部分而造成的损失或损害；⑦业主提供的设计不当造成的损失；⑧一个有经验承包商无法预测和防范的任何自然力作用。

前 5 种风险是业主和承包商都无法预测、防范和控制的事件，损害的后果又很严重，因此合同条件又进一步将它们定义为特殊风险。因特殊风险事件发生导致合同履行被迫终止时，业主应对承包商受到的实际损失（不包括利润损失）给予补偿。

2. 其他不能合理预见的风险

（1）如遇到现场气候条件以外的外界条件或障碍影响了承包商按预定计划施工，经工程师确认该事件是有经验的承包商无法合理预见的情况，则承包商实际施工成本的增加和工期的损失应得到补偿。

（2）汇率变化对支付外币的影响。

（3）法令、政策变化对工程成本的影响。

11.2.3.2 承包商应承担的风险

施工合同的当事人是业主和承包商，因此合同履行过程中发生的应由业主承担的风险以外的各种风险事件，均由承包商承担。

11.2.4 工程师颁发证书的程序

11.2.4.1 颁发工程移交证书

工程移交证书在合同管理中有重要作用:一是证书中指明的竣工日期,将用于判定承包商应承担拖期违约赔偿责任,还是可获得提前竣工的奖励;二是颁发证书日,即为对已竣工工程照管责任的转移日期。

1. 颁发工程移交证书的程序

工程施工达到了合同规定的基本竣工要求后,承包商以书面形式向工程师申请颁发移交证书,同时附上一份在缺陷责任期内及时完成任何未尽事宜的书面保证。工程师接到承包商的申请后21天内,如果认为已满足竣工条件,即可颁发移交证书;若不满意,则应书面通知承包商,指出还需要完成哪些工作后才达到基本竣工条件。承包商按指示完成相应工作并被工程师认可后,不需再次申请颁发证书,工程师应在指示工作最后一项完成后21天内主动签发证书。

工程移交证书应说明以下主要内容:①确认工程已基本竣工;②注明达到基本竣工的具体日期;③详细列出按照合同规定承包商在缺陷责任期内还需完成工作项目一览表。

如果合同约定工程不同区段有不同竣工日期,则每完成一个区段均应按上述程序颁发部分工程的移交证书。

2. 特殊情况下证书的颁发程序

(1)业主提前占用工程。工程师应及时颁发工程移交证书,并确认业主占用日为竣工日。提前占用或使用,表明该部分工程已达到竣工要求,对工程的照管责任也相应转移给业主。但承包商对该部分的质量缺陷仍负有责任,在缺陷责任期内出现施工质量问题还属于承包商的责任。

(2)因非承包商原因导致不能进行规定的竣工检验。有时也会出现施工已达到竣工条件,但由于不应由承包商负责的主观或客观原因不能进行竣工检验。如果在条件具备进行竣工检验后再颁发移交证书,既会因推迟竣工时间而影响到对承包商是否按期竣工的合理判定,也会产生在这段时间内对该部分工程使用和照管责任不明。针对此种情况,工程师应以本该进行检验日签发工程移交证书,将这部分工程移交给业主照管和使用。

11.2.4.2 颁发解除缺陷责任书

设置缺陷责任期的目的是检验已竣工的工程在运行条件下施工质量是否达到合同规定的要求。缺陷责任期内,承包商的义务主要表现在两个方面:一是按工程师颁发移交证书时开列的后续工作一览表,完成承包范围内的全部工作;二是对工程运行过程中发现的任何缺陷,按工程师的指示进行修复工作,以便缺陷责任期满时将符合合同约定条件的工程进行最终移交。

缺陷责任期内工程圆满地通过运行考验,工程师应在期满后28天内,向业主签发解除承包商承担缺陷责任的证书,并将副本送交承包商。解除缺陷责任证书是承包商已按合同规定完成全部施工义务的证明,因此该证书颁发后工程师就无权指示承包商进行任何施工工作,承包商即可办理最终结算手续。业主在证书颁发后14天内,退还承包商的履约保证书。

缺陷责任期满时,如果工程师认为还存在影响工程运行或使用的较大缺陷,则可以延长缺陷责任期,推迟颁发证书;若剩余的工作无足轻重,则可以书面指示承包商必须在期满后 14 天内完成,而后颁发证书。

11.2.5　工程质量控制

工程项目质量是工程项目所在地国家现行的有关法律、法规、技术标准、设计文件及工程合同中对工程的安全、使用、经济、美观等特性的综合要求。工程项目一般都是按照合同条件承包建设的,因此工程项目质量是在合同环境下形成的。合同条件中对工程项目的功能、使用价值及设计、施工质量等的明确规定都是业主的需要,因而都是质量的内容。

在 FIDIC 合同条件下,工程项目质量控制可以按其实施者不同,主要包括以下两方面。

11.2.5.1　业主方面的质量控制

业主质量控制主要通过工程师进行,其特点是外部的、横向的控制。

(1)帮助承包商正确理解设计意图,负责有关工程图纸的解释、变更和说明,发出图纸变更命令,提供新的补充图纸,在现场解决施工期间出现的设计问题。根据合同要求承包商进行部分永久工程的设计或要求承包商提交施工详图,对这些图纸工程师均应审核批准。处理因设计图纸供应不及时或修改引起的拖延工期及索赔等问题。

(2)负责提供原始基准点、基准线和参考标高,审核检查并批准承包商的测量放样结果。

(3)监督承包商认真贯彻执行合同中的技术规范、施工要求和图纸上的规定,以确保工程质量能满足合同要求。制定各类对承包商进行施工质量检查的补充规定,或审查、修改和批准由承包商提交的质量检查要求和规定。及时检查工程质量,特别是基础工程和隐蔽工程。指定试验单位或批准承包商申报的试验单位,检查批准承包商的各项实验室及现场试验成果。及时签发现场或其他有关试验的验收合格证书。

(4)严格检查材料、设备质量,批准和检查承包商的订货(包括厂家,货物样品、规格等),指定或批准材料检验单位,检查或抽查进场材料和设备(包括配件、半成品的数量和质量)。

11.2.5.2　承包商方面的质量控制

承包商质量控制特点是内部的、自身的控制。

检验工程质量的标准是合同中的规范和图纸中的规定,承包商应制定各种有效措施保证工程质量,并且在需要时,根据工程师的指示,提出有关质量检查方法的建议,经工程师批准执行。承包商应负责接受工程进度及工艺要求进行各项有关现场及实验室的试验,所有试验成果均须报工程师审核批准,但承包商应对试验成果的正确性负责。承包商应负责施工放样及测量。所有测量原始数据、图纸均须经工程师检查并签字批准,但承包商应对测量数据和图纸的正确性负责。

在订购材料之前,如工程师认为需要,则应将材料样品送工程师审核,或将材料送工程师指定的实验室进行检验,检验成果报请工程师审核批准。对进场材料承包商应随时抽样检验质量。

承包商应按合同要求,负责设备的采购检验、运输、验收、安装调试以及试运行。

如果工程师认为材料或工程设备有缺陷或不符合合同规定,则可拒收并要求承包商采取措施纠正;工程师也有权要求将不合格的材料或设备运走并用合格产品替换,或要求将之拆除并适当地重新施工。如果承包商拒不执行这些要求将构成违约。

承包商应根据合同规定或工程师的要求,进行全部或部分永久工程的设计或绘制施工详图,报工程师批准后实施,但承包商应对所设计的永久工程负责。

如果工程按批准的设计图纸施工后暴露出设计中的问题,在工程师要求时,承包商应拆除并重新施工,否则会构成违约。

【案例 11-1】 某工程公司承包了一房屋建设工程,合同文本采用 FIDIC1999 年第 1 版《施工合同条件》。合同中规定工程师应根据设计图纸的要求,向承包商准确地交桩。工程师在现场进行交桩时,双方均未作书面记录,但该公司在遵照工程师口头指定的基桩进行施工时,却发生了较大偏差。

问题:该事件工程师如何处理?

案例分析:尽管交桩是工程师在现场的情况下进行的,并且也批复了该公司的复测资料,但造成缺陷的原因是该公司在现场复测的失误,同时也没证据证明是工程师提供的资料不准确导致的修改。因此,只有根据施工合同通用条件 4.7 条款放线的规定解决,即工程师对任何放样、基准或标高的检查不能在任何方面解除承包商对工程精度应负的责任。

11.2.6 支付结算的管理

11.2.6.1 工程结算的范围

FIDIC 合同条件所规定的工程结算的范围主要包括两部分,如图 11-1 所示。

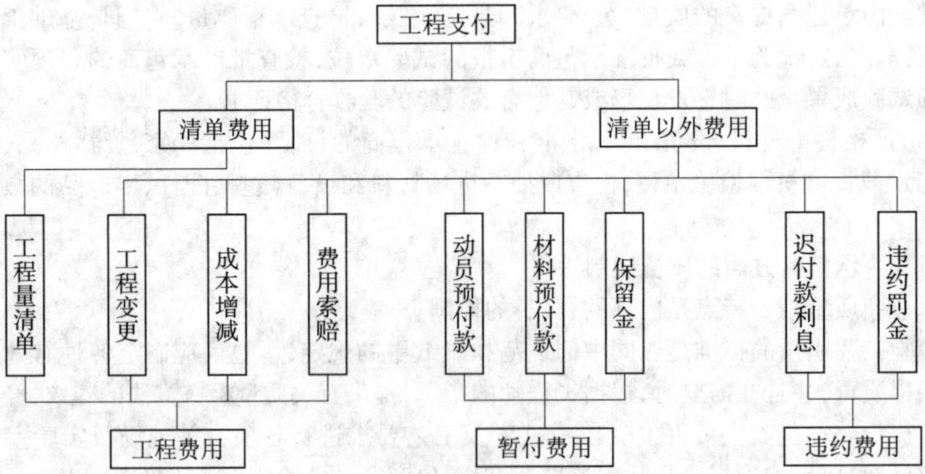

图 11-1 工程结算的范围

由图 11-1 可以看出,一部分费用是工程量清单中的费用,这部分费用是承包商在投标时,根据合同条件的有关规定提出的报价,并经业主认可的费用。另一部分费用是工程量清单以外的费用,这部分费用虽然在工程量清单中没有规定,但是在合同条件中却有明确的规定。因此,它也是工程结算的一部分。

11.2.6.2 工程支付的项目与要求

1. 工程量清单项目与要求

工程量清单项目分为一般项目、暂定金额和计日工三种。

(1)一般项目的支付。一般项目是指工程量清单中除暂定金额和计日工外的全部项目。这类项目的支付是以经过工程师计量的工程数量为依据,乘以工程量清单中的单价,其单价一般是不变的。这类项目的支付占了工程费用的绝大部分,工程师应给予足够的重视。但这类支付,程序比较简单,一般通过签发期中支付证书支付进度款。

(2)暂定金额。是指包括在合同中,供工程任何部分的施工,或提供货物、材料、设备或服务,或提供不可预料事件之费用的一项金额。这项金额按照工程师的指示可能全部或部分使用,或根本不予动用。没有工程师的指示,承包商不能进行暂定金额项目的任何工作。

(3)计日工。使用计日工费用的计算一般采用下述方法:①按合同中包括的计日工作表中所定项目和承包商在其投标书中所确定的费率和价格计算。②对于清单中没有定价的项目,应按实际发生的费用加上合同中规定的费率计算有关的费用。所以,承包商应向工程师提供可能需要的证实所付款额的收据或其他凭证,并且在订购材料之前,向工程师提交订货报价单供他批准。

2. 工程量清单以外项目与要求

(1)动员预付款。是业主借给承包商进驻场地和工程施工准备用款。预付款额度的大小,是承包商在投标时,根据业主规定的额度范围(一般为合同价的5% ~10%)和承包商本身资金的情况,提出预付款的额度,并在标书附录中予以明确。

动员预付款的付款条件是:①业主和承包商签订合同协议书;②提供了履约保证金或履约保函;③提供动员预付款保函。

动员预付款相当于业主给承包商的无息贷款。按照合同规定,当承包商的工程进度款累计金额超过合同价格的10% ~20%时开始扣回,至合同规定的竣工日期前三个月全部扣清。用这种方法扣回预付款,一般采用按月等额均摊的办法。如果某一个月支付证书的数额少于应扣数,其差额可转入下一次扣回。扣回预付款的货币应与业主付款的货币相同。

(2)材料、设备预付款。材料预付款是指运至工地尚未用于工程的材料设备预付款。对承包商买进并运至工地的材料、设备,业主应支付无息预付款,预付款按材料设备的某一比例(通常为材料发票价的70% ~80%,设备发票价的50% ~60%)支付。在支付材料设备预付款时,承包商需提交材料、设备供应合同或订货合同的影印件,要注明所供应材料的性质和金额等主要情况且材料已运到工地并经工程师认可其质量和储存方式。

材料、设备预付款按合同中规定的条款从承包商应得的工程款中分批扣除。扣除次数和各次扣除金额随工程性质不同而异,一般要求在合同规定的完工日期前至少三个月扣清,最好是材料设备一用完,该材料设备的预付款即扣还完毕。

(3)保留金。是为了确保在施工阶段,或在缺陷责任期间,由于承包商未能履行合同义务,由业主(或工程师)指定他人完成应由承包商承担的工作所发生的费用。FIDIC 合同条件规定,保留金的款额为合同总价的5%,从第一次付款证书开始,按期中支付工程款的10%扣留,直到累计扣留达到合同总额的5%。

保留金的退还一般分两次进行。当颁发整个工程的移交证书时,将一半保留金退还给承包商;当工程的缺陷责任期满时,另一半保留金将由工程师开具证书付给承包商。如果签发的移交证书,仅是永久工程的某一区域或部分的移交证书,则退还的保留金仅是移交部分的保留金,并且也只是一半。如果工程的缺陷责任期满,承包商仍有未完工作,则工程师有权在剩余工程完成之前扣发他认为与需要完成的工程费用相应的保留金余款。

(4)工程变更的费用。工程变更也是工程支付中的一个重要项目。工程变更费用的支付依据是工程变更令和工程师对变更项目所确定的变更费用,支付时间和支付方式也是列入期中支付证书予以支付。

(5)索赔费用。索赔费用的支付依据是工程师批准的索赔审批书及其计算而得的款额;支付时间则随工程月进度款一并支付。

(6)价格调整费用。是按照FIDIC合同条件第70条规定的计算方法计算调整的款额,包括施工过程中出现的劳务和材料费用的变更、后继的法规及其他政策的变化导致的费用变更等。

(7)迟付款利息。按照合同规定,业主未能在合同规定的时间内向承包商付款,则承包商有权收取迟付款利息。合同规定业主应付款的时间是在收到工程师颁发的临时付款证书的28天内或收到最终证书的56天内支付。如果业主未能在规定的时间支付,则业主应在迟付款终止后的第一个月的付款证书中予以支付。

(8)违约罚金。对承包商的违约罚金主要包括拖延工期的误期赔偿和未履行合同义务的罚金。这类费用可从承包商的保留金中扣除,也可从支付给承包商的款项中扣除。

11.2.6.3 竣工结算

1. 竣工结算程序

颁发工程移交证书后84天内,承包商应按工程师规定的格式报送竣工报表。报表内容包括:①到工程移交证书中指明的竣工日,根据合同完成全部工作的最终任何时候价值;②承包商认为根据合同或其他规定应支付给他的任何其他款项;③承包商认为根据合同将支付给他的其他款项的估算数额。

接到竣工报表后28天内,工程师应对照竣工图进行工程量详细核算,对其他支付要求进行审查,然后依据检查结果签署竣工结算支付证书。

2. 对竣工结算款总额的调整

一般情况下,承包商在整个施工期内完成的工程量乘以工程量清单中的相应单价后,再加上其他有权获得费用总和,即为工程竣工结算总额。但当颁发工程移交证书后发现,由于施工期内累计变更影响和实际完成工程量与清单内估计工程量的差异,承包商按合同约定方式计算的实际结算款总额比原定合同价格增加或减少过多时,均应对结算价款予以相应调整。

通用条件规定,进行竣工结算时,将承包商实际施工完成的工程量按合同约定费率计算的结算款,扣除暂定金额内的付款、计日工付款和物价浮动调价款后,与中标通知书注明的合同价格扣除工程量清单内所列暂定金额、计日工费两项后的有效合同价进行比较,不论增加还是减少超过有效合同价 15% 时，均要对承包商的竣工结算总额加以调整。增加款额部分超过 15% 时，应将承包商按合同约定方式计算的竣工结算款总额适应减少；反之，减少的款额部分超过有效合同价的 15% 时，在承包商应得结算款基础上，增加一定的补偿费。进行此项调整的原因，是基于单价合同的特点。

3. 最终支付和结清单

在颁发履约证书后 56 日内，承包商应向工程师提交最终报表草案，以及工程师要求提交的有关资料。最终报表草案要详细说明根据合同完成的全部工程价值和承包商依据合同认为还应支付给他的任何进一步款项，如还剩余的保留金及缺陷责任期内发生的索赔费用等。

如承包商和工程师之间达成了一致，则承包商可向工程师提交正式的最终报表。提交最终报表时，承包商应提交一份书面结清单，以进一步证实最终报表的总额是根据合同应支付给他的全部款额和最终的结算额，并说明只有当承包商收到履约担保合同款余额时，结清单才生效。在收到最终报表和书面结清单之后 28 日内，工程师向业主签发最终支付证书，以说明业主最终支付给承包商的款额是业主和承包商之间所有应支付和应得到的款额的差额（如有时）。

【案例 11-2】 某分项工程量为 400 m^3 混凝土，合同单价为 200 元/m^3。合同规定，单项工程量变化超过 25% 即调整单价。在工程量增加 25% 范围以内按原价计算，如果工程量增加，单价调整为 190 元/m^3；如果工程量减少，单价调整为 210 元/m^3。实际施工工程量为 600 m^3。

问题：该工程结算价应为多少？

案例分析：在工程量增加 25% 范围以内按原价计算：$200 \times 400 \times 1.25 = 100\ 000$（元）；超过 25% 的部分采用调整后的单价计算：$190 \times (600 - 400 \times 1.25) = 19\ 000$（元）。该工程结算款合计：$19\ 000 + 100\ 000 = 119\ 000$（元）。

11.2.7 施工进度的管理

11.2.7.1 工程开工

工程开工是合同履行过程中的里程碑事件。工程的开工日期由工程师签发开工通知确定，一般在承包商收到中标函后 42 日内，具体日期工程师应至少提前 7 日通知。

11.2.7.2 竣工时间、延误和赶工

1. 竣工时间

竣工时间指雇主在合同中要求整个工程或某个区段完工时间。竣工时间从开工日期算起。承包商应在此期间内通过竣工检验并完成合同中规定的所有工作。

2. 误期损害赔偿费

如果承包商未能在竣工时间内（包括经批准的延长）内完成合同规定的义务，则工程师可要求承包商在规定时间内完工，雇主可向承包商收取误期损害赔偿费，且有权终止合同。误期损害赔偿费为

$$\text{误期损害赔偿费} = SD \tag{11-1}$$

式中 S——投标函附录中注明的每天的误期损害赔偿费金额；

D——合同中原定竣工时间到接收证书中注明的实际竣工日期之间的天数,误期损害赔偿费最多不得超过规定的限额。

应该注意的是,误期损害赔偿费是除雇主根据合同提出终止履行外,承包商对其拖延完工所应支付的唯一款项,因此与一般意义上的罚款是完全不同的。雇主的预期损失是不能被计算到误期损害赔偿费用当中的。

11.2.7.3 暂停施工

1. 暂停施工的责任

工程师有权视工程进展的实际情况,针对整个工程或部分的施工发布暂停施工指示。施工的中止必然会影响承包商按计划组织施工工作,但并非工程师发布暂停施工令后承包商就可以此作为索赔的合理依据,而要根据发布令的原因划分合同责任。合同条件规定,除以下4种情况外,暂停施工令发布后均应给承包商以补偿。这4种情况是:①在合同中有规定;②因承包商的违约行为或应由他承担风险的事件影响的必要停工;③由于现场不利气候条件而导致的必要停工;④为了工程合理施工及整体工程或部分工程安全必要的停工。

2. 超过84天的暂停施工

出现非承包商负责原因的暂停施工已持续84天,工程师仍未发布复工指示,承包商可以通知工程师要求在28天内允许继续施工。如仍未得到批准,承包商有权通知工程师确认被停工的工程属于按合同规定删减的工程,不再承担继续施工义务。若是整个合同工程被暂停,此项停工可视为业主违约终止合同,宣布解除合同关系。如果承包商还愿意继续实施这部分工程,也可以不发这一通知而等待复工指示。

11.2.7.4 追赶施工进度

工程师认为整个工程或部分工程的施工进度滞后于合同内竣工要求的时间时,可以下达赶工指示。承包商立即采取经工程师同意的必要措施加快施工进度。发生这种情况时,也要根据赶工指令的发布原因,决定承包商的赶工措施是否应该给予补偿。在承包商没有合理理由延长工期的情况下,他不仅无权要求补偿赶工费用,而且在他的赶工措施中若包括夜间或当地公认的休息日加班工作,则还承担工程师因增加附加工作所需补偿的监理费用。虽然这笔费用按责任划分应由承包商负担,但不能由他直接支付给工程师,而由业主支付后从承包商应得款内扣回。

【案例11-3】 某公路项目严格按照FIDIC条款执行。合同完工日期为2009年10月10日,而由于特殊原因业主与承包商在2008年12月份补签了一份协议,规定在2009年6月20日之前完成前50 km并移交。由于各种原因,承包商未能移交成功,业主于2009年6月20日后开始按合同的约定每拖延一天1 000元计算误期损害赔偿。承包商则认为2009年6月20日只是一个里程碑,业主并不能要求误期损害赔偿。

问题:工程师该如何处理?

案例分析:补充协议构成合同条款的一部分。按照合同解释顺序,后形成的条款优先被解释。根据FIDIC条款47款,如果在合同中规定分段移交,在规定日期没有完工,那么工程师有权对承包商进行处罚。如果条款本身没有歧义,业主要求承包商支付误期损害赔偿是理所当然的。

小 结

国际咨询工程师协会菲迪克(FIDIC)红皮书、黄皮书、橙皮书和银皮书,美国建筑师学会制订发布的AIA系列合同条件,英国土木工程师学会编制的ICE合同条件,通常用于世界各国的国际工程承包领域。其中FIDIC《土木工程施工合同条件》是国际工程承发包中业主和承包商在订立工程承包合同时最常用的合同条件,它是实行工程量清单计价的国家广泛使用的工程合同条件。

FIDIC合同条件包括通用合同条件和专用合同条件。FIDIC通用合同条件是固定不变的,适用于各类工程建设项目,采用单价合同形式。通用条件包括一般规定,雇主,工程师,承包人,指定的分包人,员工,生产设备、材料和工艺,开工、延误和暂停,竣工试验,雇主的接收,缺陷责任,测量和估价,变更和调整,合同价格和付款,由雇主终止,由承包人暂停和终止,风险与职责,保险,不可抗力,索赔、争端和仲裁。

FIDIC合同条件常用词语规定:基准日期是指递交投标书截止日期前28日的日期。合同工期是指所签合同内注明的完成全部工程或分步移交工程的时间,加上合同履行过程中因非承包商应负责原因导致变更和索赔事件发生后,经工程师批准顺延工期之和。工程师按合同约定发布的开工令中指明的应开工之日起,至工程移交证书注明的竣工日的日历天数为承包商的施工期。缺陷责任期即国内施工文本所指的工程保修期,自工程移交证书中写明的竣工日开始,至工程师颁发解除缺陷责任证书的日历天数。合同有效期是指自合同签字日起至承包商提交业主的结清单生效日,施工合同对业主和承包商均具有法律效力。雇主国内称为业主,指投标附录中指定为雇主的当事人或此当事人的合法继承人。承包商是指雇主收到投标函中指明为承包商的当事人(一个或多个)及其合法继承人,承包商的人员包括承包商代表以及为承包商在现场工作的一切人员。工程师是指雇主为合同之目的指定作为工程师工作并在投标函附录中指明的人员,或由雇主按合同规定随时指定并通知承包商的其他人员。指定分包商是指由雇主(或工程师)指定、选定完成某项特定工作内容并与承包商签订分包合同的特殊分包商。

FIDIC合同条件下,业主和承包商在工程项目实施过程中都承担着相应的风险。在FIDIC合同条件下,对工程师颁发移交证书、解除缺陷责任证书等有严格的规定,必须按其规定程序进行。

在工程管理中主要是合同的管理,对合同的管理主要是对质量管理、投资管理、进度管理。

习 题

1. 名词解释

①FIDIC合同条件;②基准日期;③合同工期;④施工期;⑤缺陷责任期;⑥合同有效期;⑦雇主;⑧承包商;⑨承包商代表;⑩工程师;⑪指定分包商;⑫保留金。

2. **单选题**

(1)AIA 系列合同文件分为 A、B、C、D、G 等系列,其中 A 系列是(　　)。

A. 用于业主与承包商的标准合同文件

B. 主要用于业主与建筑师之间的标准合同文件

C. 主要用于建筑师与专业咨询机构之间的标准合同文件

D. 建筑师企业及项目管理中使用的文件

(2)合同协议书是指(　　)。

A. 雇主发出中标函 14 日内,接到承包商提交的有效履约保证后,双方签署的法律性标准化格式文件

B. 雇主发出中标函 20 日内,接到承包商提交的有效履约保证后,双方签署的法律性标准化格式文件

C. 雇主发出中标函 28 日内,接到分包商提交的有效履约保证后,双方签署的法律性标准化格式文件

D. 雇主发出中标函 30 日内,接到承包商提交的有效履约保证后,双方签署的法律性标准化格式文件

(3)基准日期是指(　　)。

A. 递交投标书截止日期前 14 日的日期

B. 递交投标书截止日期前 18 日的日期

C. 递交投标书当日

D. 递交投标书截止日期前 28 日的日期

(4)合同有效期是指(　　)。

A. 自合同签字日起至总包商提交业主的结清单生效日

B. 自合同签字日起至分包商提交业主的结清单生效日

C. 自合同签字日起至承包商提交业主的结清单生效日

D. 自合同签字日起至承包商提交业主的竣工单生效日

(5)雇主方的人员不包括(　　)。

A. 工程师　　B. 工程师和雇主的雇员,包括职员和工人

C. 工程师助理人员　　D. DAC 代表

3. **多选题**

(1)FIDIC 合同条件包括(　　)。

A. FIDIC《土木工程施工合同条件》

B. FIDIC《业主/咨询工程师标准服务协议书》

C. FIDIC《电气/机械工程合同条件》

D. 总承包商与分包商之间的缔约

E. 雇主与分包商之间的缔约

(2)FIDIC 合同的运用包括(　　)。

A. 国际金融组织贷款和一些国际项目直接采用

B. 对比分析采用

C. 合同谈判时采用
D. 局部选择采用
E. 综合运用
(3)FIDIC 施工合同条件的文本结构包括(　　)。
A. 通用条件
B. 专用条件
C. 投标函
D. 合同协议书
E. 争端裁决书
(4)工程移交证书应说明的主要内容包括(　　)。
A. 确认工程已基本竣工
B. 确认工程全部竣工
C. 注明基本竣工的具体日期
D. 简单列出按照合同规定承包商在缺陷责任期内还需完成工作项目一览表
E. 详细列出按照合同规定承包商在缺陷责任期内还需完成工作项目一览表
(5)承包商应按合同要求,负责设备的(　　)。
A. 采购检验
B. 运输
C. 验收
D. 安装调试
E. 试运行

4. **简答题**

(1)FIDIC 施工合同文件由哪几部分组成?其解释的次序是什么?
(2)FIDIC 合同条件对业主和承包商应承担的风险如何规定?
(3)工程师颁发工程移交证书的程序有哪些?
(4)工程师颁发解除缺陷责任书的程序有哪些?
(5)FIDIC 合同条件对业主和承包商质量控制有何规定?
(6)FIDIC 合同条件规定的工程结算范围有哪些?
(7)工程量清单项目分为哪几种?
(8)FIDIC 施工合同条件中暂定金额是如何使用的?
(9)动员预付款的付款条件是什么?
(10)竣工结算程序有哪些?对竣工结算款总额如何调整?
(12)误期损害赔偿费如何计算?
(13)我国现行的施工合同范本与 FIDIC《土木工程施工合同条件》有哪些不同?

附录 1

中华人民共和国招标投标法

第一章　总　则

第一条　为了规范招标投标活动，保护国家利益、社会公共利益和招标投标活动当事人的合法权益，提高经济效益，保证项目质量，制定本法。

第二条　在中华人民共和国境内进行招标投标活动，适用本法。

第三条　在中华人民共和国境内进行下列工程建设项目包括项目的勘察、设计、施工、监理以及与工程建设有关的重要设备、材料等的采购，必须进行招标：

（一）大型基础设施、公用事业等关系社会公共利益、公众安全的项目；

（二）全部或者部分使用国有资金投资或者国家融资的项目；

（三）使用国际组织或者外国政府贷款、援助资金的项目。

前款所列项目的具体范围和规模标准，由国务院发展计划部门会同国务院有关部门制订，报国务院批准。

法律或者国务院对必须进行招标的其他项目的范围有规定的，依照其规定。

第四条　任何单位和个人不得将依法必须进行招标的项目化整为零或者以其他任何方式规避招标。

第五条　招标投标活动应当遵循公开、公平、公正和诚实信用的原则。

第六条　依法必须进行招标的项目，其招标投标活动不受地区或者部门的限制。任何单位和个人不得违法限制或者排斥本地区、本系统以外的法人或者其他组织参加投标，不得以任何方式非法干涉招标投标活动。

第七条　招标投标活动及其当事人应当接受依法实施的监督。

有关行政监督部门依法对招标投标活动实施监督，依法查处招标投标活动中的违法行为。

对招标投标活动的行政监督及有关部门的具体职权划分，由国务院规定。

第二章　招　标

第八条　招标人是依照本法规定提出招标项目、进行招标的法人或者其他组织。

第九条　招标项目按照国家有关规定需要履行项目审批手续的，应当先履行审批手续，取得批准。

招标人应当有进行招标项目的相应资金或者资金来源已经落实，并应当在招标文件中如实载明。

第十条 招标分为公开招标和邀请招标。

公开招标,是指招标人以招标公告的方式邀请不特定的法人或者其他组织投标。

邀请招标,是指招标人以投标邀请书的方式邀请特定的法人或者其他组织投标。

第十一条 国务院发展计划部门确定的国家重点项目和省、自治区、直辖市人民政府确定的地方重点项目不适宜公开招标的,经国务院发展计划部门或者省、自治区、直辖市人民政府批准,可以进行邀请招标。

第十二条 招标人有权自行选择招标代理机构,委托其办理招标事宜。任何单位和个人不得以任何方式为招标人指定招标代理机构。

招标人具有编制招标文件和组织评标能力的,可以自行办理招标事宜。任何单位和个人不得强制其委托招标代理机构办理招标事宜。

依法必须进行招标的项目,招标人自行办理招标事宜的,应当向有关行政监督部门备案。

第十三条 招标代理机构是依法设立、从事招标代理业务并提供相关服务的社会中介组织。

招标代理机构应当具备下列条件:

(一)有从事招标代理业务的营业场所和相应资金;

(二)有能够编制招标文件和组织评标的相应专业力量;

(三)有符合本法第三十七条第三款规定条件、可以作为评标委员会成员人选的技术、经济等方面的专家库。

第十四条 从事工程建设项目招标代理业务的招标代理机构,其资格由国务院或者省、自治区、直辖市人民政府的建设行政主管部门认定。具体办法由国务院建设行政主管部门会同国务院有关部门制定。从事其他招标代理业务的招标代理机构,其资格认定的主管部门由国务院规定。

招标代理机构与行政机关和其他国家机关不得存在隶属关系或者其他利益关系。

第十五条 招标代理机构应当在招标人委托的范围内办理招标事宜,并遵守本法关于招标人的规定。

第十六条 招标人采用公开招标方式的,应当发布招标公告。依法必须进行招标的项目的招标公告,应当通过国家指定的报刊、信息网络或者其他媒介发布。

招标公告应当载明招标人的名称和地址、招标项目的性质、数量、实施地点和时间以及获取招标文件的办法等事项。

第十七条 招标人采用邀请招标方式的,应当向三个以上具备承担招标项目的能力、资信良好的特定的法人或者其他组织发出投标邀请书。

投标邀请书应当载明本法第十六条第二款规定的事项。

第十八条 招标人可以根据招标项目本身的要求,在招标公告或者投标邀请书中,要求潜在投标人提供有关资质证明文件和业绩情况,并对潜在投标人进行资格审查;国家对投标人的资格条件有规定的,依照其规定。

招标人不得以不合理的条件限制或者排斥潜在投标人,不得对潜在投标人实行歧视待遇。

第十九条 招标人应当根据招标项目的特点和需要编制招标文件。招标文件应当包括招标项目的技术要求、对投标人资格审查的标准、投标报价要求和评标标准等所有实质性要求和条件以及拟签订合同的主要条款。

国家对招标项目的技术、标准有规定的，招标人应当按照其规定在招标文件中提出相应要求。

招标项目需要划分标段、确定工期的，招标人应当合理划分标段、确定工期，并在招标文件中载明。

第二十条 招标文件不得要求或者标明特定的生产供应者以及含有倾向或者排斥潜在投标人的其他内容。

第二十一条 招标人根据招标项目的具体情况，可以组织潜在投标人踏勘项目现场。

第二十二条 招标人不得向他人透露已获取招标文件的潜在投标人的名称、数量以及可能影响公平竞争的有关招标投标的其他情况。

招标人设有标底的，标底必须保密。

第二十三条 招标人对已发出的招标文件进行必要的澄清或者修改的，应当在招标文件要求提交投标文件截止时间至少十五日前，以书面形式通知所有招标文件收受人。该澄清或者修改的内容为招标文件的组成部分。

第二十四条 招标人应当确定投标人编制投标文件所需要的合理时间；但是，依法必须进行招标的项目，自招标文件开始发出之日起至投标人提交投标文件截止之日止，最短不得少于二十日。

第三章　投　标

第二十五条 投标人是响应招标、参加投标竞争的法人或者其他组织。

依法招标的科研项目允许个人参加投标的，投标的个人适用本法有关投标人的规定。

第二十六条 投标人应当具备承担招标项目的能力；国家有关规定对投标人资格条件或者招标文件对投标人资格条件有规定的，投标人应当具备规定的资格条件。

第二十七条 投标人应当按照招标文件的要求编制投标文件。投标文件应当对招标文件提出的实质性要求和条件作出响应。

招标项目属于建设施工的，投标文件的内容应当包括拟派出的项目负责人与主要技术人员的简历、业绩和拟用于完成招标项目的机械设备等。

第二十八条 投标人应当在招标文件要求提交投标文件的截止时间前，将投标文件送达投标地点。招标人收到投标文件后，应当签收保存，不得开启。投标人少于三个的，招标人应当依照本法重新招标。

在招标文件要求提交投标文件的截止时间后送达的投标文件，招标人应当拒收。

第二十九条 投标人在招标文件要求提交投标文件的截止时间前，可以补充、修改或者撤回已提交的投标文件，并书面通知招标人。补充、修改的内容为投标文件的组成部分。

第三十条 投标人根据招标文件载明的项目实际情况，拟在中标后将中标项目的部分非主体、非关键性工作进行分包的，应当在投标文件中载明。

第三十一条　两个以上法人或者其他组织可以组成一个联合体，以一个投标人的身份共同投标。

联合体各方均应当具备承担招标项目的相应能力；国家有关规定或者招标文件对投标人资格条件有规定的，联合体各方均应当具备规定的相应资格条件。由同一专业的单位组成的联合体，按照资质等级较低的单位确定资质等级。

联合体各方应当签订共同投标协议，明确约定各方拟承担的工作和责任，并将共同投标协议连同投标文件一并提交招标人。联合体中标的，联合体各方应当共同与招标人签订合同，就中标项目向招标人承担连带责任。

招标人不得强制投标人组成联合体共同投标，不得限制投标人之间的竞争。

第三十二条　投标人不得相互串通投标报价，不得排挤其他投标人的公平竞争，损害招标人或者其他投标人的合法权益。

投标人不得与招标人串通投标，损害国家利益、社会公共利益或者他人的合法权益。

禁止投标人以向招标人或者评标委员会成员行贿的手段谋取中标。

第三十三条　投标人不得以低于成本的报价竞标，也不得以他人名义投标或者以其他方式弄虚作假，骗取中标。

第四章　开标、评标和中标

第三十四条　开标应当在招标文件确定的提交投标文件截止时间的同一时间公开进行；开标地点应当为招标文件中预先确定的地点。

第三十五条　开标由招标人主持，邀请所有投标人参加。

第三十六条　开标时，由投标人或者其推选的代表检查投标文件的密封情况，也可以由招标人委托的公证机构检查并公证；经确认无误后，由工作人员当众拆封，宣读投标人名称、投标价格和投标文件的其他主要内容。

招标人在招标文件要求提交投标文件的截止时间前收到的所有投标文件，开标时都应当当众予以拆封、宣读。

开标过程应当记录，并存档备查。

第三十七条　评标由招标人依法组建的评标委员会负责。

依法必须进行招标的项目，其评标委员会由招标人的代表和有关技术、经济等方面的专家组成，成员人数为五人以上单数，其中技术、经济等方面的专家不得少于成员总数的三分之二。

前款专家应当从事相关领域工作满八年并具有高级职称或者具有同等专业水平，由招标人从国务院有关部门或者省、自治区、直辖市人民政府有关部门提供的专家名册或者招标代理机构的专家库内的相关专业的专家名单中确定；一般招标项目可以采取随机抽取方式，特殊招标项目可以由招标人直接确定。

与投标人有利害关系的人不得进入相关项目的评标委员会；已经进入的应当更换。

评标委员会成员的名单在中标结果确定前应当保密。

第三十八条　招标人应当采取必要的措施，保证评标在严格保密的情况下进行。

任何单位和个人不得非法干预、影响评标的过程和结果。

第三十九条 评标委员会可以要求投标人对投标文件中含义不明确的内容作必要的澄清或者说明,但是澄清或者说明不得超出投标文件的范围或者改变投标文件的实质性内容。

第四十条 评标委员会应当按照招标文件确定的评标标准和方法,对投标文件进行评审和比较;设有标底的,应当参考标底。评标委员会完成评标后,应当向招标人提出书面评标报告,并推荐合格的中标候选人。

招标人根据评标委员会提出的书面评标报告和推荐的中标候选人确定中标人。招标人也可以授权评标委员会直接确定中标人。

国务院对特定招标项目的评标有特别规定的,从其规定。

第四十一条 中标人的投标应当符合下列条件之一:

(一)能够最大限度地满足招标文件中规定的各项综合评价标准;

(二)能够满足招标文件的实质性要求,并且经评审的投标价格最低;但是投标价格低于成本的除外。

第四十二条 评标委员会经评审,认为所有投标都不符合招标文件要求的,可以否决所有投标。

依法必须进行招标的项目的所有投标被否决的,招标人应当依照本法重新招标。

第四十三条 在确定中标人前,招标人不得与投标人就投标价格、投标方案等实质性内容进行谈判。

第四十四条 评标委员会成员应当客观、公正地履行职务,遵守职业道德,对所提出的评审意见承担个人责任。

评标委员会成员不得私下接触投标人,不得收受投标人的财物或者其他好处。

评标委员会成员和参与评标的有关工作人员不得透露对投标文件的评审和比较、中标候选人的推荐情况以及与评标有关的其他情况。

第四十五条 中标人确定后,招标人应当向中标人发出中标通知书,并同时将中标结果通知所有未中标的投标人。

中标通知书对招标人和中标人具有法律效力。中标通知书发出后,招标人改变中标结果的,或者中标人放弃中标项目的,应当依法承担法律责任。

第四十六条 招标人和中标人应当自中标通知书发出之日起三十日内,按照招标文件和中标人的投标文件订立书面合同。招标人和中标人不得再行订立背离合同实质性内容的其他协议。

招标文件要求中标人提交履约保证金的,中标人应当提交。

第四十七条 依法必须进行招标的项目,招标人应当自确定中标人之日起十五日内,向有关行政监督部门提交招标投标情况的书面报告。

第四十八条 中标人应当按照合同约定履行义务,完成中标项目。中标人不得向他人转让中标项目,也不得将中标项目肢解后分别向他人转让。

中标人按照合同约定或者经招标人同意,可以将中标项目的部分非主体、非关键性工作分包给他人完成。接受分包的人应当具备相应的资格条件,并不得再次分包。

中标人应当就分包项目向招标人负责,接受分包的人就分包项目承担连带责任。

第五章 法律责任

第四十九条 违反本法规定，必须进行招标的项目而不招标的，将必须进行招标的项目化整为零或者以其他任何方式规避招标的，责令限期改正，可以处项目合同金额千分之五以上千分之十以下的罚款；对全部或者部分使用国有资金的项目，可以暂停项目执行或者暂停资金拨付；对单位直接负责的主管人员和其他直接责任人员依法给予处分。

第五十条 招标代理机构违反本法规定，泄露应当保密的与招标投标活动有关的情况和资料的，或者与招标人、投标人串通损害国家利益、社会公共利益或者他人合法权益的，处五万元以上二十五万元以下的罚款，对单位直接负责的主管人员和其他直接责任人员处单位罚款数额百分之五以上百分之十以下的罚款；有违法所得的，并处没收违法所得；情节严重的，暂停直至取消招标代理资格；构成犯罪的，依法追究刑事责任。给他人造成损失的，依法承担赔偿责任。

前款所列行为影响中标结果的，中标无效。

第五十一条 招标人以不合理的条件限制或者排斥潜在投标人的，对潜在投标人实行歧视待遇的，强制要求投标人组成联合体共同投标的，或者限制投标人之间竞争的，责令改正，可以处一万元以上五万元以下的罚款。

第五十二条 依法必须进行招标的项目的招标人向他人透露已获取招标文件的潜在投标人的名称、数量或者可能影响公平竞争的有关招标投标的其他情况的，或者泄露标底的，给予警告，可以并处一万元以上十万元以下的罚款；对单位直接负责的主管人员和其他直接责任人员依法给予处分；构成犯罪的，依法追究刑事责任。

前款所列行为影响中标结果的，中标无效。

第五十三条 投标人相互串通投标或者与招标人串通投标的，投标人以向招标人或者评标委员会成员行贿的手段谋取中标的，中标无效，处中标项目金额千分之五以上千分之十以下的罚款，对单位直接负责的主管人员和其他直接责任人员处单位罚款数额百分之五以上百分之十以下的罚款；有违法所得的，并处没收违法所得；情节严重的，取消其一年至二年内参加依法必须进行招标的项目的投标资格并予以公告，直至由工商行政管理机关吊销营业执照；构成犯罪的，依法追究刑事责任。给他人造成损失的，依法承担赔偿责任。

第五十四条 投标人以他人名义投标或者以其他方式弄虚作假，骗取中标的，中标无效，给招标人造成损失的，依法承担赔偿责任；构成犯罪的，依法追究刑事责任。

依法必须进行招标的项目的投标人有前款所列行为尚未构成犯罪的，处中标项目金额千分之五以上千分之十以下的罚款，对单位直接负责的主管人员和其他直接责任人员处单位罚款数额百分之五以上百分之十以下的罚款；有违法所得的，并处没收违法所得；情节严重的，取消其一年至三年内参加依法必须进行招标的项目的投标资格并予以公告，直至由工商行政管理机关吊销营业执照。

第五十五条 依法必须进行招标的项目，招标人违反本法规定，与投标人就投标价格、投标方案等实质性内容进行谈判的，给予警告，对单位直接负责的主管人员和其他直接责任人员依法给予处分。

前款所列行为影响中标结果的，中标无效。

第五十六条 评标委员会成员收受投标人的财物或者其他好处的，评标委员会成员或者参加评标的有关工作人员向他人透露对投标文件的评审和比较、中标候选人的推荐以及与评标有关的其他情况的，给予警告，没收收受的财物，可以并处三千元以上五万元以下的罚款，对有所列违法行为的评标委员会成员取消担任评标委员会员的资格，不得再参加任何依法必须进行招标的项目的评标；构成犯罪的，依法追究刑事责任。

第五十七条 招标人在评标委员会依法推荐的中标候选人以外确定中标人的，依法必须进行招标的项目在所有投标被评标委员会否决后自行确定中标人的，中标无效。责令改正，可以处中标项目金额千分之五以上千分之十以下的罚款；对单位直接负责的主管人员和其他直接责任人员依法给予处分。

第五十八条 中标人将中标项目转让给他人的，将中标项目肢解后分别转让给他人的，违反本法规定将中标项目的部分主体、关键性工作分包给他人的，或者分包人再次分包的，转让、分包无效，处转让、分包项目金额千分之五以上千分之十以下的罚款；有违法所得的，并处没收违法所得；可以责令停业整顿；情节严重的，由工商行政管理机关吊销营业执照。

第五十九条 招标人与中标人不按照招标文件和中标人的投标文件订立合同的，或者招标人、中标人订立背离合同实质性内容的协议的，责令改正；可以处中标项目金额千分之五以上千分之十以下的罚款。

第六十条 中标人不履行与招标人订立的合同的，履约保证金不予退还，给招标人造成的损失超过履约保证金数额的，还应当对超过部分予以赔偿；没有提交履约保证金的，应当对招标人的损失承担赔偿责任。

中标人不按照与招标人订立的合同履行义务，情节严重的，取消其二年至五年内参加依法必须进行招标的项目的投标资格并予以公告，直至由工商行政管理机关吊销营业执照。

因不可抗力不能履行合同的，不适用前两款规定。

第六十一条 本章规定的行政处罚，由国务院规定的有关行政监督部门决定。本法已对实施行政处罚的机关作出规定的除外。

第六十二条 任何单位违反本法规定，限制或者排斥本地区、本系统以外的法人或者其他组织参加投标的，为招标人指定招标代理机构的，强制招标人委托招标代理机构办理招标事宜的，或者以其他方式干涉招标投标活动的，责令改正；对单位直接负责的主管人员和其他直接责任人员依法给予警告、记过、记大过的处分，情节较重的，依法给予降级、撤职、开除的处分。

个人利用职权进行前款违法行为的，依照前款规定追究责任。

第六十三条 对招标投标活动依法负有行政监督职责的国家机关工作人员徇私舞弊、滥用职权或者玩忽职守，构成犯罪的，依法追究刑事责任；不构成犯罪的，依法给予行政处分。

第六十四条 依法必须进行招标的项目违反本法规定，中标无效的，应当依照本法规定的中标条件从其余投标人中重新确定中标人或者依照本法重新进行招标。

第六章　附　则

第六十五条　投标人和其他利害关系人认为招标投标活动不符合本法有关规定的，有权向招标人提出异议或者依法向有关行政监督部门投诉。

第六十六条　涉及国家安全、国家秘密、抢险救灾或者属于利用扶贫资金实行以工代赈、需要使用农民工等特殊情况，不适宜进行招标的项目，按照国家有关规定可以不进行招标。

第六十七条　使用国际组织或者外国政府贷款、援助资金的项目进行招标，贷款方、资金提供方对招标投标的具体条件和程序有不同规定的，可以适用其规定，但违背中华人民共和国的社会公共利益的除外。

第六十八条　本法自2000年1月1日起施行。

附录 2

中华人民共和国招标投标法实施条例

第一章　总　则

第一条　为了规范招标投标活动，根据《中华人民共和国招标投标法》（以下简称招标投标法），制定本条例。

第二条　招标投标法第三条所称工程建设项目，是指工程以及与工程建设有关的货物、服务。

前款所称工程，是指建设工程，包括建筑物和构筑物的新建、改建、扩建及其相关的装修、拆除、修缮等；所称与工程建设有关的货物，是指构成工程不可分割的组成部分，且为实现工程基本功能所必需的设备、材料等；所称与工程建设有关的服务，是指为完成工程所需的勘察、设计、监理等服务。

第三条　依法必须进行招标的工程建设项目的具体范围和规模标准，由国务院发展改革部门会同国务院有关部门制订，报国务院批准后公布施行。

第四条　国务院发展改革部门指导和协调全国招标投标工作，对国家重大建设项目的工程招标投标活动实施监督检查。国务院工业和信息化、住房城乡建设、交通运输、铁道、水利、商务等部门，按照规定的职责分工对有关招标投标活动实施监督。

县级以上地方人民政府发展改革部门指导和协调本行政区域的招标投标工作。县级以上地方人民政府有关部门按照规定的职责分工，对招标投标活动实施监督，依法查处招标投标活动中的违法行为。县级以上地方人民政府对其所属部门有关招标投标活动的监督职责分工另有规定的，从其规定。

财政部门依法对实行招标投标的政府采购工程建设项目的预算执行情况和政府采购政策执行情况实施监督。

监察机关依法对与招标投标活动有关的监察对象实施监察。

第五条　设区的市级以上地方人民政府可以根据实际需要，建立统一规范的招标投标交易场所，为招标投标活动提供服务。招标投标交易场所不得与行政监督部门存在隶属关系，不得以营利为目的。

国家鼓励利用信息网络进行电子招标投标。

第六条　禁止国家工作人员以任何方式非法干涉招标投标活动。

第二章　招　标

第七条　按照国家有关规定需要履行项目审批、核准手续的依法必须进行招标的项目，其招标范围、招标方式、招标组织形式应当报项目审批、核准部门审批、核准。项目审批、核准部门应当及时将审批、核准确定的招标范围、招标方式、招标组织形式通报有关行政监督部门。

第八条 国有资金占控股或者主导地位的依法必须进行招标的项目，应当公开招标；但有下列情形之一的，可以邀请招标：

（一）技术复杂、有特殊要求或者受自然环境限制，只有少量潜在投标人可供选择；

（二）采用公开招标方式的费用占项目合同金额的比例过大。

有前款第二项所列情形，属于本条例第七条规定的项目，由项目审批、核准部门在审批、核准项目时作出认定；其他项目由招标人申请有关行政监督部门作出认定。

第九条 除招标投标法第六十六条规定的可以不进行招标的特殊情况外，有下列情形之一的，可以不进行招标：

（一）需要采用不可替代的专利或者专有技术；

（二）采购人依法能够自行建设、生产或者提供；

（三）已通过招标方式选定的特许经营项目投资人依法能够自行建设、生产或者提供；

（四）需要向原中标人采购工程、货物或者服务，否则将影响施工或者功能配套要求；

（五）国家规定的其他特殊情形。

招标人为适用前款规定弄虚作假的，属于招标投标法第四条规定的规避招标。

第十条 招标投标法第十二条第二款规定的招标人具有编制招标文件和组织评标能力，是指招标人具有与招标项目规模和复杂程度相适应的技术、经济等方面的专业人员。

第十一条 招标代理机构的资格依照法律和国务院的规定由有关部门认定。

国务院住房城乡建设、商务、发展改革、工业和信息化等部门，按照规定的职责分工对招标代理机构依法实施监督管理。

第十二条 招标代理机构应当拥有一定数量的取得招标职业资格的专业人员。取得招标职业资格的具体办法由国务院人力资源社会保障部门会同国务院发展改革部门制定。

第十三条 招标代理机构在其资格许可和招标人委托的范围内开展招标代理业务，任何单位和个人不得非法干涉。

招标代理机构代理招标业务，应当遵守招标投标法和本条例关于招标人的规定。招标代理机构不得在所代理的招标项目中投标或者代理投标，也不得为所代理的招标项目的投标人提供咨询。

招标代理机构不得涂改、出租、出借、转让资格证书。

第十四条 招标人应当与被委托的招标代理机构签订书面委托合同，合同约定的收费标准应当符合国家有关规定。

第十五条 公开招标的项目，应当依照招标投标法和本条例的规定发布招标公告、编制招标文件。

招标人采用资格预审办法对潜在投标人进行资格审查的，应当发布资格预审公告、编制资格预审文件。

依法必须进行招标的项目的资格预审公告和招标公告，应当在国务院发展改革部门依法指定的媒介发布。在不同媒介发布的同一招标项目的资格预审公告或者招标公告的内容应当一致。指定媒介发布依法必须进行招标的项目的境内资格预审公告、招标公告，不得收取费用。

编制依法必须进行招标的项目的资格预审文件和招标文件，应当使用国务院发展改革部门会同有关行政监督部门制定的标准文本。

第十六条 招标人应当按照资格预审公告、招标公告或者投标邀请书规定的时间、地点发售资格预审文件或者招标文件。资格预审文件或者招标文件的发售期不得少于5日。

招标人发售资格预审文件、招标文件收取的费用应当限于补偿印刷、邮寄的成本支出，不得以营利为目的。

第十七条 招标人应当合理确定提交资格预审申请文件的时间。依法必须进行招标的项目提交资格预审申请文件的时间，自资格预审文件停止发售之日起不得少于5日。

第十八条 资格预审应当按照资格预审文件载明的标准和方法进行。

国有资金占控股或者主导地位的依法必须进行招标的项目，招标人应当组建资格审查委员会审查资格预审申请文件。资格审查委员会及其成员应当遵守招标投标法和本条例有关评标委员会及其成员的规定。

第十九条 资格预审结束后，招标人应当及时向资格预审申请人发出资格预审结果通知书。未通过资格预审的申请人不具有投标资格。

通过资格预审的申请人少于3个的，应当重新招标。

第二十条 招标人采用资格后审办法对投标人进行资格审查的，应当在开标后由评标委员会按照招标文件规定的标准和方法对投标人的资格进行审查。

第二十一条 招标人可以对已发出的资格预审文件或者招标文件进行必要的澄清或者修改。澄清或者修改的内容可能影响资格预审申请文件或者投标文件编制的，招标人应当在提交资格预审申请文件截止时间至少3日前，或者投标截止时间至少15日前，以书面形式通知所有获取资格预审文件或者招标文件的潜在投标人；不足3日或者15日的，招标人应当顺延提交资格预审申请文件或者投标文件的截止时间。

第二十二条 潜在投标人或者其他利害关系人对资格预审文件有异议的，应当在提交资格预审申请文件截止时间2日前提出；对招标文件有异议的，应当在投标截止时间10日前提出。招标人应当自收到异议之日起3日内作出答复；作出答复前，应当暂停招标投标活动。

第二十三条 招标人编制的资格预审文件、招标文件的内容违反法律、行政法规的强制性规定，违反公开、公平、公正和诚实信用原则，影响资格预审结果或者潜在投标人投标的，依法必须进行招标的项目的招标人应当在修改资格预审文件或者招标文件后重新招标。

第二十四条 招标人对招标项目划分标段的，应当遵守招标投标法的有关规定，不得利用划分标段限制或者排斥潜在投标人。依法必须进行招标的项目的招标人不得利用划分标段规避招标。

第二十五条　招标人应当在招标文件中载明投标有效期。投标有效期从提交投标文件的截止之日起算。

第二十六条　招标人在招标文件中要求投标人提交投标保证金的，投标保证金不得超过招标项目估算价的2%。投标保证金有效期应当与投标有效期一致。

依法必须进行招标的项目的境内投标单位，以现金或者支票形式提交的投标保证金应当从其基本账户转出。

招标人不得挪用投标保证金。

第二十七条　招标人可以自行决定是否编制标底。一个招标项目只能有一个标底，标底必须保密。

接受委托编制标底的中介机构不得参加受托编制标底项目的投标，也不得为该项目的投标人编制投标文件或者提供咨询。

招标人设有最高投标限价的，应当在招标文件中明确最高投标限价或者最高投标限价的计算方法。招标人不得规定最低投标限价。

第二十八条　招标人不得组织单个或者部分潜在投标人踏勘项目现场。

第二十九条　招标人可以依法对工程以及与工程建设有关的货物、服务全部或者部分实行总承包招标。以暂估价形式包括在总承包范围内的工程、货物、服务属于依法必须进行招标的项目范围且达到国家规定规模标准的，应当依法进行招标。

前款所称暂估价，是指总承包招标时不能确定价格而由招标人在招标文件中暂时估定的工程、货物、服务的金额。

第三十条　对技术复杂或者无法精确拟定技术规格的项目，招标人可以分两阶段进行招标。

第一阶段，投标人按照招标公告或者投标邀请书的要求提交不带报价的技术建议，招标人根据投标人提交的技术建议确定技术标准和要求，编制招标文件。

第二阶段，招标人向在第一阶段提交技术建议的投标人提供招标文件，投标人按照招标文件的要求提交包括最终技术方案和投标报价的投标文件。

招标人要求投标人提交投标保证金的，应当在第二阶段提出。

第三十一条　招标人终止招标的，应当及时发布公告，或者以书面形式通知被邀请的或者已经获取资格预审文件、招标文件的潜在投标人。已经发售资格预审文件、招标文件或者已经收取投标保证金的，招标人应当及时退还所收取的资格预审文件、招标文件的费用，以及所收取的投标保证金及银行同期存款利息。

第三十二条　招标人不得以不合理的条件限制、排斥潜在投标人或者投标人。

招标人有下列行为之一的，属于以不合理条件限制、排斥潜在投标人或者投标人：

（一）就同一招标项目向潜在投标人或者投标人提供有差别的项目信息；

（二）设定的资格、技术、商务条件与招标项目的具体特点和实际需要不相适应或者与合同履行无关；

（三）依法必须进行招标的项目以特定行政区域或者特定行业的业绩、奖项作为加分条件或者中标条件；

（四）对潜在投标人或者投标人采取不同的资格审查或者评标标准；

（五）限定或者指定特定的专利、商标、品牌、原产地或者供应商；

（六）依法必须进行招标的项目非法限定潜在投标人或者投标人的所有制形式或者组织形式；

（七）以其他不合理条件限制、排斥潜在投标人或者投标人。

第三章　投　标

第三十三条　投标人参加依法必须进行招标的项目的投标，不受地区或者部门的限制，任何单位和个人不得非法干涉。

第三十四条　与招标人存在利害关系可能影响招标公正性的法人、其他组织或者个人，不得参加投标。

单位负责人为同一人或者存在控股、管理关系的不同单位，不得参加同一标段投标或者未划分标段的同一招标项目投标。

违反前两款规定的，相关投标均无效。

第三十五条　投标人撤回已提交的投标文件，应当在投标截止时间前书面通知招标人。招标人已收取投标保证金的，应当自收到投标人书面撤回通知之日起 5 日内退还。

投标截止后投标人撤销投标文件的，招标人可以不退还投标保证金。

第三十六条　未通过资格预审的申请人提交的投标文件，以及逾期送达或者不按照招标文件要求密封的投标文件，招标人应当拒收。

招标人应当如实记载投标文件的送达时间和密封情况，并存档备查。

第三十七条　招标人应当在资格预审公告、招标公告或者投标邀请书中载明是否接受联合体投标。

招标人接受联合体投标并进行资格预审的，联合体应当在提交资格预审申请文件前组成。资格预审后联合体增减、更换成员的，其投标无效。

联合体各方在同一招标项目中以自己名义单独投标或者参加其他联合体投标的，相关投标均无效。

第三十八条　投标人发生合并、分立、破产等重大变化的，应当及时书面告知招标人。投标人不再具备资格预审文件、招标文件规定的资格条件或者其投标影响招标公正性的，其投标无效。

第三十九条　禁止投标人相互串通投标。

有下列情形之一的，属于投标人相互串通投标：

（一）投标人之间协商投标报价等投标文件的实质性内容；

（二）投标人之间约定中标人；

（三）投标人之间约定部分投标人放弃投标或者中标；

（四）属于同一集团、协会、商会等组织成员的投标人按照该组织要求协同投标；

（五）投标人之间为谋取中标或者排斥特定投标人而采取的其他联合行动。

第四十条　有下列情形之一的，视为投标人相互串通投标：

（一）不同投标人的投标文件由同一单位或者个人编制；

（二）不同投标人委托同一单位或者个人办理投标事宜；

（三）不同投标人的投标文件载明的项目管理成员为同一人；

（四）不同投标人的投标文件异常一致或者投标报价呈规律性差异；

（五）不同投标人的投标文件相互混装；

（六）不同投标人的投标保证金从同一单位或者个人的账户转出。

第四十一条　禁止招标人与投标人串通投标。

有下列情形之一的，属于招标人与投标人串通投标：

（一）招标人在开标前开启投标文件并将有关信息泄露给其他投标人；

（二）招标人直接或者间接向投标人泄露标底、评标委员会成员等信息；

（三）招标人明示或者暗示投标人压低或者抬高投标报价；

（四）招标人授意投标人撤换、修改投标文件；

（五）招标人明示或者暗示投标人为特定投标人中标提供方便；

（六）招标人与投标人为谋求特定投标人中标而采取的其他串通行为。

第四十二条　使用通过受让或者租借等方式获取的资格、资质证书投标的，属于招标投标法第三十三条规定的以他人名义投标。

投标人有下列情形之一的，属于招标投标法第三十三条规定的以其他方式弄虚作假的行为：

（一）使用伪造、变造的许可证件；

（二）提供虚假的财务状况或者业绩；

（三）提供虚假的项目负责人或者主要技术人员简历、劳动关系证明；

（四）提供虚假的信用状况；

（五）其他弄虚作假的行为。

第四十三条　提交资格预审申请文件的申请人应当遵守招标投标法和本条例有关投标人的规定。

第四章　开标、评标和中标

第四十四条　招标人应当按照招标文件规定的时间、地点开标。

投标人少于3个的，不得开标；招标人应当重新招标。

投标人对开标有异议的，应当在开标现场提出，招标人应当当场作出答复，并制作记录。

第四十五条　国家实行统一的评标专家专业分类标准和管理办法。具体标准和办法由国务院发展改革部门会同国务院有关部门制定。

省级人民政府和国务院有关部门应当组建综合评标专家库。

第四十六条　除招标投标法第三十七条第三款规定的特殊招标项目外，依法必须进行招标的项目，其评标委员会的专家成员应当从评标专家库内相关专业的专家名单中以随机抽取方式确定。任何单位和个人不得以明示、暗示等任何方式指定或者变相指定参加评标委员会的专家成员。

依法必须进行招标的项目的招标人非因招标投标法和本条例规定的事由，不得更换依法确定的评标委员会成员。更换评标委员会的专家成员应当依照前款规定进行。

评标委员会成员与投标人有利害关系的，应当主动回避。

有关行政监督部门应当按照规定的职责分工，对评标委员会成员的确定方式、评标专家的抽取和评标活动进行监督。行政监督部门的工作人员不得担任本部门负责监督项目的评标委员会成员。

第四十七条 招标投标法第三十七条第三款所称特殊招标项目，是指技术复杂、专业性强或者国家有特殊要求，采取随机抽取方式确定的专家难以保证胜任评标工作的项目。

第四十八条 招标人应当向评标委员会提供评标所必需的信息，但不得明示或者暗示其倾向或者排斥特定投标人。

招标人应当根据项目规模和技术复杂程度等因素合理确定评标时间。超过三分之一的评标委员会成员认为评标时间不够的，招标人应当适当延长。

评标过程中，评标委员会成员有回避事由、擅离职守或者因健康等原因不能继续评标的，应当及时更换。被更换的评标委员会成员作出的评审结论无效，由更换后的评标委员会成员重新进行评审。

第四十九条 评标委员会成员应当依照招标投标法和本条例的规定，按照招标文件规定的评标标准和方法，客观、公正地对投标文件提出评审意见。招标文件没有规定的评标标准和方法不得作为评标的依据。

评标委员会成员不得私下接触投标人，不得收受投标人给予的财物或者其他好处，不得向招标人征询确定中标人的意向，不得接受任何单位或者个人明示或者暗示提出的倾向或者排斥特定投标人的要求，不得有其他不客观、不公正履行职务的行为。

第五十条 招标项目设有标底的，招标人应当在开标时公布。标底只能作为评标的参考，不得以投标报价是否接近标底作为中标条件，也不得以投标报价超过标底上下浮动范围作为否决投标的条件。

第五十一条 有下列情形之一的，评标委员会应当否决其投标：

（一）投标文件未经投标单位盖章和单位负责人签字；

（二）投标联合体没有提交共同投标协议；

（三）投标人不符合国家或者招标文件规定的资格条件；

（四）同一投标人提交两个以上不同的投标文件或者投标报价，但招标文件要求提交备选投标的除外；

（五）投标报价低于成本或者高于招标文件设定的最高投标限价；

（六）投标文件没有对招标文件的实质性要求和条件作出响应；

（七）投标人有串通投标、弄虚作假、行贿等违法行为。

第五十二条 投标文件中有含义不明确的内容、明显文字或者计算错误，评标委员会认为需要投标人作出必要澄清、说明的，应当书面通知该投标人。投标人的澄清、说明应当采用书面形式，并不得超出投标文件的范围或者改变投标文件的实质性内容。

评标委员会不得暗示或者诱导投标人作出澄清、说明，不得接受投标人主动提出的澄清、说明。

第五十三条 评标完成后，评标委员会应当向招标人提交书面评标报告和中标候选人名单。中标候选人应当不超过3个，并标明排序。

评标报告应当由评标委员会全体成员签字。对评标结果有不同意见的评标委员会成员应当以书面形式说明其不同意见和理由,评标报告应当注明该不同意见。评标委员会成员拒绝在评标报告上签字又不书面说明其不同意见和理由的,视为同意评标结果。

第五十四条 依法必须进行招标的项目,招标人应当自收到评标报告之日起 3 日内公示中标候选人,公示期不得少于 3 日。

投标人或者其他利害关系人对依法必须进行招标的项目的评标结果有异议的,应当在中标候选人公示期间提出。招标人应当自收到异议之日起 3 日内作出答复;作出答复前,应当暂停招标投标活动。

第五十五条 国有资金占控股或者主导地位的依法必须进行招标的项目,招标人应当确定排名第一的中标候选人为中标人。排名第一的中标候选人放弃中标、因不可抗力不能履行合同、不按照招标文件要求提交履约保证金,或者被查实存在影响中标结果的违法行为等情形,不符合中标条件的,招标人可以按照评标委员会提出的中标候选人名单排序依次确定其他中标候选人为中标人,也可以重新招标。

第五十六条 中标候选人的经营、财务状况发生较大变化或者存在违法行为,招标人认为可能影响其履约能力的,应当在发出中标通知书前由原评标委员会按照招标文件规定的标准和方法审查确认。

第五十七条 招标人和中标人应当依照招标投标法和本条例的规定签订书面合同,合同的标的、价款、质量、履行期限等主要条款应当与招标文件和中标人的投标文件的内容一致。招标人和中标人不得再行订立背离合同实质性内容的其他协议。

招标人最迟应当在书面合同签订后 5 日内向中标人和未中标的投标人退还投标保证金及银行同期存款利息。

第五十八条 招标文件要求中标人提交履约保证金的,中标人应当按照招标文件的要求提交。履约保证金不得超过中标合同金额的 10%。

第五十九条 中标人应当按照合同约定履行义务,完成中标项目。中标人不得向他人转让中标项目,也不得将中标项目肢解后分别向他人转让。

中标人按照合同约定或者经招标人同意,可以将中标项目的部分非主体、非关键性工作分包给他人完成。接受分包的人应当具备相应的资格条件,并不得再次分包。

中标人应当就分包项目向招标人负责,接受分包的人就分包项目承担连带责任。

第五章 投诉与处理

第六十条 投标人或者其他利害关系人认为招标投标活动不符合法律、行政法规规定的,可以自知道或者应当知道之日起 10 日内向有关行政监督部门投诉。投诉应当有明确的请求和必要的证明材料。

就本条例第二十二条、第四十四条、第五十四条规定事项投诉的,应当先向招标人提出异议,异议答复期间不计算在前款规定的期限内。

第六十一条 投诉人就同一事项向两个以上有权受理的行政监督部门投诉的,由最先收到投诉的行政监督部门负责处理。

行政监督部门应当自收到投诉之日起 3 个工作日内决定是否受理投诉,并自受理投诉之日起30个工作日内作出书面处理决定;需要检验、检测、鉴定、专家评审的,所需时间不计算在内。

投诉人捏造事实、伪造材料或者以非法手段取得证明材料进行投诉的,行政监督部门应当予以驳回。

第六十二条 行政监督部门处理投诉,有权查阅、复制有关文件、资料,调查有关情况,相关单位和人员应当予以配合。必要时,行政监督部门可以责令暂停招标投标活动。

行政监督部门的工作人员对监督检查过程中知悉的国家秘密、商业秘密,应当依法予以保密。

第六章 法律责任

第六十三条 招标人有下列限制或者排斥潜在投标人行为之一的,由有关行政监督部门依照招标投标法第五十一条的规定处罚:

(一)依法应当公开招标的项目不按照规定在指定媒介发布资格预审公告或者招标公告;

(二)在不同媒介发布的同一招标项目的资格预审公告或者招标公告的内容不一致,影响潜在投标人申请资格预审或者投标。

依法必须进行招标的项目的招标人不按照规定发布资格预审公告或者招标公告,构成规避招标的,依照招标投标法第四十九条的规定处罚。

第六十四条 招标人有下列情形之一的,由有关行政监督部门责令改正,可以处10万元以下的罚款:

(一)依法应当公开招标而采用邀请招标;

(二)招标文件、资格预审文件的发售、澄清、修改的时限,或者确定的提交资格预审申请文件、投标文件的时限不符合招标投标法和本条例规定;

(三)接受未通过资格预审的单位或者个人参加投标;

(四)接受应当拒收的投标文件。

招标人有前款第一项、第三项、第四项所列行为之一的,对单位直接负责的主管人员和其他直接责任人员依法给予处分。

第六十五条 招标代理机构在所代理的招标项目中投标、代理投标或者向该项目投标人提供咨询的,接受委托编制标底的中介机构参加受托编制标底项目的投标或者为该项目的投标人编制投标文件、提供咨询的,依照招标投标法第五十条的规定追究法律责任。

第六十六条 招标人超过本条例规定的比例收取投标保证金、履约保证金或者不按照规定退还投标保证金及银行同期存款利息的,由有关行政监督部门责令改正,可以处5万元以下的罚款;给他人造成损失的,依法承担赔偿责任。

第六十七条 投标人相互串通投标或者与招标人串通投标的,投标人向招标人或者评标委员会成员行贿谋取中标的,中标无效;构成犯罪的,依法追究刑事责任;尚不构成犯罪的,依照招标投标法第五十三条的规定处罚。投标人未中标的,对单位的罚款金额按照招标项目合同金额依照招标投标法规定的比例计算。

投标人有下列行为之一的，属于招标投标法第五十三条规定的情节严重行为，由有关行政监督部门取消其1年至2年内参加依法必须进行招标的项目的投标资格：

（一）以行贿谋取中标；

（二）3年内2次以上串通投标；

（三）串通投标行为损害招标人、其他投标人或者国家、集体、公民的合法利益，造成直接经济损失30万元以上；

（四）其他串通投标情节严重的行为。

投标人自本条第二款规定的处罚执行期限届满之日起3年内又有该款所列违法行为之一的，或者串通投标、以行贿谋取中标情节特别严重的，由工商行政管理机关吊销营业执照。

法律、行政法规对串通投标报价行为的处罚另有规定的，从其规定。

第六十八条 投标人以他人名义投标或者以其他方式弄虚作假骗取中标的，中标无效；构成犯罪的，依法追究刑事责任；尚不构成犯罪的，依照招标投标法第五十四条的规定处罚。依法必须进行招标的项目的投标人未中标的，对单位的罚款金额按照招标项目合同金额依照招标投标法规定的比例计算。

投标人有下列行为之一的，属于招标投标法第五十四条规定的情节严重行为，由有关行政监督部门取消其1年至3年内参加依法必须进行招标的项目的投标资格：

（一）伪造、变造资格、资质证书或者其他许可证件骗取中标；

（二）3年内2次以上使用他人名义投标；

（三）弄虚作假骗取中标给招标人造成直接经济损失30万元以上；

（四）其他弄虚作假骗取中标情节严重的行为。

投标人自本条第二款规定的处罚执行期限届满之日起3年内又有该款所列违法行为之一的，或者弄虚作假骗取中标情节特别严重的，由工商行政管理机关吊销营业执照。

第六十九条 出让或者出租资格、资质证书供他人投标的，依照法律、行政法规的规定给予行政处罚；构成犯罪的，依法追究刑事责任。

第七十条 依法必须进行招标的项目的招标人不按照规定组建评标委员会，或者确定、更换评标委员会成员违反招标投标法和本条例规定的，由有关行政监督部门责令改正，可以处10万元以下的罚款，对单位直接负责的主管人员和其他直接责任人员依法给予处分；违法确定或者更换的评标委员会成员作出的评审结论无效，依法重新进行评审。

国家工作人员以任何方式非法干涉选取评标委员会成员的，依照本条例第八十一条的规定追究法律责任。

第七十一条 评标委员会成员有下列行为之一的，由有关行政监督部门责令改正；情节严重的，禁止其在一定期限内参加依法必须进行招标的项目的评标；情节特别严重的，取消其担任评标委员会成员的资格：

（一）应当回避而不回避；

（二）擅离职守；

（三）不按照招标文件规定的评标标准和方法评标；

（四）私下接触投标人；

(五)向招标人征询确定中标人的意向或者接受任何单位或者个人明示或者暗示提出的倾向或者排斥特定投标人的要求;

(六)对依法应当否决的投标不提出否决意见;

(七)暗示或者诱导投标人作出澄清、说明或者接受投标人主动提出的澄清、说明;

(八)其他不客观、不公正履行职务的行为。

第七十二条 评标委员会成员收受投标人的财物或者其他好处的,没收收受的财物,处3 000元以上5万元以下的罚款,取消担任评标委员会成员的资格,不得再参加依法必须进行招标的项目的评标;构成犯罪的,依法追究刑事责任。

第七十三条 依法必须进行招标的项目的招标人有下列情形之一的,由有关行政监督部门责令改正,可以处中标项目金额10‰以下的罚款;给他人造成损失的,依法承担赔偿责任;对单位直接负责的主管人员和其他直接责任人员依法给予处分:

(一)无正当理由不发出中标通知书;

(二)不按照规定确定中标人;

(三)中标通知书发出后无正当理由改变中标结果;

(四)无正当理由不与中标人订立合同;

(五)在订立合同时向中标人提出附加条件。

第七十四条 中标人无正当理由不与招标人订立合同,在签订合同时向招标人提出附加条件,或者不按照招标文件要求提交履约保证金的,取消其中标资格,投标保证金不予退还。对依法必须进行招标的项目的中标人,由有关行政监督部门责令改正,可以处中标项目金额10‰以下的罚款。

第七十五条 招标人和中标人不按照招标文件和中标人的投标文件订立合同,合同的主要条款与招标文件、中标人的投标文件的内容不一致,或者招标人、中标人订立背离合同实质性内容的协议的,由有关行政监督部门责令改正,可以处中标项目金额5‰以上10‰以下的罚款。

第七十六条 中标人将中标项目转让给他人的,将中标项目肢解后分别转让给他人的,违反招标投标法和本条例规定将中标项目的部分主体、关键性工作分包给他人的,或者分包人再次分包的,转让、分包无效,处转让、分包项目金额5‰以上10‰以下的罚款;有违法所得的,并处没收违法所得;可以责令停业整顿;情节严重的,由工商行政管理机关吊销营业执照。

第七十七条 投标人或者其他利害关系人捏造事实、伪造材料或者以非法手段取得证明材料进行投诉,给他人造成损失的,依法承担赔偿责任。

招标人不按照规定对异议作出答复,继续进行招标投标活动的,由有关行政监督部门责令改正,拒不改正或者不能改正并影响中标结果的,依照本条例第八十二条的规定处理。

第七十八条 取得招标职业资格的专业人员违反国家有关规定办理招标业务的,责令改正,给予警告;情节严重的,暂停一定期限内从事招标业务;情节特别严重的,取消招标职业资格。

第七十九条 国家建立招标投标信用制度。有关行政监督部门应当依法公告对招标人、招标代理机构、投标人、评标委员会成员等当事人违法行为的行政处理决定。

第八十条 项目审批、核准部门不依法审批、核准项目招标范围、招标方式、招标组织形式的，对单位直接负责的主管人员和其他直接责任人员依法给予处分。

有关行政监督部门不依法履行职责，对违反招标投标法和本条例规定的行为不依法查处，或者不按照规定处理投诉、不依法公告对招标投标当事人违法行为的行政处理决定的，对直接负责的主管人员和其他直接责任人员依法给予处分。

项目审批、核准部门和有关行政监督部门的工作人员徇私舞弊、滥用职权、玩忽职守，构成犯罪的，依法追究刑事责任。

第八十一条 国家工作人员利用职务便利，以直接或者间接、明示或者暗示等任何方式非法干涉招标投标活动，有下列情形之一的，依法给予记过或者记大过处分；情节严重的，依法给予降级或者撤职处分；情节特别严重的，依法给予开除处分；构成犯罪的，依法追究刑事责任：

（一）要求对依法必须进行招标的项目不招标，或者要求对依法应当公开招标的项目不公开招标；

（二）要求评标委员会成员或者招标人以其指定的投标人作为中标候选人或者中标人，或者以其他方式非法干涉评标活动，影响中标结果；

（三）以其他方式非法干涉招标投标活动。

第八十二条 依法必须进行招标的项目的招标投标活动违反招标投标法和本条例的规定，对中标结果造成实质性影响，且不能采取补救措施予以纠正的，招标、投标、中标无效，应当依法重新招标或者评标。

第七章 附 则

第八十三条 招标投标协会按照依法制定的章程开展活动，加强行业自律和服务。

第八十四条 政府采购的法律、行政法规对政府采购货物、服务的招标投标另有规定的，从其规定。

第八十五条 本条例自 2012 年 2 月 1 日起施行。

参 考 文 献

[1] 胡彩虹,高秀清. 工程招投标与合同管理[M]. 郑州:黄河水利出版社,2010.

[2] 杨平,丁晓欣,等. 工程合同管理[M]. 北京:人民交通出版社,2007.

[3] 高庆敏. 建设工程招标投标编制实务[M]. 郑州:黄河水利出版社,2007.

[4] 刘黎虹. 工程招投标与合同管理[M]. 北京:机械工业出版社,2008.

[5] 赵来彬,贾莲英. 建设工程招投标与合同管理[M]. 北京:人民交通出版社,2008.

[6] 朱永祥,陈茂明. 工程招投标与合同管理[M]. 武汉:武汉理工大学出版社,2005.

[7] 刘黎红. 工程招投标与合同管理[M]. 北京:机械工业出版社,2008.

[8] 陈正. 工程招投标与合同管理[M]. 南京:东南大学出版社,2008.

[9] 郝永池. 工程招投标与合同管理[M]. 北京:机械工业出版社,2011.

[10] 吴冬平. 工程招投标与合同管理[M]. 2 版. 北京:机械工业出版社,2015.

[11] 成虎. 工程合同管理[M]. 北京:中国建筑工业出版社,2005.

[12] 高群,张素菲. 建设工程招投标与合同管理实务[M]. 北京:机械工业出版社,2010.

[13] 张毅. 建设合同文本[M]. 2 版. 上海:同济大学出版社,2003.

[14] 危道军. 招投标与合同管理实务[M]. 北京:高等教育出版社,2005.

[15] 陈正,涂群岚. 建筑工程招投标与合同管理实务[M]. 北京:电子工业出版社,2006.

[16] 范宏,杨松森. 建筑工程招标投标实务[M]. 北京:化学工业出版社,2008.

[17] 杨志中. 建设工程招投标与合同管理[M]. 北京:机械工业出版社,2008.

[18] 宋春岩,付庆向. 建设工程招投标与合同管理[M]. 北京:北京大学出版社,2008.

[19] 王晓,谷莹莹,等. 建设工程招投标与合同管理[M]. 北京:北京理工大学出版社,2013.

[20] 梅阳春,邹辉霞. 建设工程招投标及合同管理[M]. 武汉:武汉大学出版社,2012.

[21] 程志雄,张妮丽. 建设工程招投标与合同管理[M]. 武汉:武汉大学出版社,2013.

[22] 全国建筑业企业项目经理培训教材编写委员会. 工程招投标与合同管理[M]. 北京:中国建筑工业出版社,2000.

[23] 国际咨询工程师联合会. 施工合同条件[M]. 中国工程咨询协会编译. 北京:机械工业出版社,2002.

[24] 姜晨光. 建设工程招投标文件编写方法与范例[M]. 北京:化学工业出版社,2008.

[25] 李永清,尚梅. 招标投标模拟实训教程[M]. 西安:西北工业大学出版社,2007.

[26] 杜鹰,安建. 中华人民共和国招标投标法实施条例释义[M]. 北京:中国计划出版社,2012.